污染物排放与环境质量变化历史趋势国际比较研究

陈健鹏　编著

图书在版编目（CIP）数据

污染物排放与环境质量变化历史趋势国际比较研究 / 陈健鹏编著 . 北京：中国发展出版社，2016.10

（国务院发展研究中心研究丛书 . 2016 / 李伟主编）

ISBN 978-7-5177-0531-4

Ⅰ . ①污… Ⅱ . ①陈… Ⅲ . ①排污—环境管理—研究 Ⅳ . ① X196

中国版本图书馆 CIP 数据核字（2016）第 156461 号

书　　名：污染物排放与环境质量变化历史趋势国际比较研究
著作责任者：陈健鹏
出 版 发 行：中国发展出版社
（北京市西城区百万庄大街 16 号 8 层　100037）
标 准 书 号：ISBN 978-7-5177-0531-4
经　销　者：各地新华书店
印　刷　者：北京科信印刷有限公司
开　　本：710mm × 1000mm　1/16
印　　张：16
字　　数：195 千字
版　　次：2016 年 10 月第 1 版
印　　次：2016 年 10 月第 1 次印刷
定　　价：50.00 元

联 系 电 话：（010）88919581　68990692
购 书 热 线：（010）68990682　68990686
网 络 订 购：http://zgfzcbs. tmall. com//
网 购 电 话：（010）88333349　68990639
本 社 网 址：http://www.develpress. com. cn
电 子 邮 件：370118561@qq. com

版权所有 · 翻印必究

本社图书若有缺页、倒页，请向发行部调换

DRC

2016

国务院发展研究中心研究丛书

编　委　会

主　编： 李　伟

副主编： 张军扩　张来明　隆国强　王一鸣　余　斌

编　委：（按姓氏笔画为序）

丁宁宁　马　骏　王　微　王一鸣　卢　迈

叶兴庆　包月阳　吕　薇　任兴洲　米建国

贡　森　李　伟　李志军　李善同　余　斌

张小济　张军扩　张来明　张承惠　陈小洪

赵昌文　赵晋平　侯永志　夏　斌　高世楫

郭励弘　隆国强　葛延风　程国强

总 序

践行五大发展理念 发挥高端智库作用 努力推动中国经济转型升级

2016年是“十三五”开局之年。“十三五”时期是塑造中国未来的关键五年，到2020年能否实现全面建成小康社会的目标，不仅是发展速度快慢的问题，更是决定中国能否抓住转型发展的历史窗口期，跨越“中等收入陷阱”、顺利实现现代化的问题。

2015年10月，党的十八届五中全会通过的《中共中央关于制定国民经济和社会发展第十三个五年规划的建议》确立了“创新、协调、绿色、开放、共享”五大发展理念。2016年3月，十二届全国人大四次会议通过的《国民经济和社会发展第十三个五年规划纲要》明确了新时期发展的总体思路，提出了应对国内外严峻挑战的战略性安排。

毋庸讳言，我国经济社会发展确实面临着一些前所未遇的困难和挑战，诸如：劳动年龄人口绝对量下降，老龄化问题日益显现，传统产业和低附加值生产环节的产能严重过剩，粗放式发展产生的生态环境问题逐渐暴露，以创新为驱动力的新增长动力尚未形成，社会对公平正义的诉求日益增强，等等。但与此同时，也应该客观地看到，我国的发展依然有着巨大的潜力和韧性。城镇化远未完成，欠发达地区与发达地区间存在明显的发展差距。这意味着，在当前和未来相当长的时期内，投资和消费都有很大的增长空间。我国产业体系完备、人力资本丰富、创新能力正在增强，有支撑未来发展的雄厚基础和良好条件。目前经济增长速度呈现的下降态势，只是经济结构转型过程中必然出现的暂时现象，而且这一态势是趋缓的、可控的、可承受的。随着结构调整、经济转型不断取得进展，我国经济将在新的发展平台上实现稳定、持续的中高速增长。

正是基于各种有利因素和不利因素复杂交织、相互影响的大背景，我们认为，中国的现代化已经进入转型发展重要的历史性窗口期，如果不能在窗口期内完成发展的转型，我们就迈不过“中等收入陷阱”这道坎，现代化进程就有可能中断。

中央十分清醒地认识到这一点，并对转型发展进行了周密部署。概言之，未来五年，为了推动经济转型、释放发展潜力，我们将以新的发展理念为统领，依照“十三五”规划描绘的蓝图，通过持续不断地深化改革和扩大开放，建立新的发展方式，形成创新驱动发展、协调平衡发展、人与自然和谐发展、中国经济和世界经济深度融合、全体人民共享发展成果的发展新格局。

推动经济转型升级，形成发展新格局，需要从供给和需求这两侧采取综合措施，在适度扩大总需求的同时，着力加强供给侧结构性改革，转变发展方式，促进经济转型。我国经济发展正处于“三期叠加”的历史性转折阶段，摆在面前的既有周期性、总量性问题，但更突出的是结构性问题。在供给与需求这对主要矛盾体中，当前矛盾的主要方面是在供给侧。比如，在传统的增长动力趋弱的同时，新的增长动力尚难以支撑中高速增长；产业结构资源密集型特征明显，对生态环境不够友好；要素在空间上的流动还不够顺畅，制约了城乡、区域协调发展；对外经济体制不能完全适应国际贸易投资规则变化的新趋势等。因此，去年以来，中央大力推进供给侧结构性改革，重点落实“三去一降一补”五大任务，用改革的办法推进结构调整，提高供给结构对需求结构变化的适应性，努力提升经济发展的质量和效益。“十三五”规划亦把供给侧结构性改革作为重大战略和主线，旨在通过转变政府职能、发展混合所有制经济、增强市场的统一性和开放性、健全经济监管体系等，促进资源得到更合理的配置和更高效的利用，提高生产效率，优化供给结构，为形成发展新格局奠定坚实的物质基础。当然，这里要强调的是，注重供给侧结构性改革，并非不要进行需求管理。我们还将采取完善收入分配格局、健全公共服务体制等措施，推动社会实现公平、正义，并为国内需求的增长提供强力支撑，使需求和供给在更高水平上实现良性互动。

当前，国务院发展研究中心正在按照中央的要求和部署，积极推进国家高端智库建设的试点工作，努力打造世界一流的中国特色新型智库。作为直接为党中央、国务院提供决策咨询服务的高端智库，我们将坚持“唯真求实、守正出新”的价值理念，扎实做好政策研究、政策解读、政策评估、国际交流与合作等四位一体的工作，为促进中国经济转型升级及迈向中高端水平、实现全面建成小康社会的宏伟目标做出应有的贡献。

这套“国务院发展研究中心研究丛书 2016”，集中反映了过去一年我们的主要研究成果，包括 19 种（20 册）著作。其中：《新兴大国的竞争力升级战略》（上、下册）和《从“数量追赶”到“质量追赶”》是中心的重大研究课题报告；《新形势下完善宏观调控理论与机制研究》《区域协同发展：机制与政策》等9部著作，是中心各研究部（所）的重点研究课题报告；还有8部著作是中心资深专家学者或青年研究人员的优秀招标研究课题报告。

“国务院发展研究中心研究丛书”自2010年首次面世至今，已是连续第七年出版。七年来，我们获得了广大读者的认可与厚爱，也受到中央和地方各级领导同志的肯定和鼓励。我们对此表示衷心感谢。同时，真诚欢迎各界读者一如既往地关心、支持、帮助我们，对这套丛书以及我们的工作不吝批评指正，使我们在建设国家高端智库、服务中央决策和工作大局、推动经济发展和社会进步的道路上，走得更稳、更快、更好。

国务院发展研究中心主任、研究员 

2016年8月

前 言

一、研究背景

第一，复杂的环境污染形势需要对中国的环境污染形势进行重新分析。2007年中国工程院、环境保护部共同组织了《中国环境宏观战略研究》，把中国的环境形势概括为“局部有所改善、总体尚未遏制、形势依然严峻、压力继续增大”。这个判断对于理解中国环境污染总体形势具有重要意义，但是已经沿用多年（10年左右）。最近一个时期，公众一方面关注到“十一五”以来，中国在节能降耗、治污减排上采取了严格的总量控制等强有力的措施，常规污染物减排实实在在取得了积极进展。另一方面，2013年以来爆发了比较严重的空气污染问题。这使得公众对当前的治污减排工作产生了一些困惑，甚至有人说“越治越糟”。因此，很有必要对当前的污染减排形势进行客观分析，弄清中国治污减排所处的阶段和存在的问题，为环境监管和政策提供必要的支撑。

第二，从实践来看，中国并没有一条区别于西方国家的绿色发展道路可走，即中国无法避免发达国家普遍经历的“先污染后治理”的道路。从这个意义上讲，分析主要国家污染物减排、环境质量改善的历史进程，对于中国分析环境污染形势、预判环境质量改善的时间区间具有重要意义。展开而言，分析污染源转化的时序、污染物达峰的时序、不同污染物实现减排的时序、峰值关系等都具有重要参考意义。

第三，随着污染污染物排放发生变化，中国的环境监管（包括环境监管体制和政策）的政策需求发生了改变，环境监管也应作出调整。根据国务院发展研究中心资源与环境政策研究所（2013、2014）的研究，未来5～10年时间是中国抑制污染物排放量总量递增的关键时期，污染源监管的重点、污染表现形式等都将发生重要变化。一是大规模工程减排的作用空间在递减。比如火电脱硫，从2005～2015年，火电脱硫机组的比重从12%提高到96%。火电脱硝机组比重从2010年的11.2%提高到2012年的27.6%，2015年达90%以上。二是污染源发生转换，随着工业源逐步得到抑制，农业源、生活源污染物所占比重进一步提高。相对于工业源污染而言，生活源、农业源污染防治难度加大。污染物排放控制从“总量控制”的粗放控制逐步转到以环境质量为导向的“精细化”控制阶段。新的阶段是中国多种污染物总量叠加的高峰期，污染形势严峻，需要进一步提高环境监管的有效性。环境监管调整包括两个方面：一方面，环境监管体制需作调整，包括环境立法、监管机构组织体系、监管权力分配、监管能力、公众参与、问责机制等诸方面；另一方面，环境政策也应作出相应调整。一些环境政策工具亟须做实，比如环境税、排污许可证、排污权交易机制等。

第四，环境监管与污染减排的关系问题一直是学界的热点问题之一，而中国治污减排具有特殊性，值得开展研究。现阶段，在加强环境监管的同时，应进一步加强环境质量的相关研究和环境监测，提前预判环境污染形势。同时，应加强宣传和科普工作，使公众认识到政府所做的减排工作以及污染减排的长期性和复杂性。

二、研究目的

（1）梳理主要国家污染物减排的趋势，分析污染物减排是否存在一般性规律。

（2）通过国际比较，从表观层面揭示污染物排放趋势，包括各类污染物峰值的时序、减排的幅度、污染物减排时序同环境质量改善之间的关系等。

（3）尝试解释污染物减排过程与经济增长、产业发展、能源结构变动以及环境监管调整之间的关系。

（4）从国际的角度系统分析中国环境污染的形势，对大气、水、土壤等环境污染主要领域中长期形势提供支撑。

（5）通过对减排因素的分析，分析减排的潜力，提出中长期环境治理的着力点。

三、研究内容和研究方法

（一）研究内容

研究内容一：数据的收集整理工作。构建主要国家和地区主要污染排放数据、环境质量监测数据的数据库，形成数据集。丰富并拓展资源与环境政策研究所“环境污染形势分析数据库”。

（1）污染物类型：主要大气污染物、主要水污染物，各国主要污染物排放清单并进行选择。

（2）国别：美国、英国、德国、法国、欧盟、日本等国家和地区。

（3）尺度：国家尺度、重点区域尺度、城市尺度。

（4）时间序列：从各国有统计以及监测数据以来的年度数据。

（5）来源：各国环境统计数据库等以及购买相关数据库。

研究内容二：描述主要国家污染物减排的趋势，梳理环境污染的典型事件，对历史趋势进行国际比较。

（1）描述主要国家主要污染物减排趋势（国家尺度为主，区域尺度为辅）。

（2）描述主要国家环境质量变动趋势（区域尺度）以及梳理环境污染事件。

（3）从表观层面，对各国污染物减排趋势、环境质量变动趋势进行国际比较，比较不同污染减排的时序、减排的幅度以及同环境质量改善的关系进行分析。

研究内容三：构建分析框架，包括“规模”“结构”“技术进步”等内在因素，分析各内在因素在中长期减排中的贡献，分析环境监管对这些因素的影响，分析中长期中国污染物减排的潜力。

研究内容四：借鉴国际经验，从国际比较的视角对中国环境污染形势进行预判，包括各类污染物排放拐点、环境质量改善的时序，提出环境监管调整建议。

（二）研究的技术路线

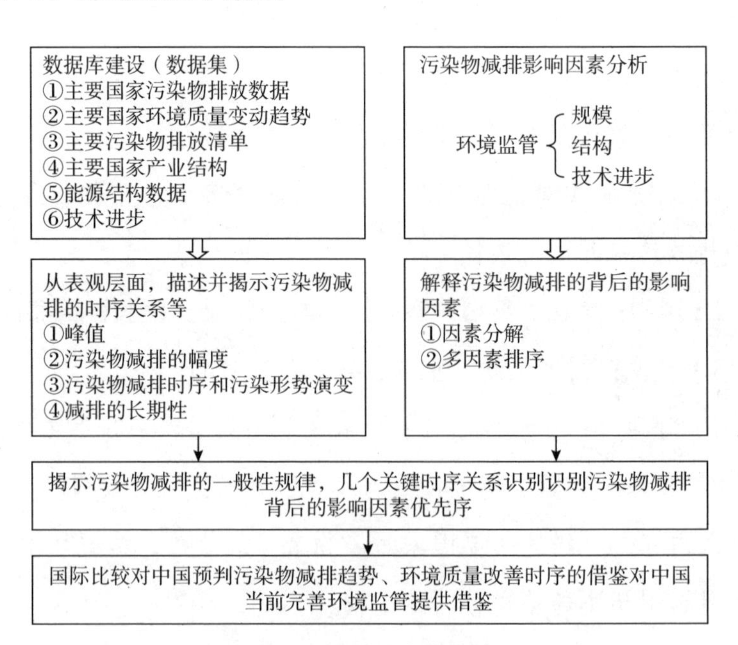

图1　研究的技术路线图

（三）研究方法

（1）数据挖掘。从各类数据库、网站以及文献收集相关数据，按照年度的时间序列方式进行整理。

（2）文献调研。梳理文献，利用文献对经济增长、产业结构变动、能源结构变动、技术进步、环境监管及政策对污染物减排的趋势进行评估。

（3）国际比较、历史比较的方法。从国别的角度对主要污染物排放的因素进行比较分析。尝试揭示污染物排放趋势与环境监管、经济增长等因素之间的关系。

（4）环境史方法论。尝试使用环境史的方法，对污染物减排的历史趋势进行分析。

（5）定量分析。尝试运用回归分析、因素分解、脱钩分析等方法分析。

四、数据来源

（一）中国数据

《中国环境统计年鉴》《中国环境统计年报》《中国环境质量报告》和有关学者的研究。

（二）美国数据

美国联邦环保署（EPA）及有关学者的研究。

（三）英国数据

环境、食品和农村事务部（DEFRA）网站及有关学者的研究。

（四）欧洲数据

欧盟环保署（EEA）及相关国家环境保护机构。

（五）其他数据

世界银行数据库和OECD数据库。

五、研究意义和特点

（1）分析污染物减排与环境质量变动的国际经验，对于分析中国当前环境污染形势、预判未来趋势具有重要的借鉴意见。

（2）这是一项基础性研究工作，也是一项“平台性”工作。为国务院发展研究中心分析环境污染形势提供重要支撑。

（3）在判定污染物排放趋势（环境拐点）下，识别出对监管体制与政策的需求。分析中国环境污染治理中存在的突出问题。从环境治理的体制机制、法律法规、政策工具应用、监管能力等角度切入，分析存在的深层次原因，并提出环境监管体制与政策改进的政策建议。

（4）尝试将环境监管有效性引入到污染排放趋势分析框架中，提出中长期中国污染减排的潜力和政策着力点。

内容提要

从实践来看，中国总体上重复了发达国家普遍经历的“先污染后治理”的发展道路。从这个意义上讲，对主要国家污染物减排、环境质量改善的历史进程进行国际比较研究，对于分析中国环境污染形势、研判环境质量改善的时间区间、分析治污减排的潜力和环境监管的着力点具有重要意义。

从研究方法和技术路线上，第一步，本研究构建了一个数据库（数据集），包括：①主要国家污染物排放数据（主要空气污染物、水污染物）；②主要国家环境质量变动趋势（空气质量监测指标、水环境监测指标）；③主要污染物排放清单；④产业结构变动趋势（主要工业产品产量）；⑤能源消费量、能源结构数据；⑥技术进步（待完善）等。这是一项开放的、平台性的基础性工作。第二步，根据表观数据，从污染物排放和环境质量变化两个维度分析，对污染物排放的规律、峰值、峰值后的减排幅度、污染类型的转变、环境质量的长期性等问题进行分析。第三步，结合污染物减排和环境质量改善的趋势，分析同期产业结构、能源结构、技术进步等因素，通过“综述式”分析以及初步测算分析各因素在减排中的贡献度。第四步，通过国际比较以及对中国治污减排进程的分析，分析中国治污减排所处的阶段，分析中长期治污减排的潜力，提出减排政策的着力点。

本研究初步得出以下主要结论。

第一，对于大的经济体而言，主要污染物排放总体上经历了先增加后减少的过程。比如，对于空气污染物而言，主要空气污染物排放趋势存在较明显的峰值，欧美国家空气污染物的峰值在20世纪70年代。峰值过后的20~30年间，主要空气污染物实现了大幅度减排。类似的，水污染物大致在20世纪70年代达峰。从环境质量变化趋势来看，随着主要污染物排放达峰并进入下降通道，环境质量随之也逐步改善。但是，各项环境指标开始好转的时序并不一致。总体上，对于大的经济体而言，污染物排放的“倒U型”曲线具有普遍意义。对于中国而言，污染物排放也延续了“先增加后减少”的态势，污染物排放总量已远超环境容量，正处在跨越峰值并进入下降通道的“转折期”。

第二，通过比较标志性污染物（二氧化硫、氮氧化物等）达峰时各国所处的发展阶段和人均GDP水平，与先行国家相比，中国空气污染治理政策和行动并不滞后。换言之，中国的“环境库兹列茨曲线”已经向左下方移动，即与先行国家相比，在经济发展的较早阶段、相对较低的污染水平上实现了“环境拐点”。在一定程度上，中国治污减排的行动和政策体现了“超前性”“挤压式”的特征。与先行国家“先污染后治理”的模式相比，中国污染治理过程呈“边污染边治理”的特征。具体而言，中国在工业化、城镇化快速推进、污染物产生量处快速上升的阶段，也是治污减排设施建设发展最快的时期。

第三，从产业结构及污染物排放趋势来看，中国2010~2020年这一阶段大致相当于欧美国家污染物排放实现转折的20世纪70年代。中国正处在“先污染后治理”过程中“先污染”阶段的“终结”阶段。在“十三五”期间讨论中国要避免“先污染后治理”已经没有意义。“十三五”期间，中国主要污染物排放与经济增长将全面“脱钩”，是中国实现绿色发展的“转折期”。

第四，从治污减排和环境质量改善的历史进程来看，从污染物达峰，之后大幅度削减，进而实现环境质量显著改善是一个长期过程。以空气污染为例，以参照发达国家减排的历史经验，结合中国治污减排的现实，中国城市空气质量根本性改善可能还需要20年左右的时间。实现主要污染物大幅度削减（削减60%以上）是未来20年环境治理的核心目标。

第五，中国在治污减排的过程中，“强势治理”与“监管失灵”并存。一方面，“十一五”以来政府强势推进减排政策，包括密集出台环保的行动计划、规划，大规模推进环保设施建设、加大环保投入、强化政府环保责任等。另一方面，环境监管失灵的现象仍普遍存在。从具体的污染物指标来看，“十一五”期间二氧化硫排放达峰、“十二五”期间氮氧化物达峰（进入“平台期”）主要得益于某一特定重点行业（电力行业）污染物减排。而对于其他重点行业以及分散的排放源，“监管失灵”的现象仍然突出。

第六，在污染物减排的历史进程中，经济规模、产业结构、技术进步、能源结构调整等因素都产生了重要作用。欧美国家从20世纪70年代以来，污染水平下降的时间和强化环境监管的时期相一致，但是二者的因果关系并不显著。考虑到中国所处在重化工的后期阶段、产业结构、能源结构等因素，在未来20年，要实现污染物大幅减排持续，中国在提高环境监管的严格度和有效性上需要付出更多的努力。具体而言，未来10年，减排技术应用的贡献大于产业结构调整的贡献，而减排技术的普遍应用需要通过严格的环境监管来推动。

目录

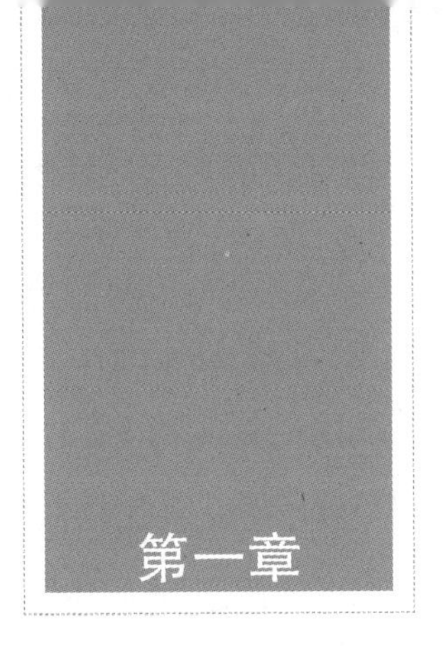

空气污染物排放与空气质量改善历史进程国际比较

一、美国大气污染治理与城市空气质量改善的情况

（一）美国主要空气污染治理进程

1. 美国空气污染治理立法进程

1955 年美国国会制定了第一部联邦大气污染控制法律 1955 年《空气污染控制法》，该法主要规定联邦政府开展对空气污染现象的研究和对各州的空气污染控制予以援助。此后又出台了 1960 年《空气污染控制法》、1963 年《清洁空气法》、1965 年《机动车空气污染控制法》、1967 年《空气质量法》，但是这些法案并未取得良好效果。1970 年美国国会通过了具有划时代意义的《清洁空气法》（Clean Air Act，CAA），该法大大加强了联邦政府在环境监管特别是空气污染治理方面的权力和责任[①]。1970 年，尼克松总统整合联邦政府相关部门的环境保护和环境监管职责，成立了综合性的联邦环境监管机构“联

① 主要的规定包括：联邦环境空气质量标准、新源绩效标准、有害大气污染物的联邦排放标准、移动污染源、酸雨（引自伯克、赫尔方著，吴江、贾蕾译：《环境经济学》，中国人民大学出版社2013年版，第190页）。

邦环保署”（EPA）。在1970年的《清洁空气法》框架下，EPA建立了包含6种主要污染物浓度的国家标准（NAAQS），包括：一氧化碳（CO）、臭氧（O_3）、铅（Pb）、氮氧化物（NO_x）、二氧化硫（SO_2）、颗粒物（PM），法案要求各州满足国家环境空气质量的标准。美国于1977年和1990年先后两次修订《清洁空气法》（见表1–1）。

表1–1　　美国《清洁空气法》的发展过程

时间	重大发展
1955年《空气污染防治法》	第一次联邦立法 为各州研究空气污染来源和范围提供了专项资金
1963年《清洁空气法》	在公共卫生服务领域建立联邦计划 授权支持开展监测或控制空气污染研究
1967年《空气质量法》	首次授权扩大空气污染物排放清单 加强环境监测研究和固定污染源巡查
1970年《清洁空气法》	授权建立国家环境空气质量标准 成立国家实施计划 成立新源控制原则，修订固定污染源 加强执法机关 新增机动车排放控制
1977年《清洁空气法》重大修订	给予非达标地区帮助和支持 新增“可视性排放标准”，防止污染恶化
1990年《清洁空气法》重大修订	酸雨控制 实施行政许可 扩大、确定有毒污染物清单（共189种） 修订部分条文达到国家环境空气质量标准 逐步淘汰损害臭氧层的化学品使用

资料来源：EPA。

2. 空气污染典型事件

美国在20世纪50~70年代也曾经经历了严重的空气污染问题。比较典型的空气污染事件有洛杉矶光化学烟雾事件、多诺拉延误事件、芝加哥空气污染等（见表1–2）。

表1-2　　美国20世纪主要空气污染事件

事件名称	地点	时间	起因	后果
洛杉矶光化学烟雾事件	洛杉矶	1943年	美国洛杉矶市约有汽车250万辆，每天燃烧约1100吨汽油。汽油燃烧后产生的碳氢化合物在紫外线的照射下引起化学反应，形成浅蓝色烟雾	大多数市民患了眼红、头疼等病症
		1955年		400多人因五官中毒、呼吸衰竭而死
		1970年		全市3/4的人患病
多诺拉延误事件	宾夕法尼亚州多诺拉城	1948年	多诺拉城有许多大型炼铁厂、炼锌厂和硫酸厂，1948年10月26日清晨，大雾弥漫，受反气旋和逆温控制，工厂排出的有害气体扩散不出去	全城14000人中有6000人发生眼痛、喉咙痛、头痛、胸闷、呕吐、腹泻等，有17人死亡
芝加哥空气污染	芝加哥	1962~1964年	芝加哥每年都接到超过6000000个市民关于空气污染的投诉	1967年，美国公共卫生服务部（U. S. Public Health Service）公布芝加哥为全国第二大污染域市，巨大的舆论压力推动联邦政府出台了一系列法律规范

资料来源：马俊、李治国等：《PM2.5减排的经济政策》，中国经济出版社2014年版。

（二）美国主要空气污染物排放趋势

1. 美国二氧化硫排放趋势

数据显示，美国二氧化硫排放在1940~2014期间经历了两个高点。1940~1944年期间，二氧化硫排放量逐渐增加，并于1944年达到第一个高点，总排放量为27092千吨；随后1945~1954年间缓慢降低，并从1954~1973年逐渐增长，于1973年达到74年间的峰值，为31754千吨；随后至今大幅下降，2014年排放量为4991千吨（见图1-1）。

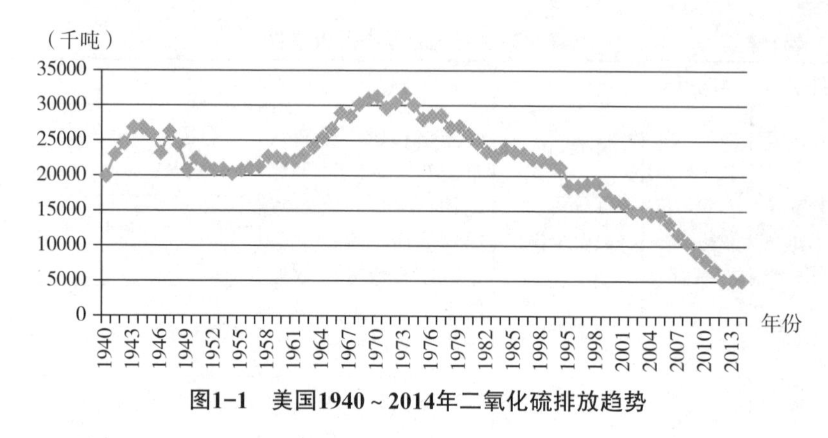

图1-1　美国1940～2014年二氧化硫排放趋势

数据来源：EPA，National Emissions Inventory（NEI）Air pollutant Emissions Trend。

从污染源排放构成来看，1940~2014 年间，二氧化硫排放占比最大的均为燃料燃烧排放，其中电力行业燃料燃烧排放 1970 年占比为 55.73%，2014 年占比增长到 64.02%；其次是工业燃烧燃料排放，1970 年占比为 14.63%，2014 年为 13.54%；变化最大的为金属加工业，1970 年排放占比为 15.30%，2014 年快速下降至 2.88%；其他燃料燃烧排放占比也较大，由 1970 年的 4.78% 变为 2014 年的 4.39%（见图 1-2、图 1-3）。

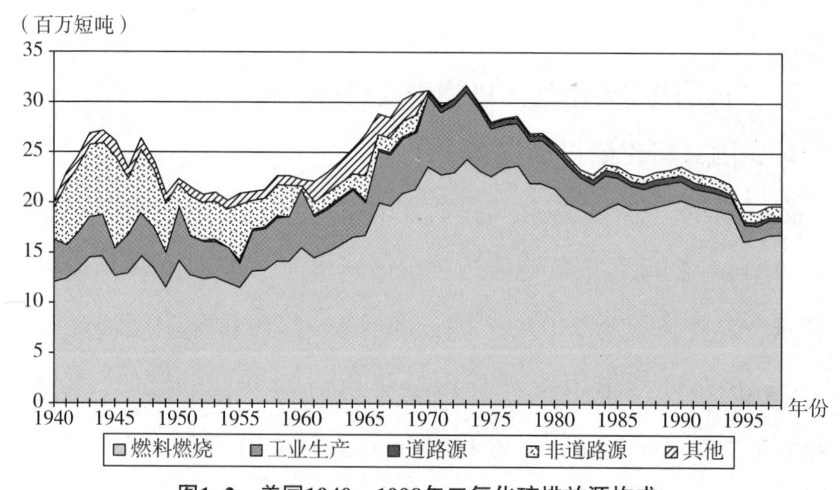

图1-2　美国1940～1998年二氧化硫排放源构成

数据来源："National air pollutant emission trends，1900–1998"，EPA，2000。

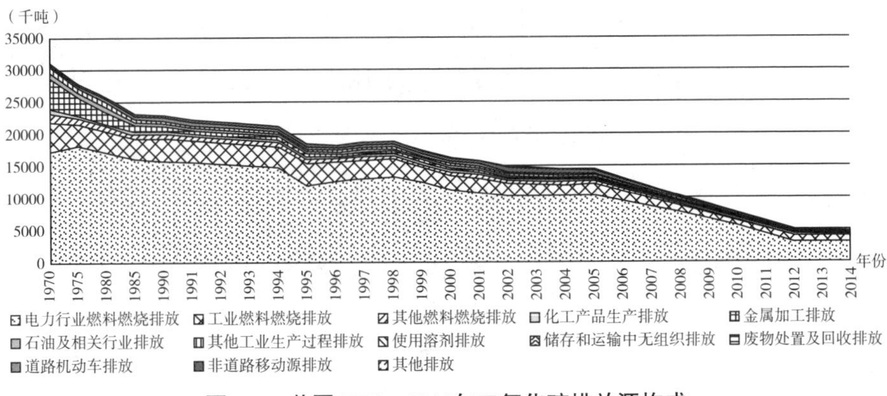

图1–3　美国1970～2014年二氧化硫排放源构成

数据来源：EPA，本研究整理。

2. 美国氮氧化物排放趋势

数据显示，1940～2014年间，美国氮氧化物排放经历了“缓慢增长—峰值排放—快速下降”3个阶段，1940～1970年间，排放量缓慢增长，并于1970年达到峰值，为26883千吨，随后经历了20～30年的“平台期”，从2000年左右大幅度下降（见图1–4）。

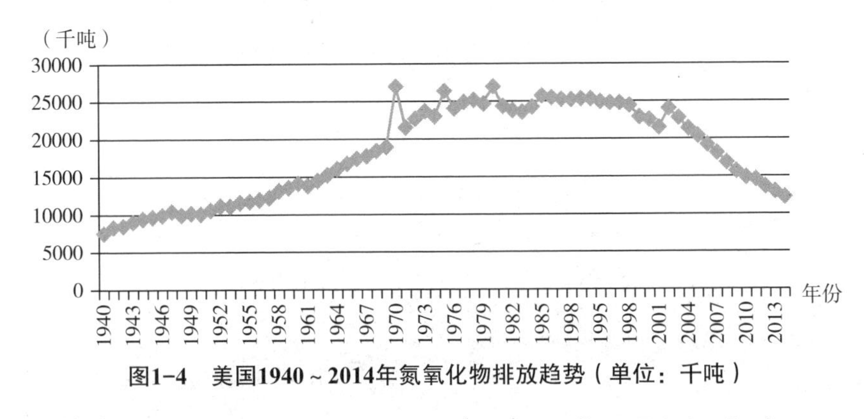

图1–4　美国1940～2014年氮氧化物排放趋势（单位：千吨）

数据来源：EPA，National Emissions Inventory（NEI）Air pollutant Emissions Trend。

从污染源排放构成分析，在1940～2014年间，1970年之前，燃料燃烧为氮氧化物排放占比最大的污染源；1970年之后道路机动车排放成为最大排放源，1970年排放12624千吨，占总排放量的46.96%，2014年排放占比下降为36.17%；1970年排放占比第二的是电力行业燃料燃烧排放，占比为18.23%，2014年下降至第三位，占比为14.31%；1970年占比第三的为工业燃料燃烧排放，比例为16.09%，下降至2014年的10.14%；非道路移动源排放所占比例增长最明显，由1970年的9.87%增加到2014年的21.50%（见图1-5、图1-6）。

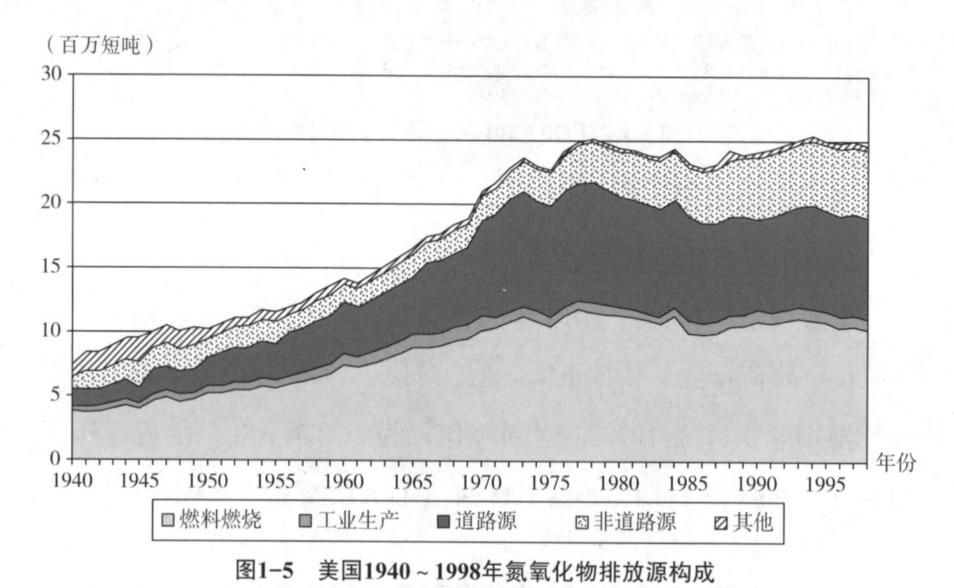

图1-5　美国1940～1998年氮氧化物排放源构成

数据来源："National air pollutant emission trends，1900-1998"，EPA，2000。

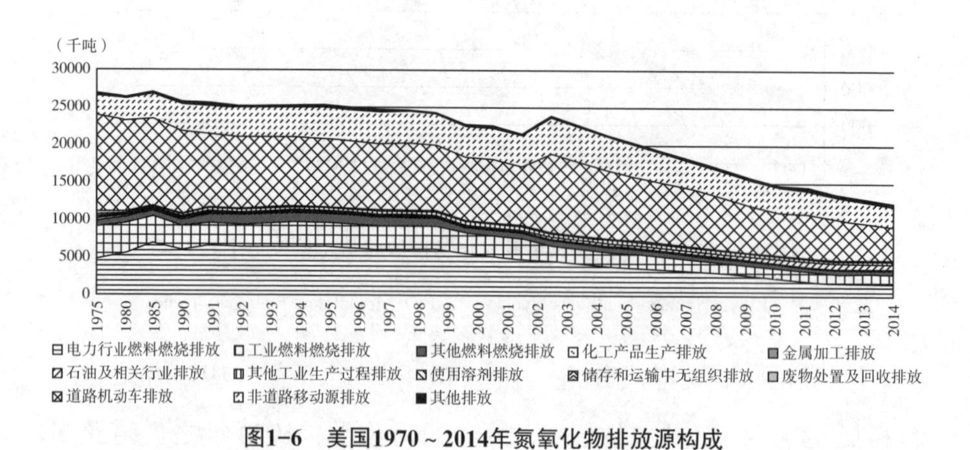

图1-6　美国1970～2014年氮氧化物排放源构成

数据来源：EPA，本研究整理。

3. 美国挥发性有机化合物排放趋势

数据显示，1940 ~ 2014 年间，美国挥发性有机物排放量波动较为剧烈，但总体上仍经历了缓慢增长、峰值排放及缓慢降低的过程，1970 年达到峰值，为 34659 千吨，随后进入平台期，从 1985 年左右开始下降（见图 1–7）。

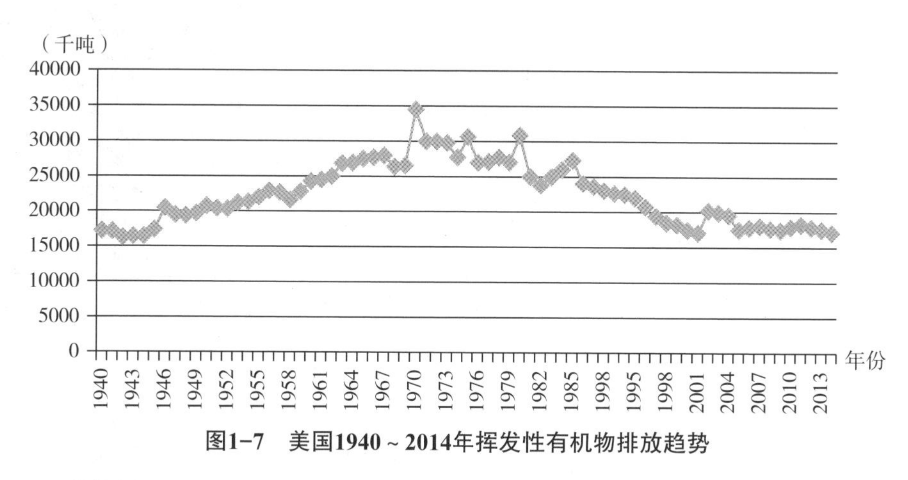

图1–7　美国1940 ~ 2014年挥发性有机物排放趋势

数据来源：EPA，National Emissions Inventory（NEI）Air pollutant Emissions Trend。

从污染源排放构成分析，1940 ~ 2014 年间，挥发性有机化合物排放构成差异较大。1940 ~ 1970 年，道路机动车排放及工业生产排放所占比重逐渐增大，1970 年排放占比最大的为道路机动车排放，占了总排放量的 48.79%，随后持续下降至 2014 年的 12.60%；其次为使用溶剂的排放，1970 年占比为 20.70%，2014 年占比为 16.41%，均为第二大排放源；再次排放源较大的有储存和运输中无组织排放、石油及相关行业排放、非道路移动源排放及其他排放，其中占比变化较大的有石油及相关行业排放，由 1970 年的 3.45% 增加到 2014 年的 16.19%；其他排放由 1970 年的 3.18% 快速增长到 2014 年的 30.88%，成为第一大排放源（见图 1–8、图 1–9）。

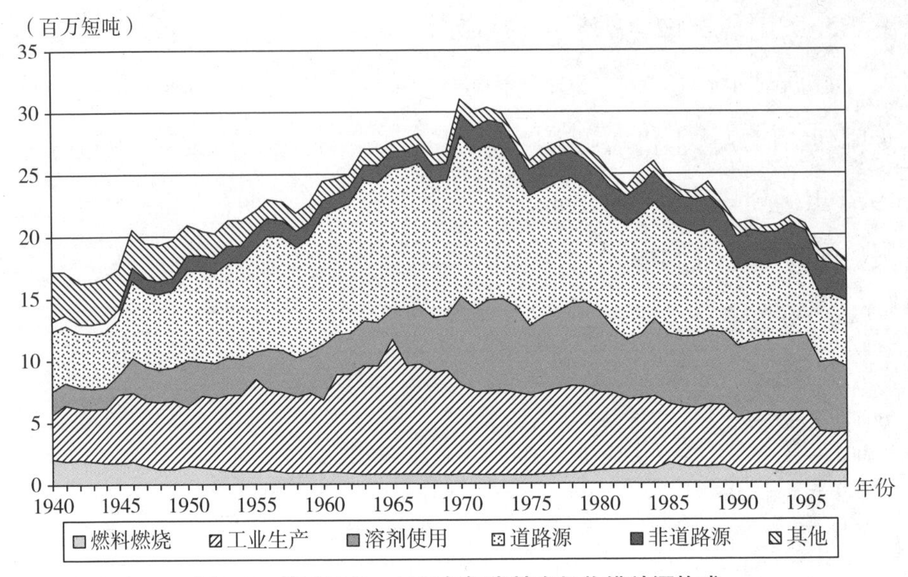

图1-8 美国1940～1998年挥发性有机物排放源构成

数据来源："National air pollutant emission trends，1900–1998"，EPA，2000。

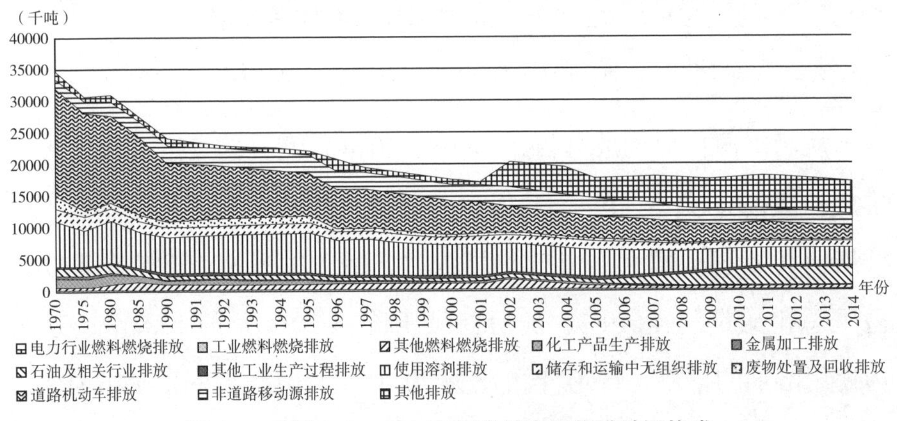

图1-9 美国1970～2014年挥发性有机物排放源构成

数据来源：EPA，本研究整理。

4. 美国氨排放趋势

数据显示，1990～2014年间，美国氨排放呈现明显的两个阶梯式的趋势，1990～2000年间，氨排放量由4320千吨缓慢增加到2000年的峰值，为4907千吨，随后2001年陡降至3689千吨，在

2001 ~ 2014 年间，排放量平稳中略有上升（见图 1–10）。

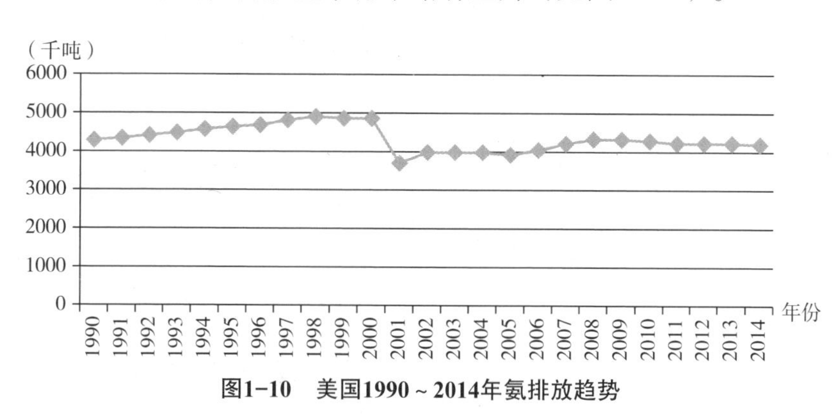

图1–10　美国1990 ~ 2014年氨排放趋势

数据来源：EPA，National Emissions Inventory（NEI）Air pollutant Emissions Trend。

从氨排放污染源构成分析，1990 ~ 2014 年间，排放占比最大的均为其他排放，1990 年排放 3757 千吨，占比 86.97%，2014 年排放 3899 千吨，占比 92.48%；化工产品生产排放是 1990 年的第二大排放源，占比由 4.24% 下降至 2014 年的 0.55%；道路机动车排放由 1990 年的第三大排放源增长为 2014 年的第二大排放源，占比由 3.59% 降低为 2.56%（见图 1–11）。

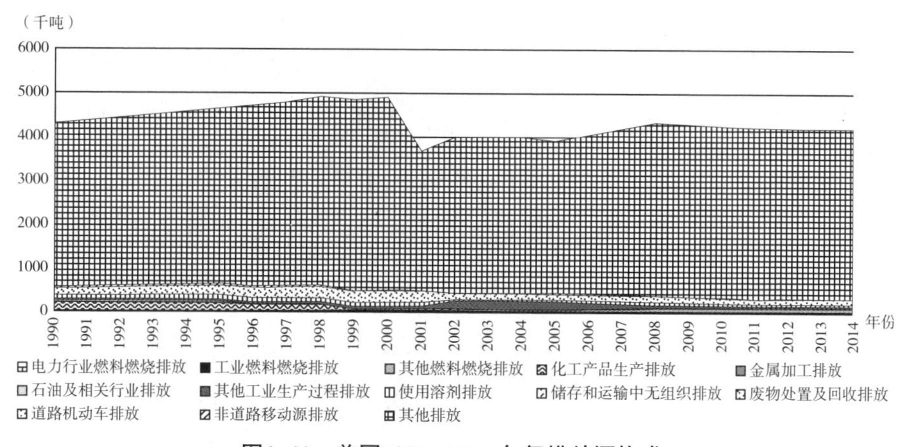

图1–11　美国1990 ~ 2014年氨排放源构成

数据来源：EPA，本研究整理。

5. 美国 PM10 排放趋势

数据显示，美国 PM10 在 1940 ~ 1950 年缓慢增加，随后呈下降的态势，并于 1985 年陡增至一个峰值，排放量为 41323 千吨，随后排放量维持在 20000 千吨的较高水平上，呈缓慢降低趋势（见图 1–12）。

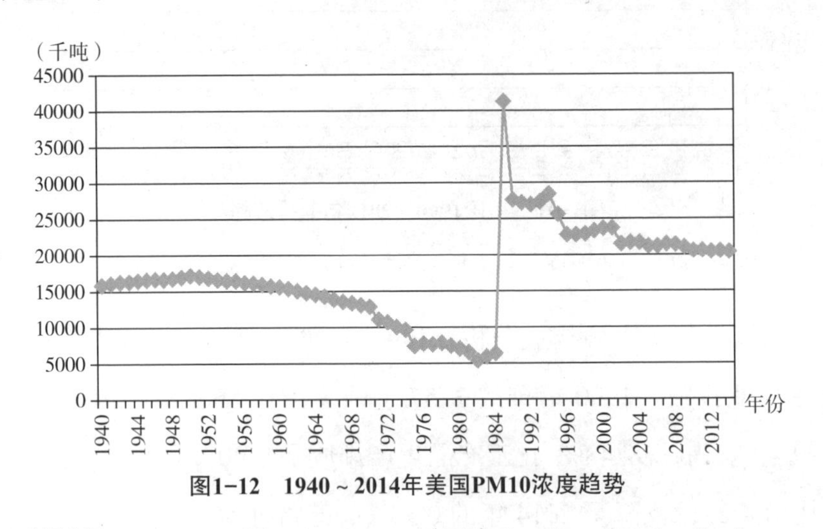

图1–12　1940 ~ 2014年美国PM10浓度趋势

数据来源：EPA，National Emissions Inventory（NEI）Air pollutant Emissions Trend。

从 PM10 排放污染源构成分析，1970 年以前，工业生产排放所占比重最大，1940 ~ 1970 年间，非道路源及其他源的排放比重降低明显；自 1985 年开始，污染源排放结构趋于稳定，比重相近，但其他污染源排放陡增，由 1970 年的 839 千吨，占比 6.44%，增加至 1985 年的 37736 千吨，占比 91.32%，随后降低至 2014 年的 18015 千吨，占比 87.38%（见图 1–13、图 1–14）。

6. 美国一氧化碳排放趋势

数据显示，1940 ~ 2014 年间，美国一氧化碳排放大致呈现缓慢增长、峰值排放、降低的趋势，但其峰值排放不连续，分别在 1971 年（204042 千吨）、1975 年（188398 千吨）、1980 年（185408 千吨）及 1985 年（176845 千吨）达到 4 个高点，1985 年开始，排放量快

速降低，2014 年的排放量为 67756 千吨（见图 1–15）。

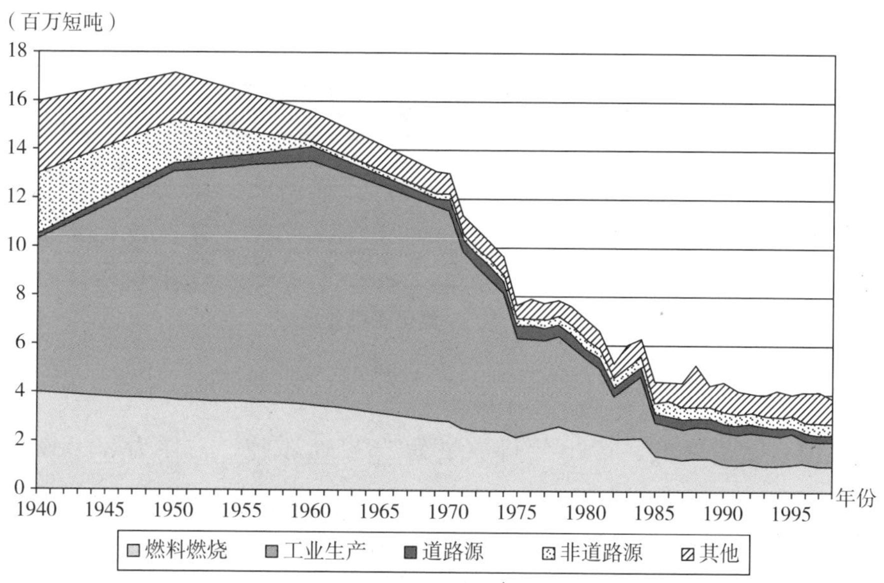

图1–13　美国1940 ~ 1998年PM10排放源构成（除输送源）

数据来源：“National air pollutant emission trends，1900–1998”，EPA，2000。

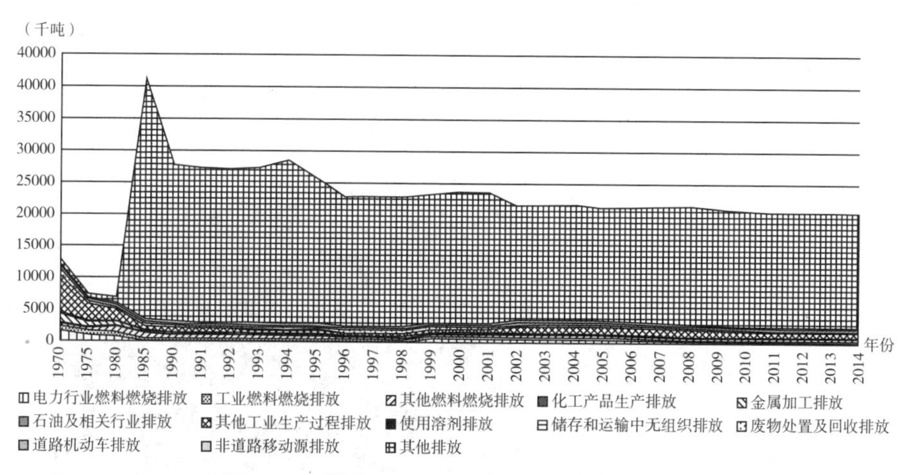

图1–14　美国1970 ~ 2014年PM10排放源构成

数据来源：EPA，本研究整理。

从一氧化碳排放污染源构成分析，1940 ~ 2014 年间，道路机动车排放所占总排放量比重均较大，1970 年之前稳步增长，于 1970 年达

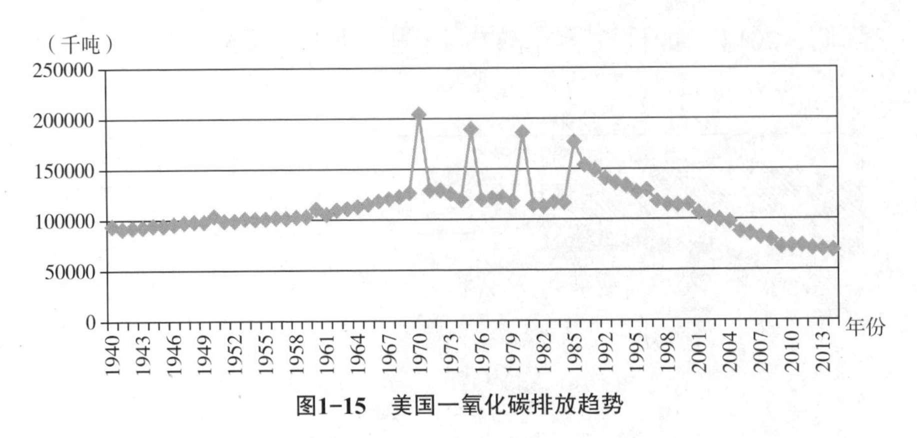

图1-15　美国一氧化碳排放趋势

数据来源：EPA，National Emissions Inventory（NEI）Air pollutant Emissions Trend。

到峰值，随后降低，1970 年排放量为 163231 千吨，占比为 80.00%，为第一大排放源，2014 年排放量为 22261 千吨，占比为 32.85%，为第二大排放源；非道路移动源排放也较大，1970 年的排放占比为 5.57%，2014 年的排放占比为 20.72%；其他排放源为占比增长最快的污染源，1970 年占比为 3.88%，2014 年则为 35.09%，成为第一大污染排放源（见图 1-16、图 1-17）。

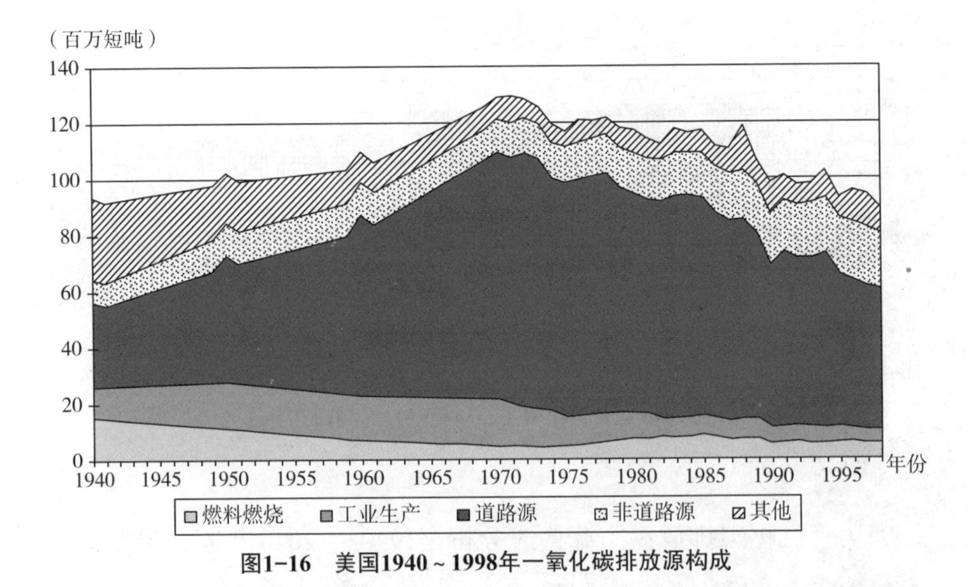

图1-16　美国1940～1998年一氧化碳排放源构成

数据来源："National air pollutant emission trends，1900-1998"，EPA，2000。

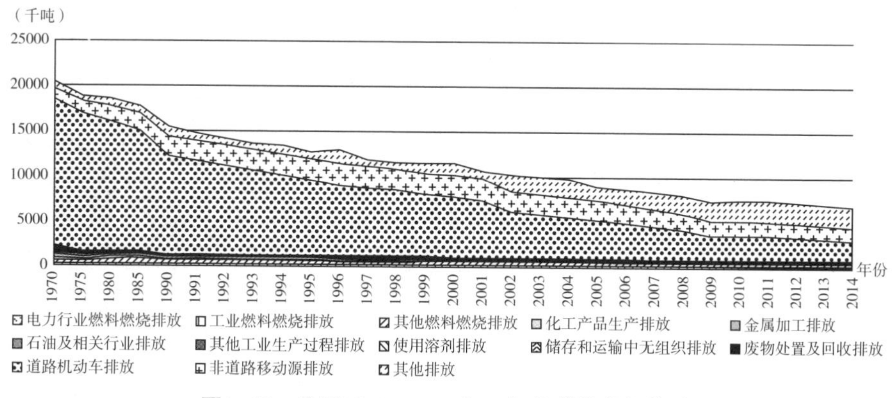

图1-17　美国1970～2014年一氧化碳排放源构成

数据来源：EPA，本研究整理。

总体上，考察6种主要大气污染物，包括一氧化碳（CO）、铅（Pb）、氮氧化物（NO_x）、挥发性有机化合物（VOC）[①]、二氧化硫（SO_2）、颗粒物（PM，包括PM10和PM2.5）排放趋势，从1940年以来数据来看[②]，美国CO排放在1972年左右达到峰值，随后总体下降。二氧化硫排放在1974年左右达到峰值，随后总体下降。VOC在1970年达到峰值，随后呈下降的态势。氮氧化物于1978年左右达到"次高"峰值，然后大致保持稳定，在1994年达到峰值，随后呈稳步下降态势。PM10在1950年到达峰值，随后大幅下降。

根据EPA的数据，1970～2014年6种大气污染物排放降低了70%，碳排放增加了28%。1970～2015年，美国GDP、道路交通里程、能源消费及人口分别增加了246%、184%、57%和44%。从数据可以看出，从1970年以来，美国主要大气污染物排放已经和经济增长、能源消费实现了"脱钩"（见图1-18）。

① 氮氧化物（NO_x）、挥发性有机物（VOC）是臭氧（O_3）的前体物。

② EPA，"National Emission Pollutant Emission Trends，1990-1998"，2000.

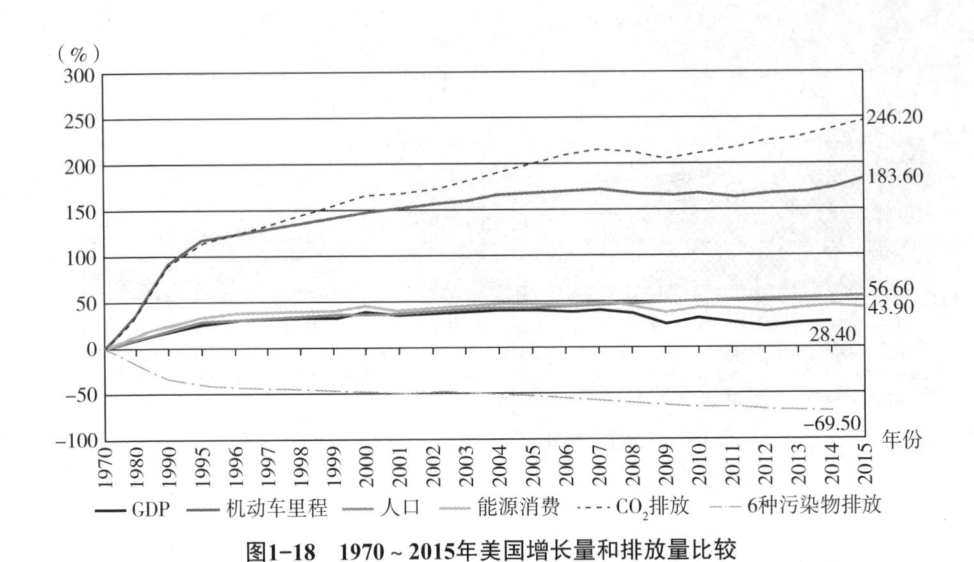

图1-18　1970～2015年美国增长量和排放量比较

资料来源：EPA，本研究整理。

7. 美国主要空气污染物减排幅度

数据显示，1980～2010年，30年间主要大气污染物呈大幅下降的态势，一氧化碳（CO）、铅Lead（Pb）、氮氧化物（NO_x）、挥发性有机化合物（VOC）、PM10、二氧化硫（SO_2）排放分别下降71%、97%、52%、63%、83%、69%（见表1-3）。2000～2010年PM2.5排放量从650万吨下降到328万吨。

表1-3　　1980～2014年美国主要空气污染物减排幅度

	1980～2010年	1990～2010年	2000～2010年	1980～2014年
一氧化碳（CO）	−71	−60	−44	−69
铅Lead（Pb）	−97	−60	−33	−99
氮氧化物（NO_x）	−52	−48	−41	−55
挥发性有机化合物（VOC）	−63	−52	−35	−53
PM10	−83	−67	−50	−58
PM2.5	—	−55	−55	
二氧化硫（SO_2）	−69	−65	−50	−81

注：PM10为1985年数据。

资料来源：EPA，本研究整理。

美国为了控制PM2.5采取了一系列措施，1997年率先在全球制定了PM2.5环境标准（年均值15微克/立方米）。1998～2001年建立国家监测网络，2001～2005年建立监测数据库，2005～2008年各州提交环境标准执行计划，2008～2017年执行达标计划，达到PM2.5达标最后期限。2000年以来，美国控制PM2.5初见成效。

（三）美国空气质量改善进程

从20世纪70年代以来，美国环境空气质量（监测数据）逐步好转。数据显示，1980～2010年，美国主要大气污染物浓度总体实现了大幅度下降，一氧化碳（CO）、臭氧（O_3）、铅（Pb）、氮氧化物（NO_x）、二氧化硫（SO_2）的浓度分别下降了82%、28%、90%、52%、76%（见表1-4）。2000～2010年，PM2.5年均浓度从13.62微克/立方米下降到9.99微克/立方米，下降了27%[①]。

表1-4　1980～2014年美国主要空气污染物浓度降低幅度

	1980～2010年	1990～2010年	2000～2010年	1980～2014年
一氧化碳（CO）	-82	-73	-54	-85
臭氧（8小时平均）	-28	-17	-11	-33
铅	-90	-83	-62	-98
氮氧化物（年均浓度）	-52	-45	-38	-60
PM10（24小时）	—	-38	-29	-57
PM2.5（年均）	—	—	-27	
PM2.5（24小时）	—	—	-29	
二氧化硫（SO_2）（24小时）	-76	-68	-48	-80

资料来源：EPA，本研究整理。http://www3.epa.gov/airtrends/aqtrends.html#airquality。

1. 美国二氧化硫浓度趋势

数据显示，1962～2014年间，美国二氧化硫浓度持续下降，在

① 资料来源：EPA。

美国的《清洁空气法》通过之前，二氧化硫浓度就开始了下降。其中，1980 ~ 2014年间,美国二氧化硫浓度下降了80%(见图1–19、图1–20)。

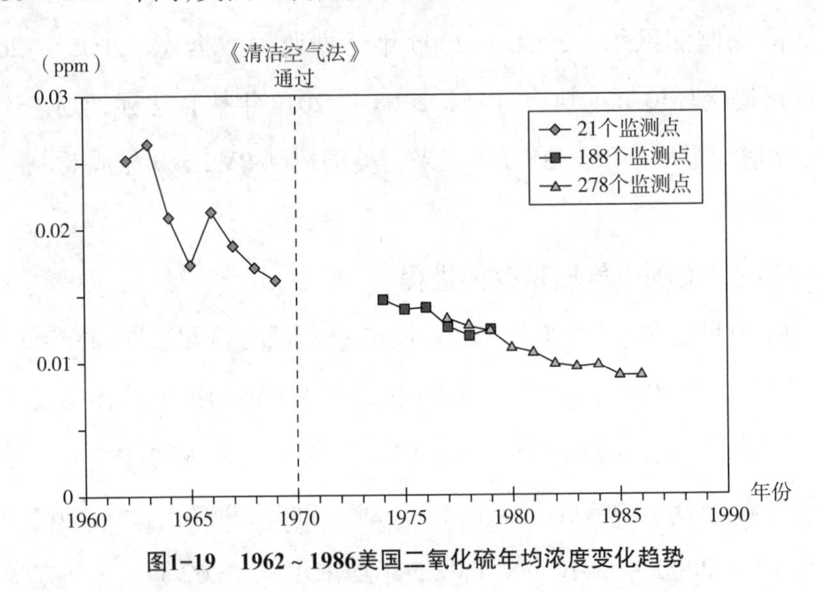

图1–19　1962 ~ 1986美国二氧化硫年均浓度变化趋势

资料来源：“Air quality in America : a dose of reality on air pollution levels，trends，and health risks”，2007。

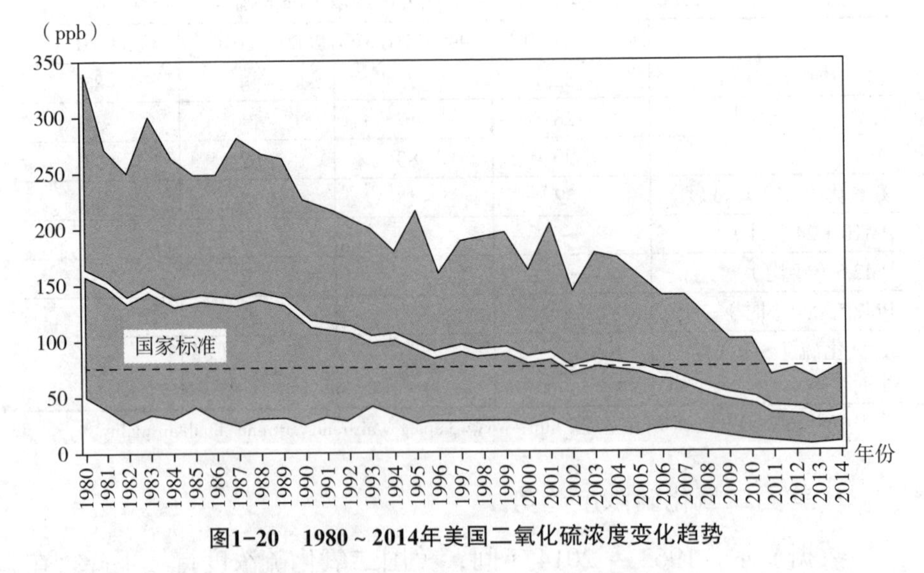

图1–20　1980 ~ 2014年美国二氧化硫浓度变化趋势

注：浓度值为45个监测站点99%保证率下的日最大1小时浓度均值。

资料来源：EPA，2016。

2. 美国氮氧化物浓度趋势

数据显示，1970 ~ 2010 年间，美国氮氧化物浓度持续下降，1980 ~ 2014 年，美国氮氧化物浓度下降了 57%（见图 1-21、图 1-22）。

由图 1-21 可见，美国的二氧化硫浓度远早于 1970 年《清洁空气法》通过之前就已经开始降低，这是因为空气质量改善的原因比较复杂。即使单位污染物排放强度在降低，但总的排放量可能由于经济和人口总量增长而增长。空气质量改善不单是由有意识的努力如政策的出台决定的，也可能是无意中发生的，如受市场经济活动的影响而发生空气质量的改变，由于经济增长导致的市场压力促进生产效率提高和技术进步，并反过来又促进了经济增长，同时消费者需求的产品和服务类型也在随时间发生变化，从而影响了空气质量的改善。这正是 20 世纪的美国所发生的实际情况。

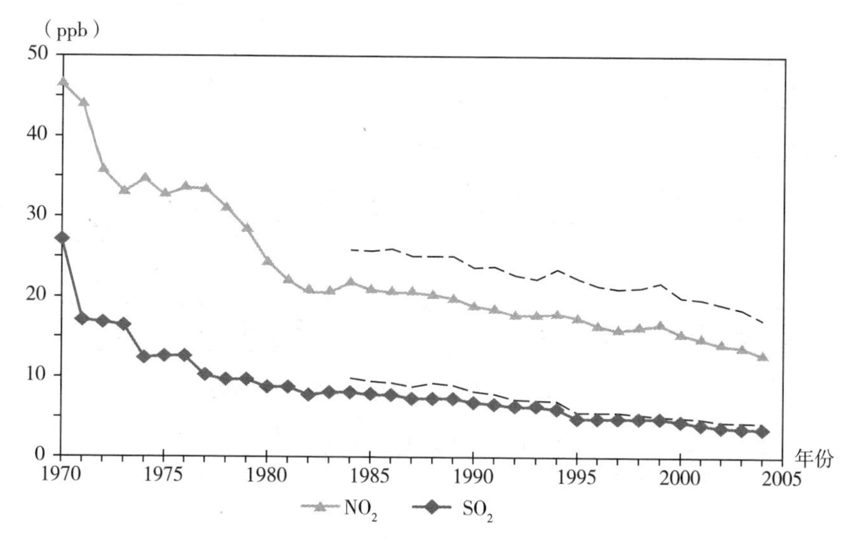

图1-21 1970 ~ 2004美国二氧化硫和二氧化氮浓度变化趋势

资料来源：“Air quality in America : a dose of reality on air pollution levels, trends, and health risks”，2007。

二氧化硫的单位 GDP 排放强度自 20 世纪 20 年代就开始降低，但直到1950年才被认为是污染物，相应的联邦法律法规还未设立，直到20世纪60年和70年代初期才设立，1950年之前也几乎没有州立的法规。

整个20世纪，市场驱动促进了生产效率的提高和技术的进步，并通过降低单位经济活动的污染物排放量带来了有益的影响，从而减轻了持续经济发展对空气质量的影响。如财富的增加允许家庭暖气和烹饪的能源使用从煤向更清洁和高效的天然气转变；铁路运行的能源从燃煤蒸汽机向柴油转变；交流电使用和变压技术的改进实现了电力的长距离传输，从而允许电厂设置在煤矿附近而不是城市里面。这些市场驱动导致的转变不是出于空气质量改善的角度考虑的，但他们却引起了空气污染水平的大幅降低[①]。

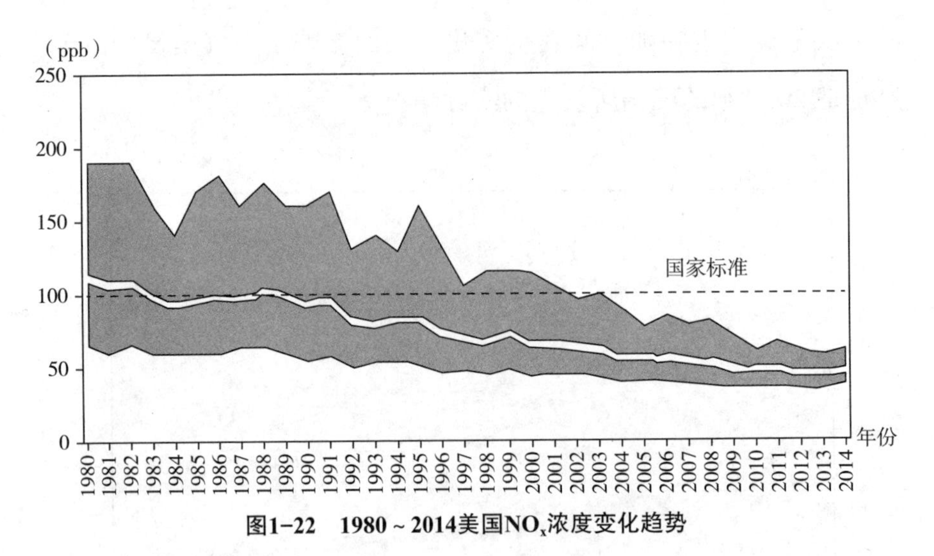

图1-22　1980～2014美国NO_x浓度变化趋势

注：浓度值为24个监测站点98%保证率下的日最大1小时浓度均值。

资料来源：EPA，2016。

3. 美国PM2.5浓度趋势

数据显示，1980～2014年间，美国PM2.5浓度持续下降，其中从1980年到2006年，美国PM2.5浓度下降了44%，监测站点的

① "Air quality in America", the American Enterprise Institute.

浓度超标比率由 1980 年的 90% 降低到了 1999 年的 30%、2006 年的 13%，同时超标越严重地区的浓度改善效果越明显，如加利福利亚州的 PM2.5 浓度由 1980 年的 48 微克 / 立方米降低到 2006 年的 20 微克 / 立方米，减少了 58%，从 1999 年到 2006 年，99% 的浓度超过国家标准（15 微克 / 立方米）的监测站点的浓度均得到了改善①。2000 ~ 2014 年，美国 PM2.5 浓度下降了 35%（见图 1-23、图 1-24）。

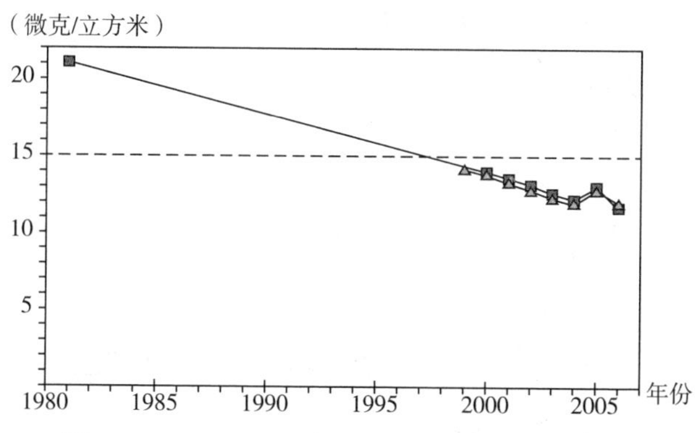

图1-23　1980 ~ 2006年美国PM2.5浓度变化趋势

注：横虚线为美国PM2.5的标准值15微克/立方米。

资料来源："Air quality in America：a dose of reality on air pollution levels，trends，and health risks"，2007。

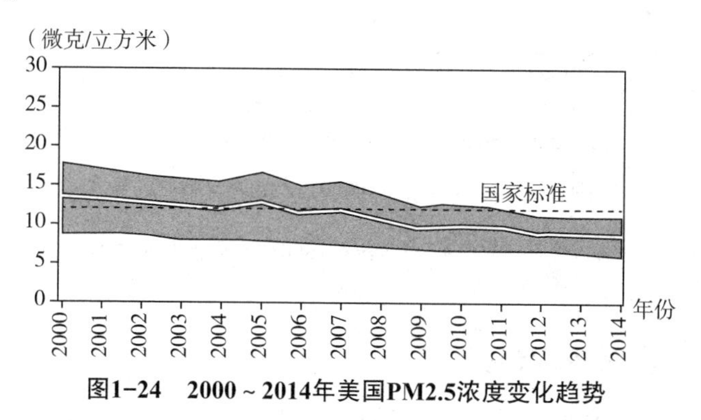

图1-24　2000 ~ 2014年美国PM2.5浓度变化趋势

注：浓度值为505个监测站点季节加权的平均值。

资料来源：EPA，2016。

① "Air quality in America：a dose of reality on air pollution levels，trends，and health risks"，2007。

4. 美国 PM10 浓度趋势

数据显示，1987 ~ 2014 年间，美国 PM10 浓度持续下降，1988 ~ 2004 年间，美国 PM10 浓度下降了 30%，1999 ~ 2004 年间，美国 PM10 浓度下降了 13%，大体呈现与 PM2.5 类似的浓度趋势。美国 PM10 浓度超标严重的区域主要集中在几个地区，其中加利福尼亚州是 PM10 浓度最高的地区，并且由于风沙的影响，农村地区的 PM10 浓度往往较高[①]。1990 ~ 2014 年，美国 PM10 浓度下降了 36%（见图 1–25、图 1–26）。

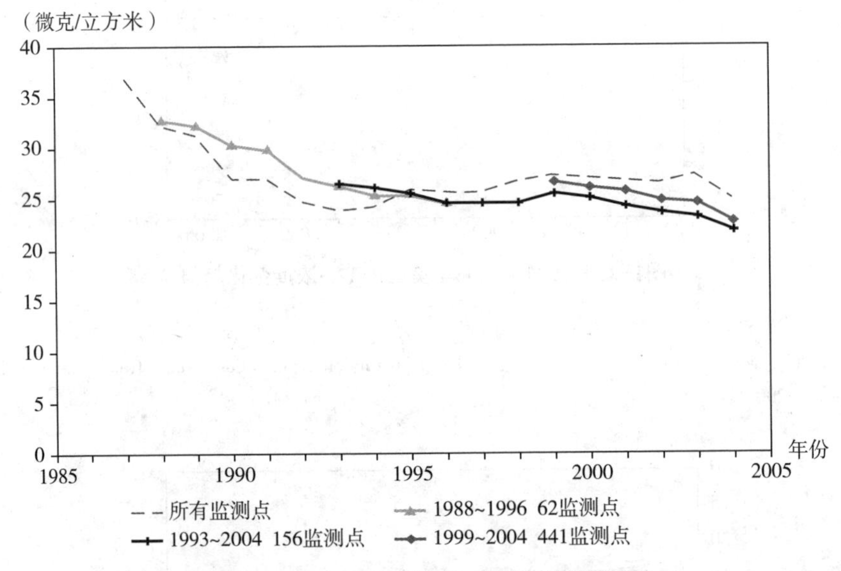

图1–25　1987 ~ 2004美国PM10浓度变化趋势

资料来源："Air quality in America : a dose of reality on air pollution levels，trends，and health risks"，2007。

5. 美国臭氧浓度趋势

数据显示，1980 ~ 2014 年，美国臭氧浓度降低了 33%（见图 1–27）。

① "Air quality in America：a dose of reality on air pollution levels,trends，and health risks"，2007.

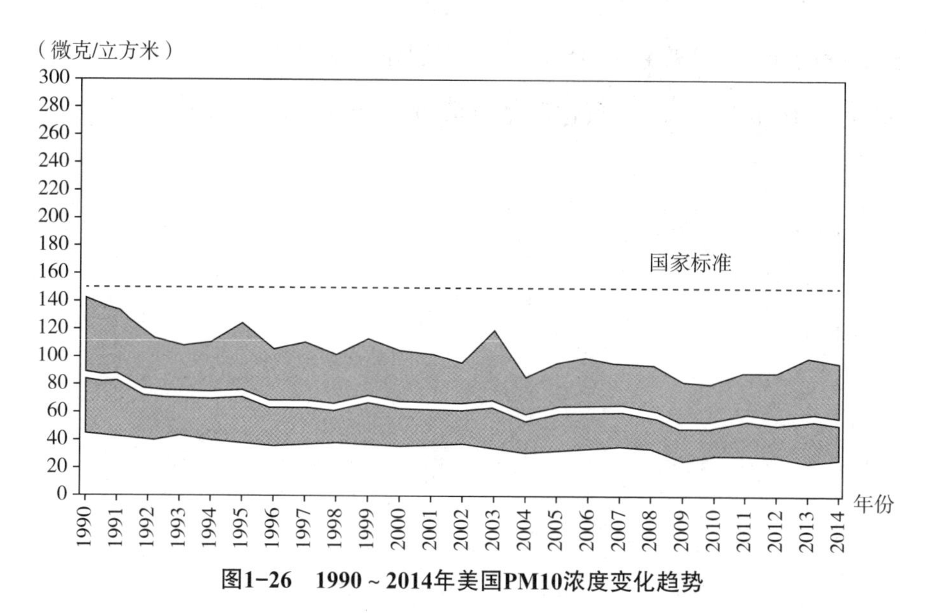

图1-26　1990～2014年美国PM10浓度变化趋势

注：浓度值为193个监测站点24小时平均值年第二大值。

资料来源：EPA，2016。

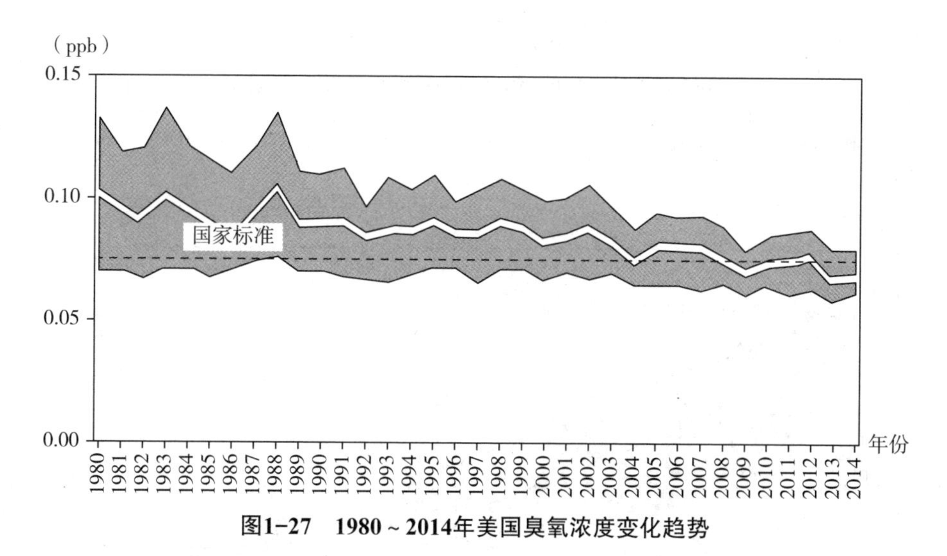

图1-27　1980～2014年美国臭氧浓度变化趋势

注：浓度值为218个监测站点日最大8小时浓度均值的年第四大值。

资料来源：EPA，2016。

6. 美国一氧化碳浓度趋势

数据显示，从 20 世纪 70 年代以来，美国空气中一氧化碳浓度呈下降的态势。1984 ~ 2004 年间，美国一氧化碳浓度降低了 70%。1980 ~ 2014 年，美国一氧化碳浓度降低了 85%（见图 1–28、图 1–29）。

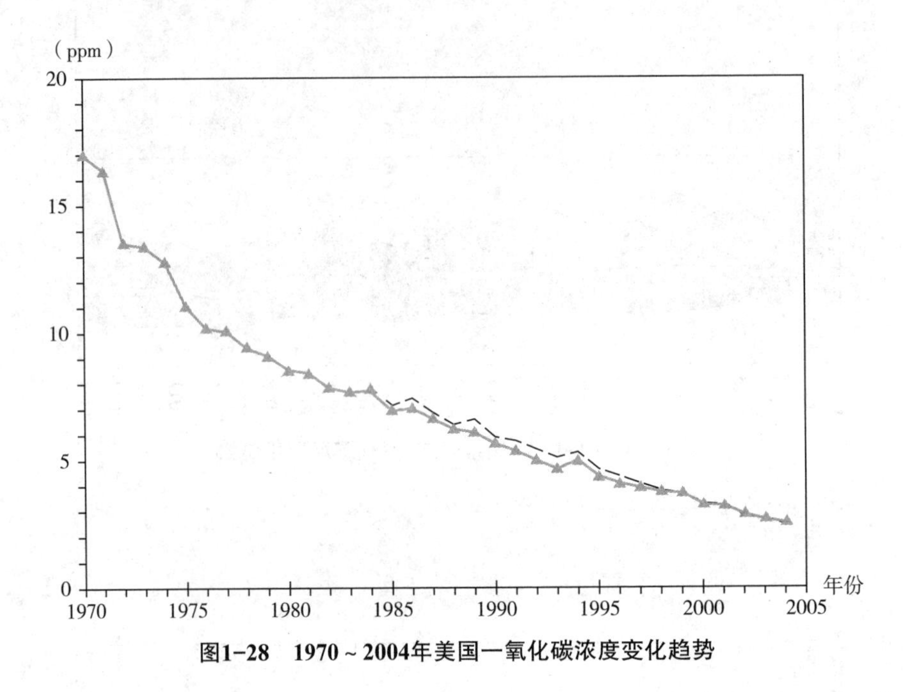

图1–28　1970 ~ 2004年美国一氧化碳浓度变化趋势

资料来源："Air quality in America : a dose of reality on air pollution levels, trends, and health risks"，2007。

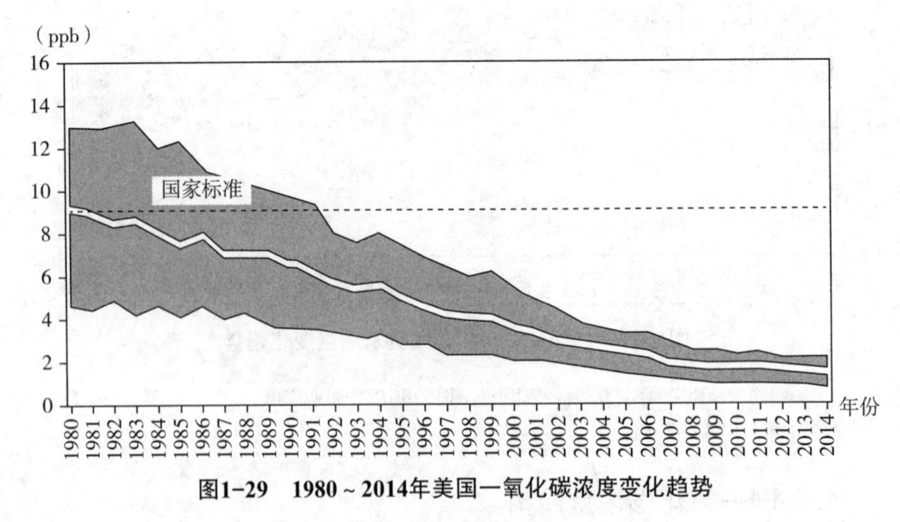

图1–29　1980 ~ 2014年美国一氧化碳浓度变化趋势

注：浓度值为74个监测站点最大8小时浓度均值的年第二大值。

资料来源：EPA，2016。

二、英国空气污染治理及空气质量改善进程

（一）英国空气污染治理进程

1. 英国空气污染治理立法进程

英国是工业化先行国家，经历了非常典型的“先污染后治理”过程。考察英国主要大气污染物排放趋势具有代表性。1952 年伦敦烟雾事件曾经震惊全球，而到了 20 世纪 90 年代，伦敦成为世界上最清洁的城市之一。伦敦烟雾事件直接促成了 1956 年《大气清洁法》的出台。《大气清洁法》是一部控制大气污染的基本法，其对煤烟等的排放作了详细具体的规定，控制范围也进一步扩大，其实施效果显著（见表 1–5）。

表1–5　　英国空气污染治理的相关立法

年份	相关立法
1845	铁路条款合并法案：要求铁路引擎耗尽自己产生的烟尘
1847	改善条框法案：有一节设计处理工厂烟尘
1863	碱等工程监管法案：要求超过排放量的95%应该被逮捕
1866	卫生法案：卫生当局有权在烟雾滋扰的情况下采取行动
1875	公共卫生法案：包含一个部分涉及立法减排烟雾
1906	碱等工程监管法案：延伸和综合以前的行为，包含了采取最佳可行的方式预防有毒气体的排放
1926	公共卫生法案：对1875年和1891年的法案进行了修订和扩展
1946	首设无烟区和事先批准的立法
1956	大气清洁法：介绍烟雾控制区，控制烟囱的高度。除了一些例外的情况下，禁止烟囱排放黑烟
1968	大气清洁法：扩展1956年法案的烟控规定，并进一步增加了禁止排放黑烟
1970	欧盟指令70/220/EEC：采取措施应对与汽车有关的气体点燃式发动机空气污染。限定来自汽油发动机的一氧化碳和碳氢化合物的排放
1972	欧盟指令72/306/EEC：采取措施应对机动车辆中柴油发动机排放的污染物。限定重型车辆排放的黑烟
1974	污染控制法：允许对汽车燃料组成进行管制。此外，该法限制了燃油中的硫的含量

续表

年份	相关立法
1975	欧盟指令75/441/EEC：设置了成员国之间的空气质量信息交换的程序
1978	欧盟指令78/611/EEC：限制汽油铅含量最大允许$0.4gl^{-1}$
1979	跨境污染的国际公约：介绍了跨域酸雨影响的控制以及限制酸性污染物质的排放
1980	欧盟指令80/779/EEC：为二氧化硫和悬浮颗粒设定空气质量指导值和限定值
1981	汽车燃油（含铅量）条例：汽油中铅的含量不能超过$0.4gl^{-1}$
1982	欧盟指令82/884/EEC：限定空气中铅的含量
1984	欧盟指令84/360/EEC：建立一个共同的框架指令，从整个社区的工业厂房的污染进行防治
1985	欧盟指令85/210/EEC：允许引进无铅汽油
1988	欧盟指令88/609/EEC：限制发电站等大型燃烧设备有限公司排放的二氧化硫、氮氧化物和颗粒物
1989	欧盟指令89/369/EEC：有关垃圾焚烧造成的污染的指令设置新的垃圾焚烧炉的排放限值
1990	环保保护法：第一次由地方政府在空气污染控制背景下建立了综合的控制系统，控制最可能造成污染的过年工业过程
1992	欧盟指令92/72/EEC：建立一个统一的监控程序，相互警示和交换信息，向社会公开发行有关臭氧污染的信息
1995	环境法：提供了一个新的法定框架，将对地方空气质量的管理纳入法律，且要求制定一个全国性的治理污染的战略
1996	欧盟指令96/62/EC：提供了一种新的法定架构，规定了二氧化硫、二氧化氮、颗粒物、铅、臭氧、苯、一氧化碳和其他烃类的控制水平
1997	国家空气质量战略：1997年3月12日发布最终版本，承诺到2005年整个英国实现新的空气质量目标
2000	英格兰、苏格兰、威尔士和北爱尔兰的空气质量战略：第二版全国空气质量战略颁布，公布了新的地方空气质量管理目标
2008	气候变化法案：对碳排放作出法律规定，公布了详细的《英国低碳转型》国家战略方案

资料来源：http：//www.air-quality.org.uk/02.php。

2. 英国空气污染治理的关键政策

数据显示，1980 ~ 2011 年，英国主要空气污染物实现了大幅度的减排，其中，二氧化硫减排 92%，氮氧化物减排 62%，（非甲烷类）挥发性有机物减排 66%，氨减排 20%。对于减排的关键因素分析见表 1–6。

表1-6　　英国主要空气污染物减排政策及关键因素

污染物	减排幅度 1980～2011年	推动减排的关键因素和立法
二氧化硫 （SO_2）	-92%	• 英国国家空气质量战略 • 综合污染预防和控制指令（IPPC，Directive 2008/1/EC） • 工业排放指令（IED，2010/75/EU） • 英国污染预防和控制规定（PPC） • 新空气质量指令（Directive 2008/50/EC） • 大型电站指令（LCPD，2001/80/EC） • 限制硫排放通过控制一定的液体燃料硫的含量（Directive 1999/32/EC） • LRTAP公约中包括SO_2减排措施 • 减少煤炭燃烧 • 引入热电联产 • 在发电站实施烟气脱硫
氮氧化物 （NO_x）	-62%	• 英国国家空气质量战略 • 综合污染预防和控制指令（IPPC，Directive 2008/1/EC） • 工业排放指令（IED，2010/75/EU） • 英国污染预防和控制规定（PPC） • 新空气质量指令（Directive 2008/50/EC） • 大型电站指令（LCPD，2001/80/EC） • 欧盟一系列限制汽车尾气排放的标准 • LRTAP 公约中减排挥发性有机化物影响的措施 • 减少大量的固体和液体燃料燃烧 • 改进液体、固体气体燃料燃烧的技术—减少排放
（非甲烷类）挥发性有机物（NMVOC）	-66%	• 英国污染预防和控制规定（PPC） • 综合污染预防和控制指令（IPPC，Directive 2008/1/EC） • 工业排放指令（IED，2010/75/EU） • 溶剂指令（99/13/EC） • 新空气质量指令（Directive 2008/50/EC） • 欧盟一系列限制汽车尾气排放的标准 • 英国国家空气质量战略 • LRTAP 公约中减排挥发性有机化物影响的措施
氨 （NH_3）	-20%	• 英国污染预防和控制规定（PPC） • 综合污染预防和控制指令（IPPC，Directive 2008/1/EC） • 工业排放指令（IED，2010/75/EU） 某些危险物质排放引起的水污染（Directive 76/464/EEC） • 1999年联合国/ ECE哥德堡协议来减轻酸化、富营养化和地面臭氧 • LRTAP公约中控制NH_3影响的措施

资料来源："UK Informative Inventory Report（1980 to 2011）"。

（二）英国主要空气污染物减排情况

1. 二氧化硫排放趋势

数据显示，从 1920 年至 2014 年间，英国二氧化硫排放量经历了缓慢增加，并从 1950 年代开始快速增长，并于 1960 年代到达峰值[①]，随后迅速降低的变化趋势（见图 1–30）。

从 1970 年至 2014 年，英国二氧化硫排放呈逐年降低趋势，期间减少了 95.1%，2014 年排放为 31 万吨[②]。

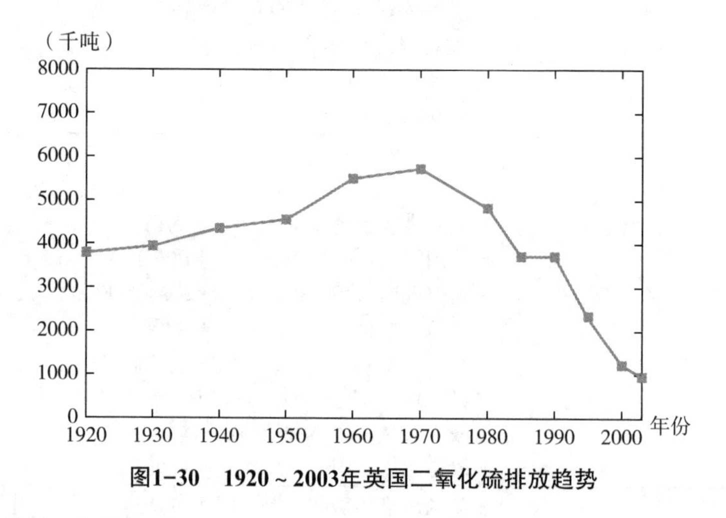

图1–30　1920～2003年英国二氧化硫排放趋势

数据来源：“Modeling historical long–term trends of sulfate，ammonium，and elemental carbon over Europe：A comparison with ice core records in the Alps”.

从英国的二氧化硫历史排放清单来看，不同领域都实现了较大幅度的减排，特别是能源领域的减排，1991 年英国能源领域二氧化硫排放量为 2877 千吨，2013 年二氧化硫排放量只有 206 千吨，减排幅度为 92.8%，实现了能源领域二氧化硫的较大幅度减排。从图 1–31、图 1–32 中我们可以看到，英国二氧化硫排放的最主要来源是能源和工业燃烧领域，1991 年英国能源和工业燃烧领域占二氧化硫总排放量的

① 1970年之前没有官方统计数据，数据来自有关学者的估算。
② 数据来源：“EMISSIONS OF AIR POLLUTANTS IN THE UK，1970 TO 2014”。

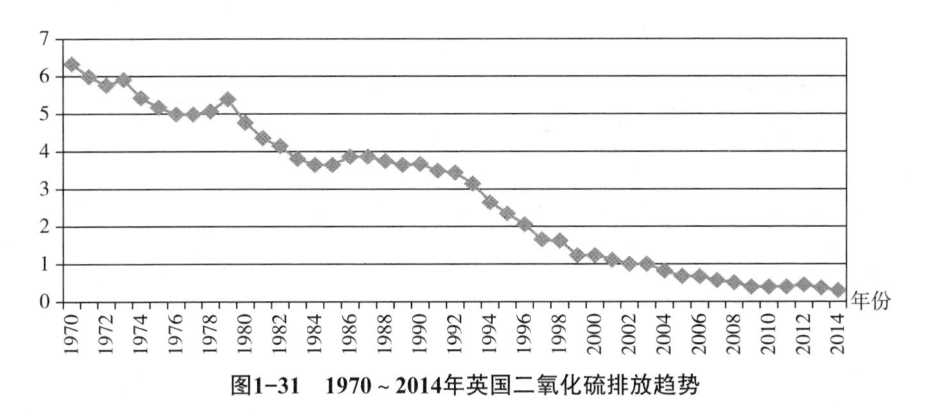

图1-31　1970～2014年英国二氧化硫排放趋势

数据来源："EMISSIONS OF AIR POLLUTANTS IN THE UK，1970 TO 2014"。

87.1%，到 2013 年两者仍占二氧化硫总排放量的的 77.6%。商业、家庭和农业消耗同样也是一个重要的排放来源，2013 年占到二氧化硫总排放量的 7.6%。20 世纪 90 年代，能够实现二氧化硫的大幅度减排的主要原因归结于英国能源结构的转变，天然气的大面积使用逐渐取代了煤炭，并在英国能源结构的中占有重要地位，同时烟气脱硫技术的投入运营同样有利于二氧化硫的减排。最近几年时间，由于天然气价格的下降，使得天然气进一步得到推广，同时大量火电行业燃煤电厂的退役使得二氧化硫的排放量得到进一步降低。

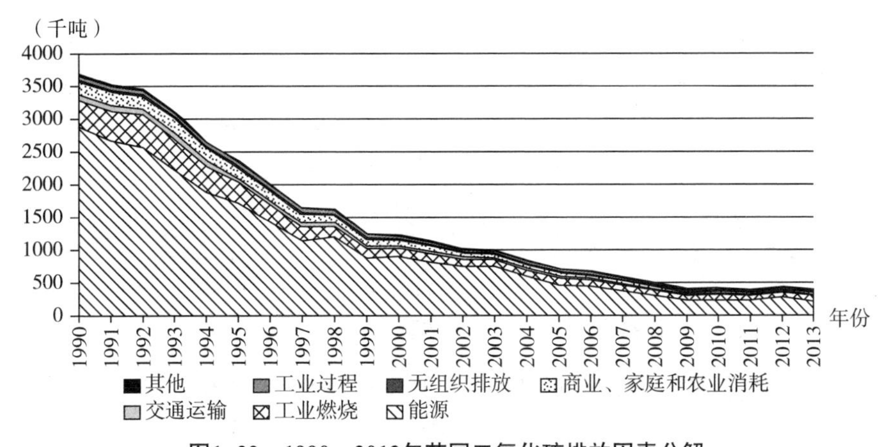

图1-32　1990～2013年英国二氧化硫排放因素分解

数据来源："EMISSIONS OF AIR POLLUTANTS IN THE UK，1970 TO 2014"。

2. 氮氧化物排放

数据显示，英国二氧化氮排放量经历了稳定排放（1920 ~ 1940 年）、快速增加（1940 ~ 1970 年）、峰值排放（1970 ~ 1990 年）及随后的快速降低（1990 ~ 2014 年）4 个阶段（见图 1–33、图 1–34）。

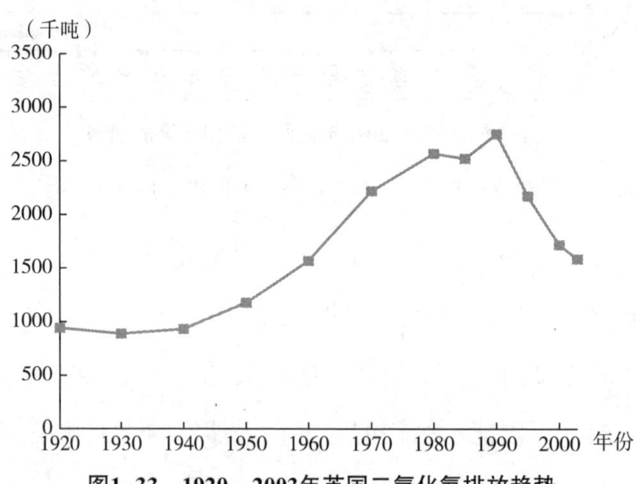

图1–33　1920 ~ 2003年英国二氧化氮排放趋势

数据来源：“Modeling historical long-term trends of sulfate，ammonium，and elemental carbon over Europe：A comparison with ice core records in the Alps”。

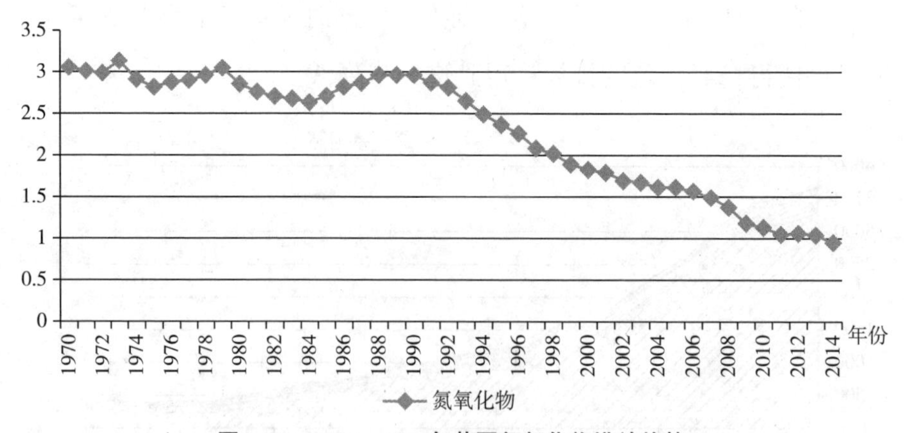

图1–34　1970 ~ 2014年英国氮氧化物排放趋势

数据来源：“EMISSIONS OF AIR POLLUTANTS IN THE UK，1970 TO 2014”。

1970 ~ 2014 年间，英国氮氧化物排放量在 1970 ~ 1990 年呈波动中小幅降低趋势，随后开始快速减少，期间排放共减少了 69%，2014 年为 69 万吨[①]。

英国氮氧化物的主要来源是能源和交通运输领域中化石燃料的燃烧过程，如图 1–35 所示。从图中可以看出，能源领域排放的氮氧化物正在逐年减少，原因是从 1990 年开始，英国发电站能源结构的改变，由原来单一的煤发电向多元化的天然气及清洁能源方向转变。从 2008 年开始，各领域安装了脱硝装置，进一步减少了氮氧化物的排放量。图 1–35 显示，从 2012 年开始能源领域排放的氮氧化物有上升的趋势，主要原因是近年来，发电站煤的消耗量又有所增多，从而增加了氮氧化物的排放。对于来自交通运输领域排放的氮氧化物，从图 1–35 中我们可以看到，1990 年以后，英国交通运输业排放的氮氧化物逐年降低，原因是国际社会及英国制定了更加健全、更加严格的氮氧化物排放标准，使得来自交通运输业排放的氮氧化物逐年减少。

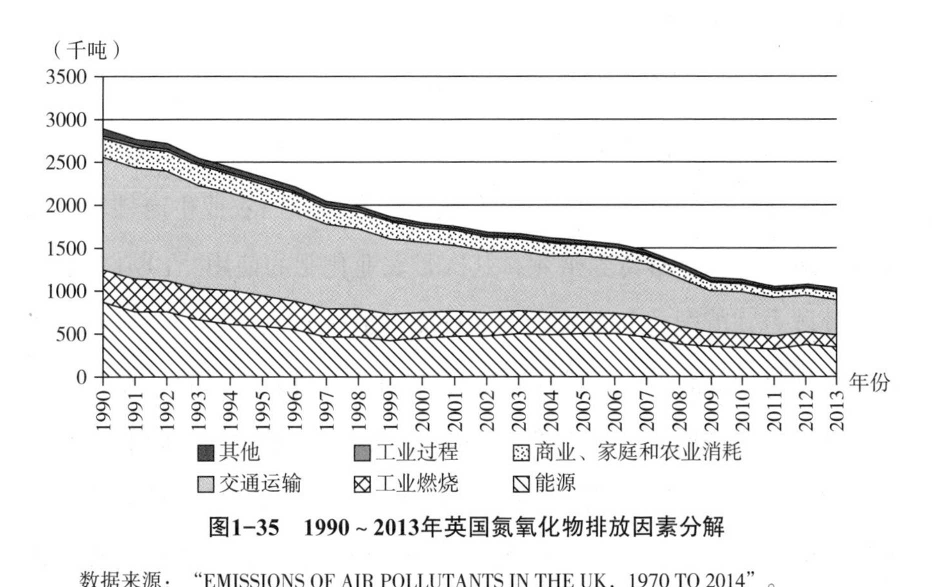

图1–35　1990 ~ 2013年英国氮氧化物排放因素分解

数据来源：“EMISSIONS OF AIR POLLUTANTS IN THE UK，1970 TO 2014”。

① 数据来源：“EMISSIONS OF AIR POLLUTANTS IN THE UK，1970 TO 2014”。

3. 氨排放趋势

数据显示，英国氨排放量变化幅度不大，以 1990 年为界，前期一直保持稳定增长，1990 年达到峰值，随后至今保持平稳下降趋势（见图 1–36）。

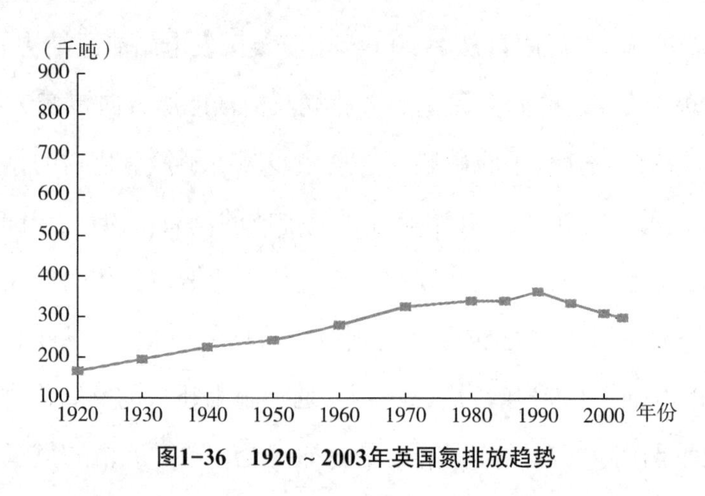

图1–36　1920～2003年英国氮排放趋势

资料来源："Modeling historical long-term trends of sulfate，ammonium，and elemental carbon over Europe：A comparison with ice core records in the Alps"。

从 1980 年至 2014 年，英国氨排放变化幅度不大，共减少了 13.4%，2014 年排放量为 28.1 万吨[①]（见图 1–37）。

英国氨排放的最主要来源是农业生产领域，而农业生产领域中氨排放的最大来源是畜禽养殖业，其次是农业化肥的使用。1990 年农业生产领域占到英国总氨排放量的 89.6%，2013 年农业生产领域仍然占到总氨排放量的 81.9%，减排幅度为 7.7%，这种轻微减排幅度主要得益于从 1990 年开始，英国牛类数量的减少、氮肥、有机肥的控制及更高效化肥的推广与使用。从图 1–38 还可以看出，从 2008 年开始，来源于废物利用方面的氨气排放量有所增加，主要是由于这几年废物堆肥技术的成熟，而氨气排放量的总体趋势是随着农业生产领域氨排

① 数据来源："EMISSIONS OF AIR POLLUTANTS IN THE UK，1970 TO 2014"。

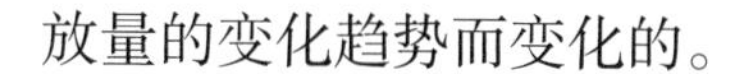
放量的变化趋势而变化的。

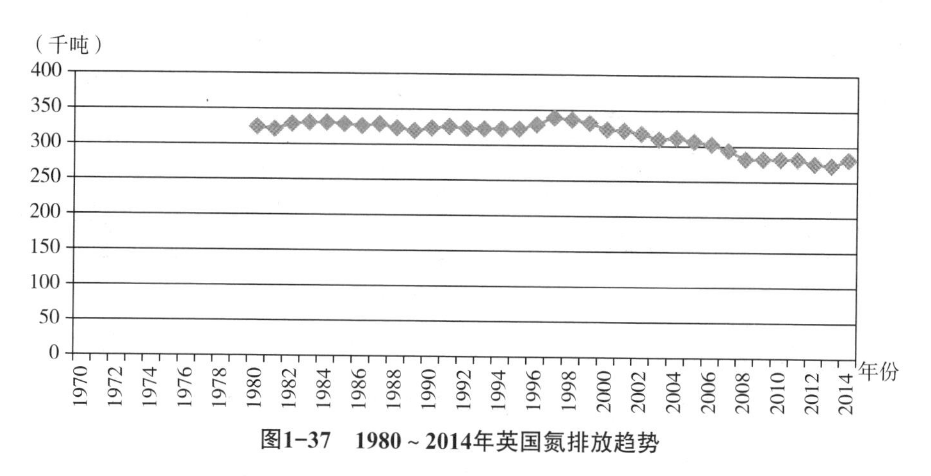

图1-37 1980～2014年英国氮排放趋势

数据来源："EMISSIONS OF AIR POLLUTANTS IN THE UK，1970 TO 2014"。

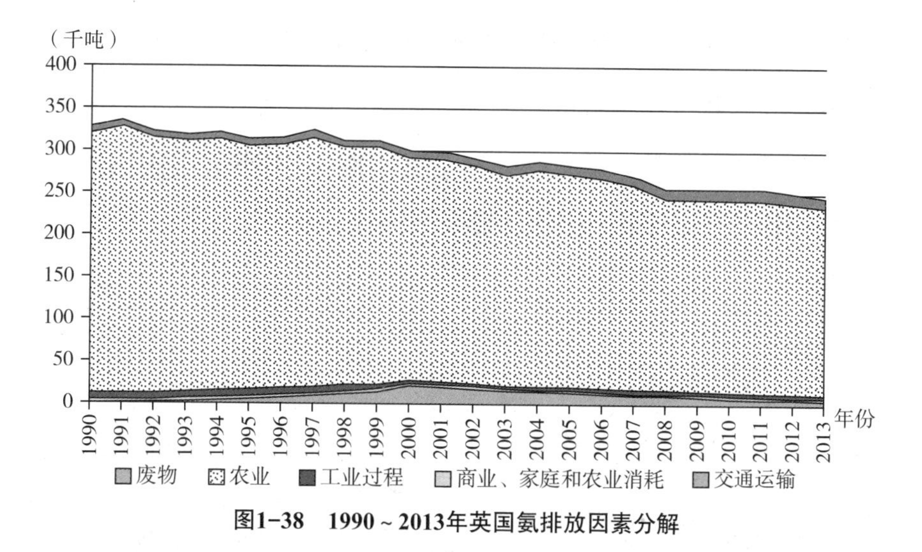

图1-38 1990～2013年英国氨排放因素分解

数据来源："EMISSIONS OF AIR POLLUTANTS IN THE UK，1970 TO 2014"。

4. 挥发性有机物

数据显示，从 1970 年至 2014 年间，英国非甲烷类挥发性有机物（NMVOCs）排放以 1990 年为界，前期排放量缓慢上升，1990 年之后快速下降，2010 年开始下降速率趋于稳定，期间共减少了 59.8%，

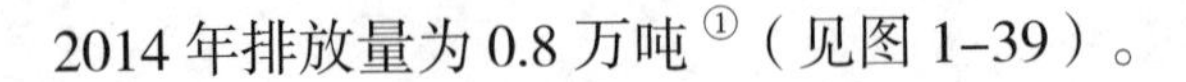

2014 年排放量为 0.8 万吨 [①]（见图 1–39）。

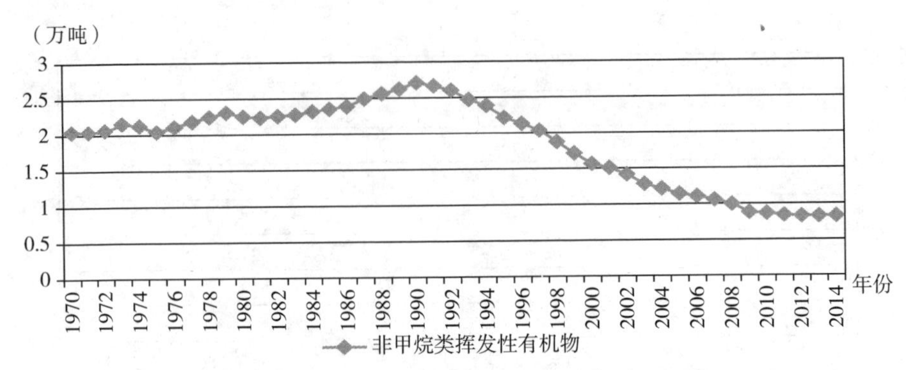

图1–39　1970～2014年非甲烷类挥发性有机物趋势

数据来源："EMISSIONS OF AIR POLLUTANTS IN THE UK，1970 TO 2014"。

英国非甲烷挥发性有机化合物的排放源主要是溶剂使用过程、无组织排放源、工业过程以及化石燃料的提取与分配。从图 1–40 我们可以看出，各排放源所排放的非甲烷挥发性有机化合物随着时间的变化均实现了不同程度的减排，原因是英国制定了严格的非甲烷挥发性有机化合物的排放标准。交通运输领域实现了较大幅度的减排，其排

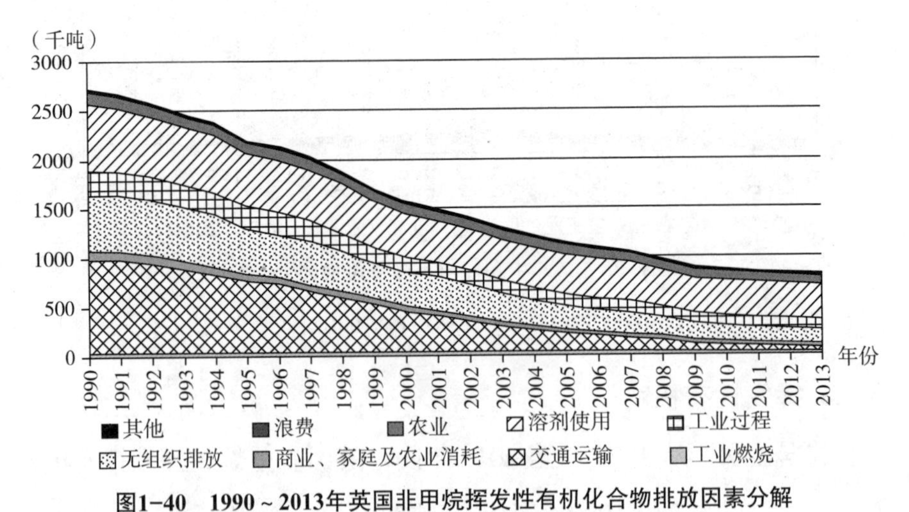

图1–40　1990～2013年英国非甲烷挥发性有机化合物排放因素分解

数据来源："EMISSIONS OF AIR POLLUTANTS IN THE UK，1970 TO 2014"。

① 数据来源："EMISSIONS OF AIR POLLUTANTS IN THE UK，1970 TO 2014"。

放的非甲烷挥发性有机化合物在 1990 年占总排放量的 37%，2013 年只有 6%，主要原因是从 1990 年开始，汽车领域三相高效催化剂的推广与使用以及汽车燃料从柴油到汽油的转变，这些都有利于非甲烷挥发性有机化合物的减排。

5. 颗粒物排放趋势

数据显示，1970 ~ 2014 年，英国 PM10 的排放持续减少，2002 年开始排放量趋于稳定，期间共减少了 72.6%，2014 年排放量为 148.4 万吨[①]（见图 1–41）。

数据显示，1970 ~ 2014 年，英国 PM2.5 的排放趋势与 PM10 排放变化趋势趋同，期间共减少了 76%，2014 年排放量为 105.1 万吨[②]（见图 1–42）。

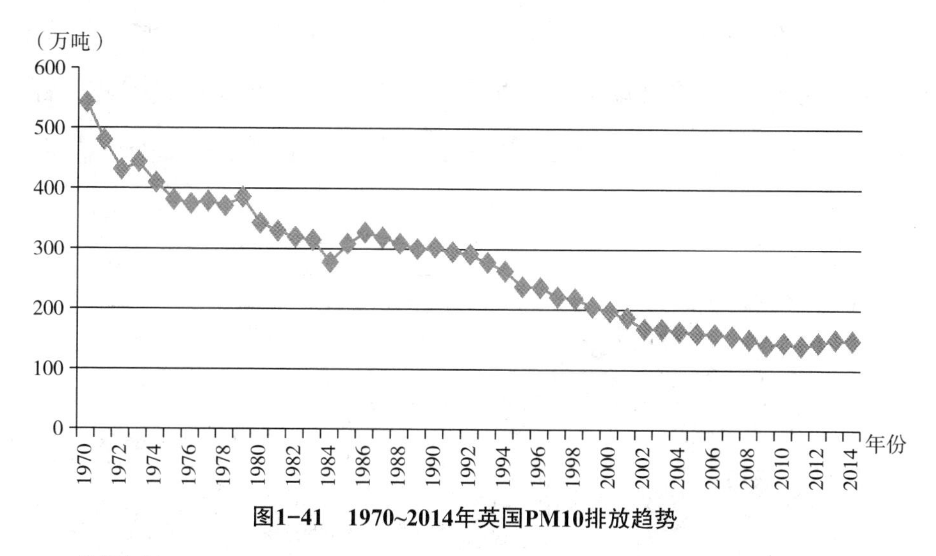

图1–41　1970~2014年英国PM10排放趋势

数据来源："EMISSIONS OF AIR POLLUTANTS IN THE UK，1970 TO 2014"。

① 数据来源："EMISSIONS OF AIR POLLUTANTS IN THE UK，1970 TO 2014"。
② 数据来源："EMISSIONS OF AIR POLLUTANTS IN THE UK，1970 TO 2014"。

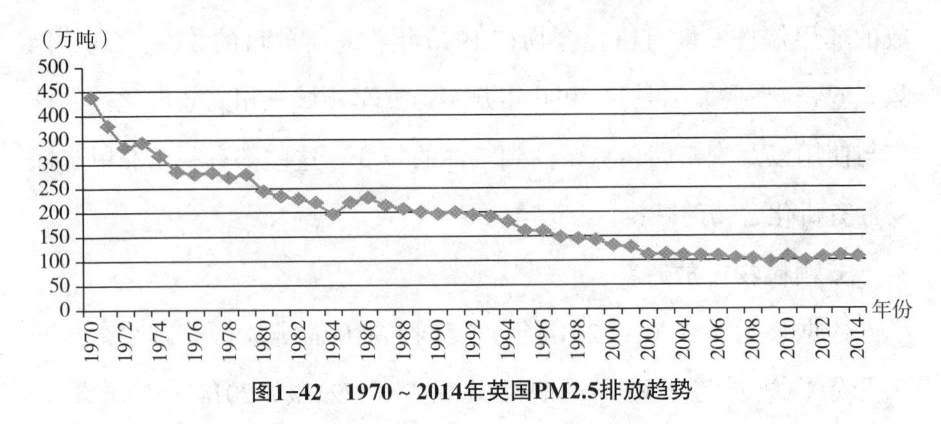

图1-42　1970～2014年英国PM2.5排放趋势

数据来源："EMISSIONS OF AIR POLLUTANTS IN THE UK，1970 TO 2014"。

PM2.5 的主要来源包括固定源排放（能源电厂、工业燃耗、商业、家庭及农业燃烧领域）和移动源排放（交通运输、工业过程），从图 1-43 可以看出，各排放源均实现了不同程度的减排。对于农业来说，由于英国在 20 世纪 90 年代初期颁布了田间燃烧禁令，来自农业燃烧产生的微小颗粒物逐渐减少。2013 年固定源排放的 PM2.5 量占总排放量的 35%，交通运输业（公路、铁路、航空和航运）占 23%，并逐

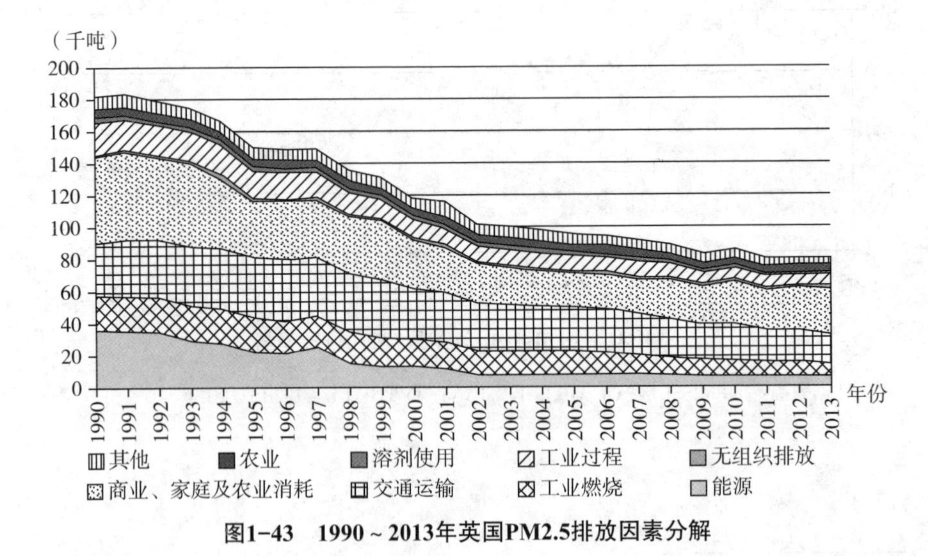

图1-43　1990～2013年英国PM2.5排放因素分解

数据来源："EMISSIONS OF AIR POLLUTANTS IN THE UK，1970 TO 2014"。

渐成为 PM2.5 的重要排放来源。对于能源领域的发电站以及工业燃烧和工业过程，由于更严格排放标准的颁布以及高耗能产业的淘汰，使得 PM2.5 的排放量显著降低。图 1–43 显示，来自于商业、家庭及农业燃烧领域的 PM2.5 排放量有较大幅度的降低，这主要是由于家庭天然气的使用逐步代替了固体燃料特别是煤的消耗。

6. 英国主要空气污染物减排幅度比较

数据显示，英国二氧化硫（SO_2）排放在 1968 年左右达到峰值[①]，氮氧化物（NO_x）排放在 1989 年达到峰值，氨（NH_3）排放在 1990 年达到峰值，非甲烷类挥发性有机化合物（NMVOC）在 1990 年达到峰值[②]。从 1970 年以来，PM10、PM2.5 处于下降态势。

数据显示，1980 ~ 2012 年，在一系列减排政策推动下，英国二氧化硫、氮氧化物、NMVOC、NH_3 减排幅度分别为 91%、60%、64%、21%（见表 1–7）。

表1–7　　1980 ~ 2012年英国主要污染物减排幅度　　单位：%

	1980 ~ 2012年
一氧化碳（CO）	–76
二氧化硫（SO_2）	–91
氮氧化物（NO_x）	–60
非甲烷类挥发性有机化合物（NMVOC）	–64
PM10	–65
PM2.5	–72
氨（NH_3）	–21

数据来源："UK Informative Inventory Report（1980 to 2012）"。

① 参考了〔英〕克拉普（Clapp B.W.）著，王黎译：《工业革命以来的英国环境史》，中国环境科学出版社2011年版，第49页。

② 资料来源：DATA.UK。

（三）英国空气质量改善进程

数据显示，从 20 世纪 50 年代末以来，英国的黑烟、二氧化硫浓度持续下降。从 1970 年以来，英国空气质量不断好转，主要污染物浓度均呈下降的态势。然后，20 世纪 80 年代以来，英国臭氧浓度呈走高的趋势（见图 1-44）。

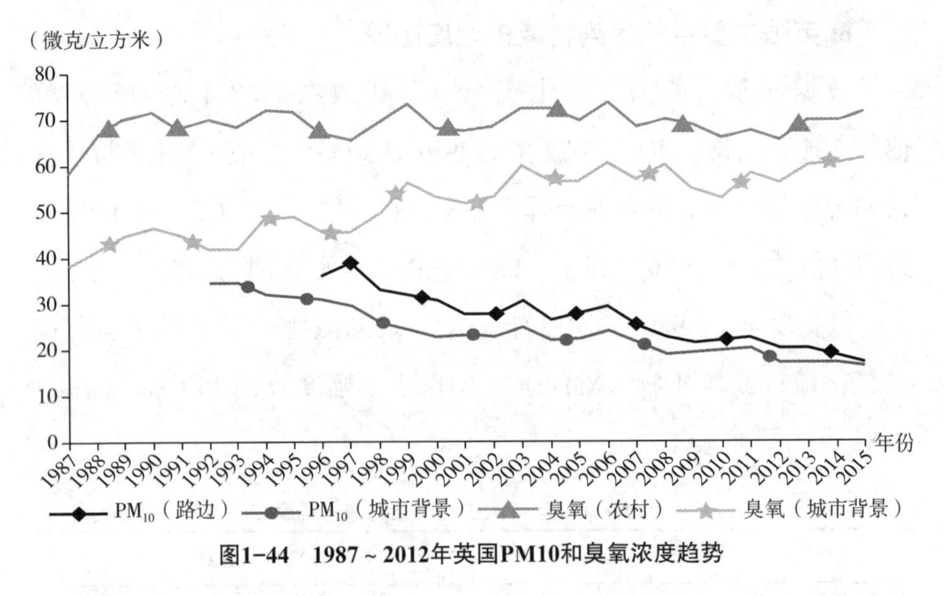

图1-44　1987～2012年英国PM10和臭氧浓度趋势

资料来源：Defra National Statistics Release：Air quality statistics in the UK，1987 to 2015，April 2015。

数据显示，从 1970 年以来，英国空气质量不断好转，主要污染物浓度均呈下降的态势。

1. 英国二氧化硫浓度趋势

数据显示，20 世纪 70 年代以来，英国二氧化硫浓度呈下降的态势，1972 ～ 1979 年间，二氧化硫浓度一直处于 150 微克 / 立方米以上的高位，随后开始大幅下降，并于 1999 年开始下降到 10 微克 / 立方米以下。其中，1990 ～ 2013 年，年均浓度从 40 微克 / 立方米下降到 4 微克 / 立方米以下（见图 1-45）。

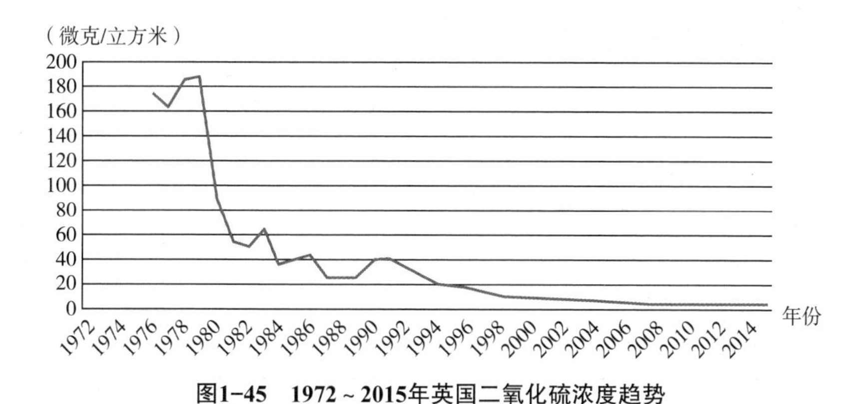

图1-45　1972～2015年英国二氧化硫浓度趋势

注：将uk-air.defra.gov.uk官方网站提供各监测站点的年均浓度数据进行平均得到。

资料来源：英国Automatic Urban and Rural Monitoring Network（AURN）监测站点数据，本研究整理。

从图 1-46 可见，英国的二氧化硫排放量及其浓度呈现较为一致的排放趋势。英国二氧化硫排放主要来自原化石燃料燃烧，由于煤、汽油、石油及机动车使用的柴油的用量大大减少，英国的二氧化硫排放量自 1990 年以来大幅减少。排放量的减少从相应的空气浓度中得以展现。应该注意的是，排放量的减少主要是由于机动车使用柴油量的持续降低，部分原因是英国重工业的衰落。

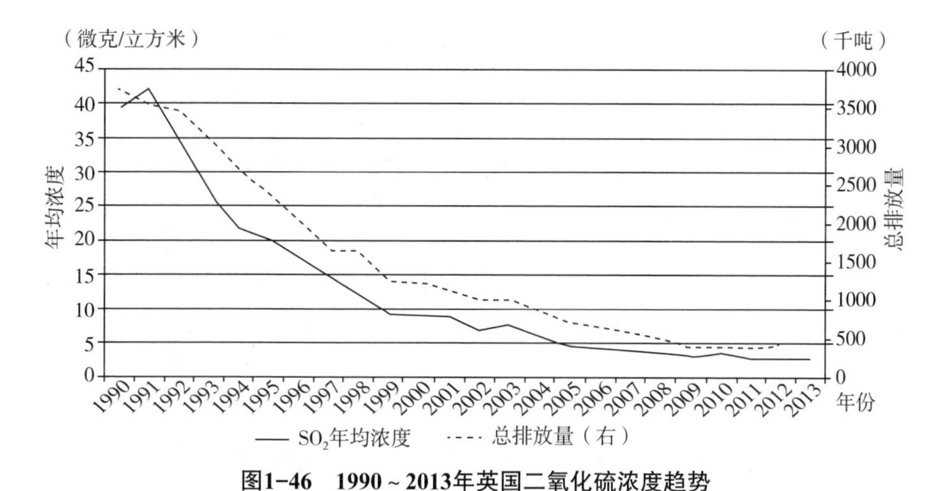

图1-46　1990～2013年英国二氧化硫浓度趋势

资料来源："Air Pollution in the UK 2013"，Published by the Department for Environment，Food and Rural Affairs，September 2014。

2. 英国氮氧化物浓度趋势

数据显示，1973 ~ 2015 年间，氮氧化物浓度以 1986 年为分界，之前逐渐升高，于 1986 年达到峰值，随后，英国氮氧化物浓度呈下降的态势（见图 1–47）。

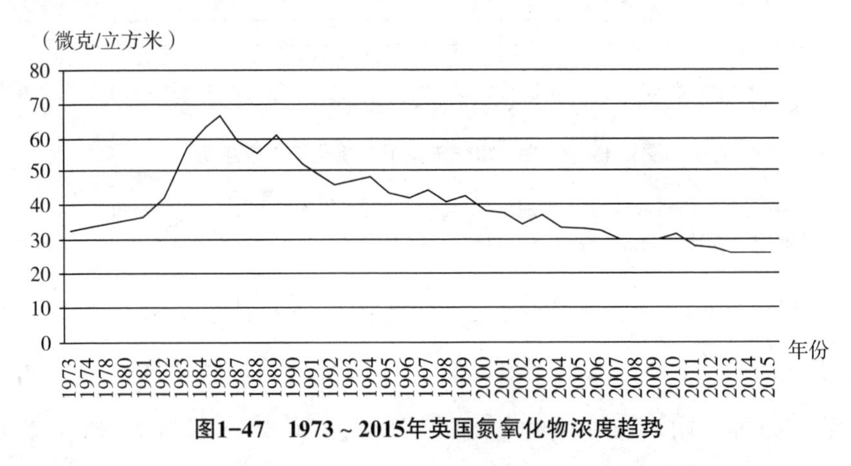

图1–47　1973 ~ 2015年英国氮氧化物浓度趋势

注：将uk–air.defra.gov.uk官方网站提供各监测站点的年均浓度数据进行平均得到。

资料来源：英国Automatic Urban and Rural Monitoring Network（AURN）监测站点数据，本研究整理。

英国的氮氧化物排放量和所有城市背景监测点浓度自 1990 ~ 2007 年以来均呈较为一致的下降趋势，2007 年开始，英国氮氧化物排放量持续下降，而相应的浓度则呈现出轻微的平缓变化的趋势。8 个长期的城市背景监测点的浓度也呈下降趋势，直到 2002 年，随后 2002 ~ 2011 年间开始保持平稳，2011 ~ 2013 年间开始降低。2010 年所有监测站点的浓度均有较小但醒目的峰值，尤其是城市背景监测点，这可能是由于 2010 年冷冬气候的影响。所有城市交通监测点的氮氧化物平均浓度均高于背景监测站点的平均浓度，但均呈现出下降趋势，尤其是 2006 年后更加明显。8 个长期的城市交通监测点的情况有所不同，其浓度趋势无明显的增加或减少，但年与年间有较显著波动。2010 年的波动情况可能预示着未来的下降趋势，未来的数据也将证实这是否是道路氮氧化物浓度长期下降的开始（见图 1–48）。

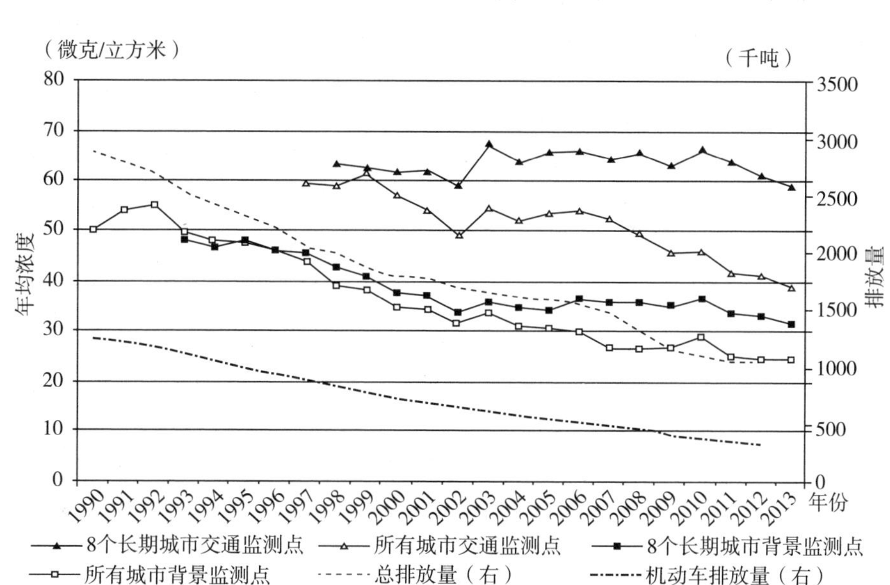

图1–48　1990 ~ 2013年英国氮氧化物浓度趋势

资料来源：“Air Pollution in the UK 2013”，Published by the Department for Environment，Food and Rural Affairs，September 2014。

3. 英国颗粒物浓度趋势

PM10 与 PM2.5 数据均显示，1990 年以来，英国颗粒物浓度呈波动下降的态势（见图 1–49）。

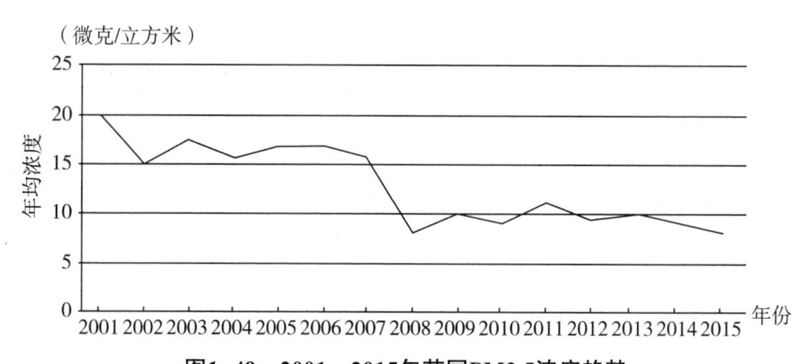

图1–49　2001 ~ 2015年英国PM2.5浓度趋势

注：将uk–air.defra.gov.uk官方网站提供各监测站点的年均浓度数据进行平均得到。

资料来源：英国Automatic Urban and Rural Monitoring Network（AURN）监测站点数据，本研究整理。

图 1–50 中，从 1990 年开始，两种类型监测站点均呈现出持续的下降趋势，并于 2003 年出现一个高点；2011 年也是一个高点，当年春季检测到了较高浓度的二次颗粒物。2013 年的浓度略高于 2012 年。过去 20 年间，英国的 PM10 浓度降低的趋势反映了 PM10 排放量减少的情形，也包括 2000 年后较为平缓的变化情形。

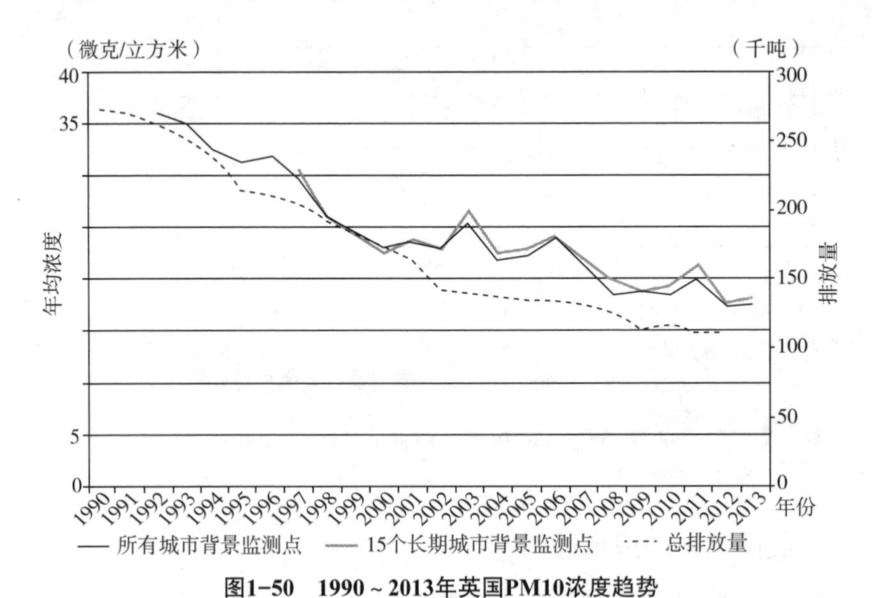

图1–50　1990 ~ 2013年英国PM10浓度趋势

资料来源：“Air Pollution in the UK 2013”，Published by the Department for Environment，Food and Rural Affairs，September 2014。

三、欧洲空气污染治理及空气质量改善进程

（一）欧洲空气污染物减排政策

从 1958 年 1 月 1 日《建立欧洲经济共同体条约》（EEC Treaty，即罗马条约）生效起，至 1972 年巴黎首脑会议（峰会）止，是欧盟环境法的萌芽阶段（蔡守秋、王欢欢，2008）[①]。从 1979 年《远程

① 蔡守秋、王欢欢：“欧盟环境法发展的历程与趋势”，载于《中国欧洲学会欧洲法律研究会2008年年会论文集》，第246 ~ 257页。

跨国界大气污染公约》（Convention on Long range Transboundary Air Pollution，CLRTAP）签署以来，联合国欧洲经济委员会（UNECE）通过科学合作和政策谈判已经处理了一些主要的空气污染环境问题。该公约已经延长了8个协议，确定具体的措施用来削减空气污染物的排放[①]（见表1-8）。

表1-8　CLRTAP公约及其他相关公约

公约	时间	地点	意义
远距离越境大气污染条约	1979年11月	日内瓦	首个针对大气污染物具有法律效力的文书
远距离越境大气污染国家间合作长期经济条约	1984年09月28日	日内瓦	解决监测计划实施的费用承担问题
硫排放量削减条约	1985年06月08日	赫尔辛基	建立国家间合作框架
NO_x排放议定书	1988年10月31日	索菲亚	明确NO_x的负面影响
VOCs排放量控制议定	1991年12月18日	日内瓦	VOCs作为臭氧的主要前体物达成共识
硫议定书修正案	1996年06月14日	奥斯陆	建立长期控制目标——临界负荷
重金属控制议定	1998年06月24日	阿尔路斯	进一步扩大了污染物的监测和控制种类
POPs控制议定书	1998年06月24日	阿尔路斯	确定最终消除所有排放POPs污染物目标
酸化、富营养化和近地面臭氧削减议定	1999年12月30日	哥德堡	整合多个条约，建立长期目标

资料来源：云雅如、柴发合、王淑兰、段菁春："欧洲酸雨控制历程及效果综合评述"，载于《环境科学研究》，2010年第23卷第11期，第1361～1367页；UNECE网站。

在CLRTAP框架下，欧洲启动了监测和评价项目（European Monitoring and Evaluation Programme，EMEP），该项目以科学为基础和政策驱动，主要目的是要定期提供政府和附属机构在CLRTAP公约下达标的相关信息。最初，EMEP计划集中在评估跨界流动的酸化和富营养化，包括报告的氮氧化物（NO_x）、一氧化碳（CO）、氨（NH_3）、二氧化硫（SO_2）和非甲烷类挥发性有机化合物（NMVOCs）。随后，

① 资料来源：http：//www.unece.org/env/lrtap/welcome.html。

项目的范围扩大至地面臭氧。从1980年开始扩大至重金属和颗粒物，从1990年起纳入持久性有机污染物（Persistent Organic Pollutants，POPs）[①]。

2001年12月，欧盟关于国家空气污染物排放限值指令NECD（National Emissions Ceilings Directive，2001/81/EC）颁布实施，它为每个成员国设定了4种污染物在2010年的排放上限，包括二氧化硫（SO_2）、氮氧化物（NO_x），非甲烷类挥发性有机化合物（NMVOCs）和氨（NH_3）[②]。2005年9月21日，欧委会提出了一份为期15年的提升欧盟空气质量计划"欧洲洁净空气计划"（CAFE）。

欧盟为控制空气污染，1999年首次颁布空气质量指令，并于2000年、2002年、2004年分别加以修订，最新修订是2008年的标准——PM2.5空气质量标准。该标准已于2010年起正式执行。PM10年均浓度限制为40微克/立方米，PM2.5年均浓度限值为25微克/立方米。2020年欧盟的PM2.5标准进一步加严，年均浓度限值为20微克/立方米，并明确要求各成员国每年必须向欧盟委员会报告空气质量达标情况。

欧盟委员会目前正在准备修订的NECD包含一个上限为2020年甚至2030年的4个已经校准物质和主要排放的PM2.5作为实施欧盟委员会的空气污染主题策略。

（二）欧盟主要空气污染物减排趋势

1. 二氧化硫排放趋势

从图1-51中欧洲44个国家1880 ~ 1990年的二氧化硫排放趋势

① 资料来源：http：//naei.defra.gov.uk/about/why-we-estimate?view=unece-emep。

② http：//eur-lex.europa.eu/LexUriServ/LexUriServ.do?uri=OJ：L：2001：309：0022：0030：EN：PDF.

可见，从工业革命之前到第二次世界大战爆发的期间，二氧化硫排放量在缓慢地持续增长，由 500 万吨增加到 1900 万吨，主要是由于固体燃料大量使用导致的排放；第二次世界大战期间的排放水平降低到了第一次世界大战的阶段，随后到 20 世纪 70 年代剧烈增加到 5500 万吨，主要是由于液体燃料的出现满足了迅速增长的巨大的能源需求。之后的 25 年，欧洲的二氧化硫排放量减少到 1500 万吨，并于 2004 年达到了与 70 年前相同的排放水平。欧洲的二氧化硫排放量于 1975 ~ 1985 年间达到峰值，随后显著下降（73%），减排主要是经济发展、减排技术的使用、国家层次的能源重构及对二氧化硫减排的重视等综合作用的结果[①]。

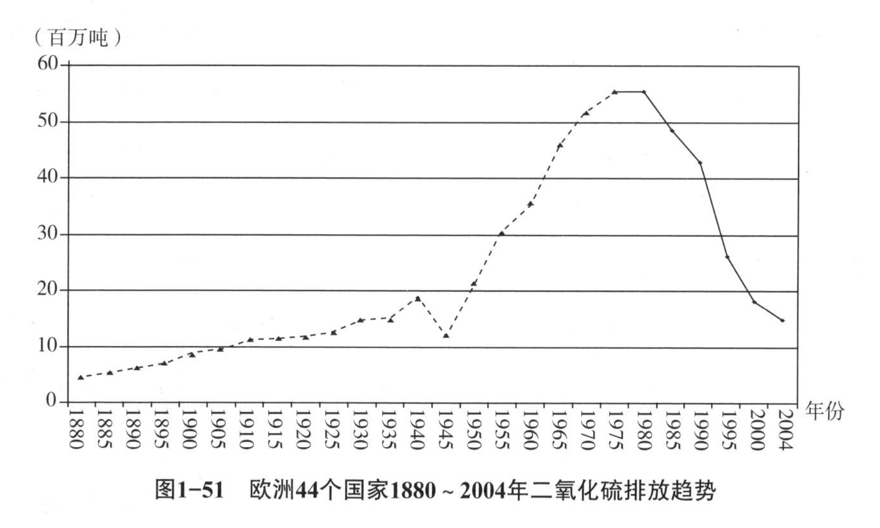

图1-51　欧洲44个国家1880 ~ 2004年二氧化硫排放趋势

数据来源："Twenty-five years of continuous sulphur dioxide emission reduction in Europe"。

2. 氮氧化物排放趋势

欧洲氮氧化物的排放趋势与化石能源的消耗密切相关，总的氮氧化物排放量于 1990 年达到峰值。其中由图 1-52 可见，道路交通是氮

① Vestreng V，Myhre G，Fagerli H，Reis S，Tarrasón L. "Twenty-five years of continuous sulphur dioxide emission reduction in Europe". Atmospheric chemistry and physics. 2007 Jul 12；7（13）：3663-81.

氧化物排放的主要来源，1880 ~ 2005 年期间，氮氧化物的排放趋势大致可分为 5 个阶段。第一阶段（1880 ~ 1950 年）：总排放量随着燃料的消耗而稳定增长。第二阶段（1950 ~ 1980 年）：排放量迅速上涨，将近同期硫排放量的两倍，此阶段的氮氧化物排放量与道路交通运输的排放密切相关，1970 年，交通运输的排放量已经占了总排放量的 30%，成为最主要的排放源，而第二和第三大排放源（电力和工业）的排放量增长趋势较缓。1970 ~ 1975 年间的生活源和非道路交通源的排放量的明显变化，主要是由于生活所消耗的残余燃油的减少及农业柴油机运输的增加。第三阶（1980 ~ 1990 年）：道路交通的排放量占了总排放量的 40%，并在接下来的 25 年间保持稳定。总的氮氧化物排放量于 1990 年达到峰值，部分原因是道路交通运输量的持续增加及其他污染源的稳定排放。第四阶段（1990 ~ 2000 年）：氮氧化物排放量明显降低。交通运输所占据的排放量于 2000 年左右达到最大份额（42%），在此期间，道路运输排放量减少了 22%，电力排放量减少了 42%，工业排放量减少了 33%，从而使得总的排放量于 1990 ~ 2005 年间降低了 32%。氮氧化物减排最大的阶段为 20 世纪 90 年代前期。第五阶段（2000 ~ 2005 年）：氮氧化物的减排趋势逐渐趋于平缓[①]。

1880 ~ 2005 年间，二氧化碳排放变化趋势基本与二氧化硫一致，在相应年份呈现一致的增减，第二次世界大战之前，二氧化碳排放量稳步增长，第二次世界大战期间，二氧化碳排放量突然降低，第二次世界大战结束后，二氧化碳排放量随之开始快速增长，并于 1975 ~ 1985 年间达到峰值，随后二氧碳化排放量开始呈现稳步降低

① Vestreng, V., Ntziachristos, L., Semb, A., Reis, S., Isaksen, IS., Tarrasón, L.,2009, "Evolution of NO x emissions in Europe with focus on road transport control measures", Atmospheric Chemistry and Physics, Vol.9, Feb., PP1503~520.

的趋势（见图 1-53）。

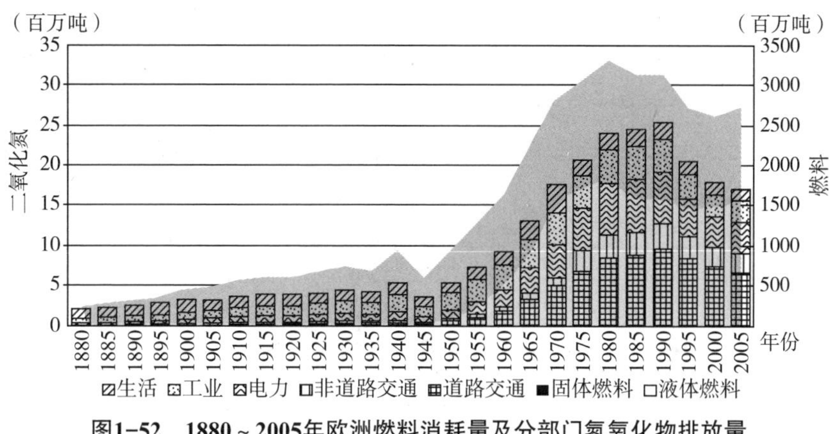

图1-52　1880～2005年欧洲燃料消耗量及分部门氮氧化物排放量

资料来源："Evolution of NO_x emissions in Europe with focus on road transport control measures"。

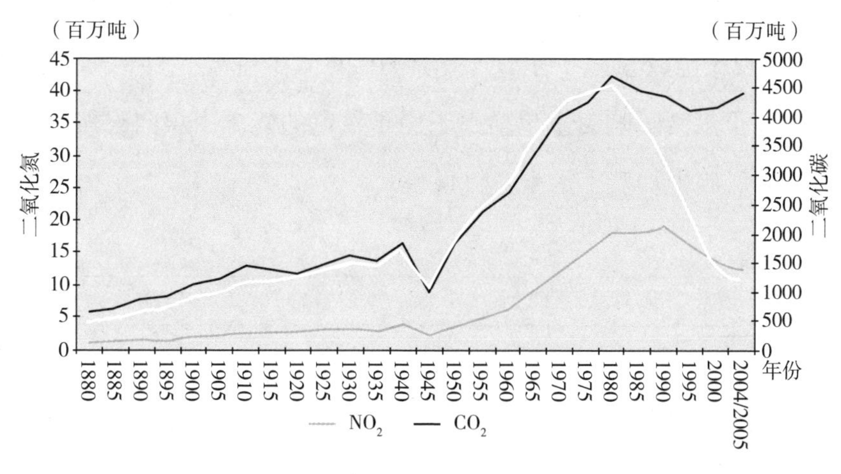

图1-53　1880～2005年欧洲二氧化氮、二氧化碳排放趋势

数据来源："European air pollution emission trends - review，validation and application"。

3. 氨及挥发性有机物排放趋势

由图 1-54 可见，1900 ～ 2000 年间，欧洲氨的排放量基本保持平稳中小幅增加的趋势。非甲烷挥发性有机污染物排放趋势与氮氧化物基本保持一致，20 世纪 50 年代之前基本保持平稳，随后缓慢上升，并于 90 年代达到峰值，随后开始下降。

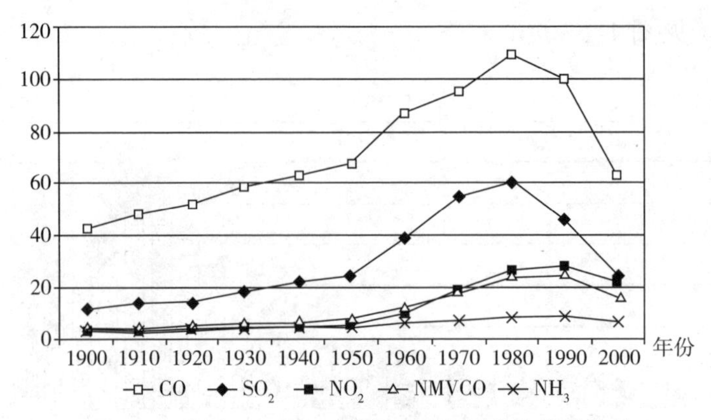

图1-54　欧洲1900 ~ 2000年氨及有机污染物排放趋势

数据来源："Direct shortwave radiative forcing of sulfate aerosol over Europe from 1900 to 2000"。

4. 颗粒物排放趋势

如图 1-55 所示，1990~2011 年间，欧洲 PM10 排放量减少了 24%，PM2.5 排放量减少了 35%，PM10 的减少主要是能源生产和分配部门的贡献，影响因素包括由于用于发电的能源由煤向天然气的转变及工业设施中加装了污染减排设备。

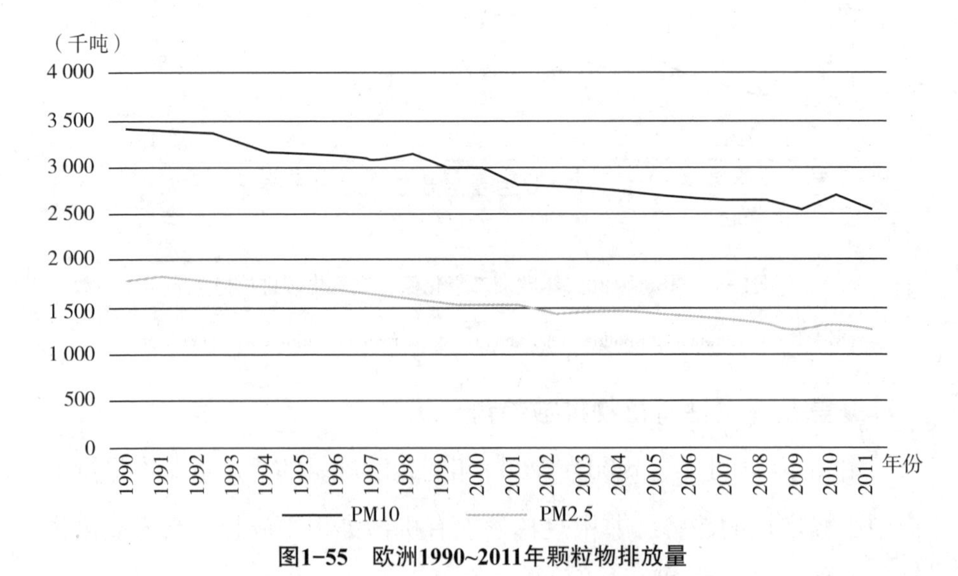

图1-55　欧洲1990~2011年颗粒物排放量

数据来源：EEA，本研究整理。

5. 欧洲主要空气污染物减排幅度比较

1880 ~ 1980 年的一百年间，二氧化硫、氮氧化物和二氧化碳的减排趋势相近，工业革命之后均呈现了稳定的排放量增长趋势，除了由于第二次世界大战导致的陡然下降。而在 1950 ~ 1980 期间，三大污染物均呈现了更陡峭的增长曲线。二氧化碳和二氧化硫的增长主要来自于固体燃料的消耗，而氮氧化物的增长更多的与液体燃料的消耗相关，从而导致了氮氧化物变化曲线与另外两条曲线的明显差异[①]（见图 1–56）。

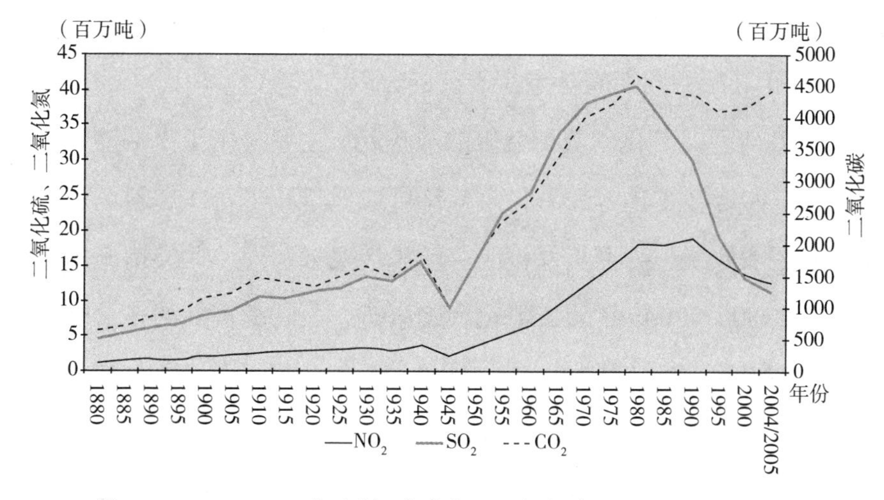

图1–56　1880 ~ 2005年欧洲二氧化氮、二氧化碳及二氧化硫排放趋势

数据来源："European air pollution emission trends – review，validation and application"。

1980 年后，二氧化碳的排放趋势相比其他两种污染物更加稳定，二氧化碳和二氧化硫于 20 世纪 80 年代开始减排，而氮氧化物的减排趋势则开始于 90 年代。可以发现，氮氧化物的减排量少于二氧化硫的减排量，主要原因是由于污染源结构的差异，与主要污染源的措施

① Vestreng，V.，"European air pollution emission trends–review，validation and application"，2008，pp.30~32.

可达性和减排效率有关。超过 60% 的硫污染物来自于电力部门，为了实现 2004 年联合国提出的硫减排要求，期间主要采取了清洁生产措施，如烟气脱硫以及燃料的从煤向汽油的转变。氮氧化物的主要排放来源是道路运输，占了总排放量的 40% 左右，道路运输中的燃料均含有少量的氮，90% 以上的道路交通的氮排放是由于在助燃空气中氧与氮的反应（热氮氧化物排放），可以通过末端处理装置如催化剂转移设备来有效减少氮排放，同时氮减排也受机动车的缓慢更新和柴油客车增加的阻碍。这也是氮氧化物减排需要比硫减排更多时间才能产生效果的原因。也说明了氮氧化物减排晚了硫减排 10 年，并且也是 1990 年开始的同期减排量少于硫的原因①。

1980 年后二氧化碳更加缓慢的减排趋势主要是由于末端治理措施的缺乏，如烟气净化。二氧化碳减排可以通过减少花式燃料和从煤油能源向更加低碳、可再生及核能等能源转变来实现。此类措施的采用促进了 1980 ~ 2005 年间二氧化碳的减排，西欧的核能的占总能源的比重从 1980 年的 5% 增加到 1994 年的 15%。20 世纪 90 年代的前期，二氧化碳减排与德国的工业结构调整及从煤和天然气及电力发电转型有关。东欧的化石燃料使用产生的二氧化碳的排放量从 1990 年开始减少，主要是由于苏联解体导致的经济衰退②。

欧洲国家二氧化硫排放的峰值大约出现在 20 世纪六七十年代，随后多数国家二氧化硫排放减少③。氮氧化物排放的峰值大致在 20 世

① Vestreng, V., “European air pollution emission trends - review, validation and application”, 2008, pp.30~32.

② 同上

③ MYLONA, SOPHIA, “Sulphur dioxide emissions in Europe 1880~1991 and their effect on sulphur concentrations and depositions”, Tellus B, Volume 48, Number 5, November 1996, pp.662~689（28）.

纪 90 年代[①]。EEA 的数据显示，从 1990 年以来，主要大气污染物，包括一氧化碳（CO）、氮氧化物（NO_x）、NMVOC、SO_x、氨（NH_3）、TSP、PM10、PM2.5 排放均呈减少态势。从减排幅度来看，1990 ~ 2013 年欧盟主要大气污染物均实现了较大幅度的减排，氮氧化物、NMVOC、SO_x、NH_3、TSP、CO、铅 Lead（Pb）降幅分别为 54%、59%、87%、27%、52%、66%、92%。其中，2000 ~ 2010 年，PM10、PM2.5 的减排幅度分别为 19%、18%[②]（见表 1-9）。

表1-9　1990 ~ 2013年欧盟27国主要大气污染物排放及减排幅度

污染物	单位	1990年	2013年	1990 ~ 2013年减排幅度（%）
NO_x	Gg	17594	8176	-54
NMVOC	Gg	17253	7005	-59
SOx	Gg	25779	3430	-87
NH_3	Gg	5273	3848	-27
TSP	Gg	7370	3533	-52
CO	Gg	66197	22199	-66
Pb	Mg	23210	1836	-92
PM2.5	Gg	—	1281	（2000 ~ 2013年）-18
PM10	Gg	—	1889	（2000 ~ 2013年）-19

数据来源：European Union emission inventory report 1990-2013 under the UNECE Convention on Long-range Transboundary Air Pollution（LRTAP）。

（三）空气质量改善历史进程

1. 二氧化硫浓度趋势

数据显示，欧洲二氧化硫浓度在 1900 ~ 1970 年期间增长了 2 ~ 6

① Tørseth，K.，Aas，W.，Breivik，K.，Fjæraa，A.M.，Fiebig，M.，Hjellbrekke，A. G.，Lund Myhre，C.，Solberg，S.，and Yttri，K.，E.，"Introduction to the European Monitoring and Evaluation Programme（EMEP）and observed atmospheric composition change during 1972~2009"，Atmos. Chem. Phys. Discuss.，12，1733-1820，doi：10.5194/acpd-12-1733-2012，2012.

② 数据来源：European Union emission inventory report 1990-2013 under the UNECE Convention on Long-range Transboundary Air Pollution（LRTAP）。

倍，并于 20 世纪 70 年代达到峰值，随后呈下降的态势[①]。如图 1–57 所示，欧盟的二氧化硫浓度在 1976 ~ 2012 期间经历了明显的下降趋势，其中，1976 ~ 1979 年间，二氧化硫年均浓度由 1976 年的 56 微克 / 立方米升高至 1979 年的 59 微克 / 立方米，为期间的最大值；随后开始快速下降，并于 1998 年首次浓度低于 10 微克 / 立方米，为 9 微克 / 立方米；随后呈现平缓小幅降低的趋势，2012 年的二氧化硫年均浓度为 4 微克 / 立方米。从英国中部和瑞典南部的二氧化硫浓度变化趋势可以发现，在 1880 ~ 1990 年期间，二氧化硫浓度趋势与其排放趋势较为一致，第二次世界大战之前浓度缓慢上升，第二次世界大战期间突然降低，随后开始剧烈上升，并于 20 世纪 70 年代左右达到峰值，随后开始缓慢降低（见图 1–58）。

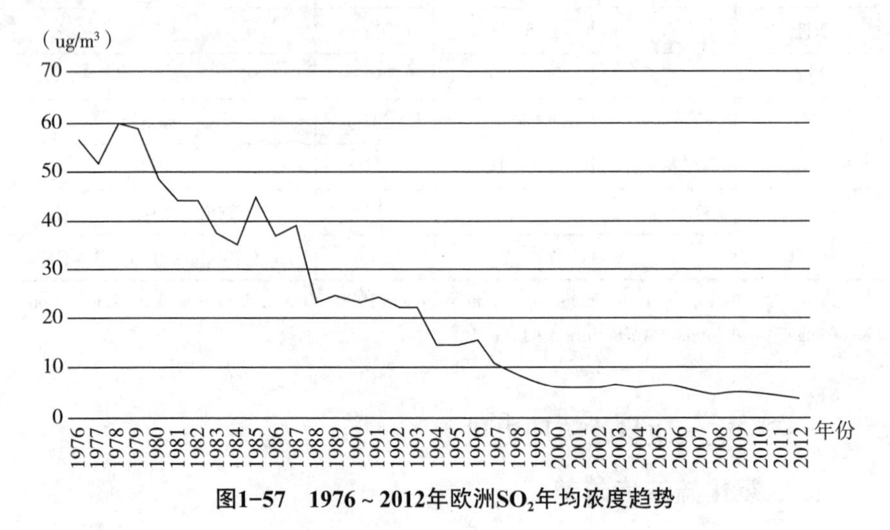

图1–57　1976 ~ 2012年欧洲SO_2年均浓度趋势

注：将European air quality database提供各监测站点的年均浓度数据进行平均得到。
数据来源：EEA，“AirBase –The European air quality database”。

① Mylona，S.，“Sulphur dioxide emissions in Europe 1880–1991 and their effect on sulphur concentrations and depositions”，Tellus B，48（5），1996，pp.662~689.

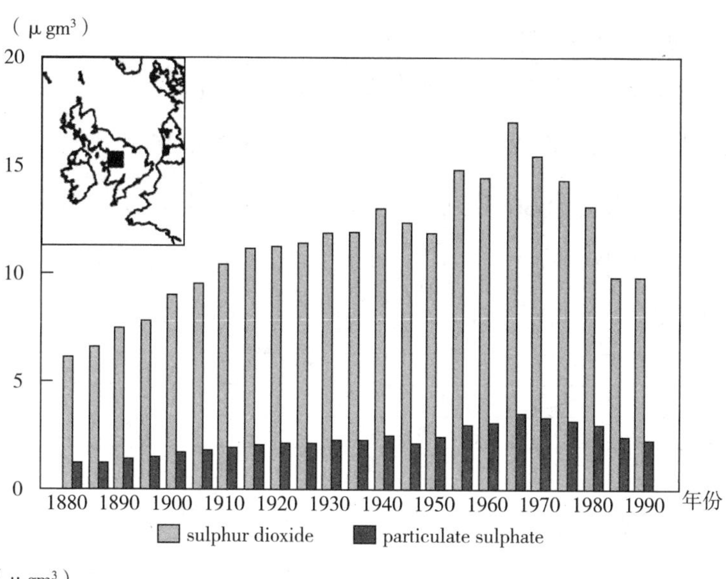

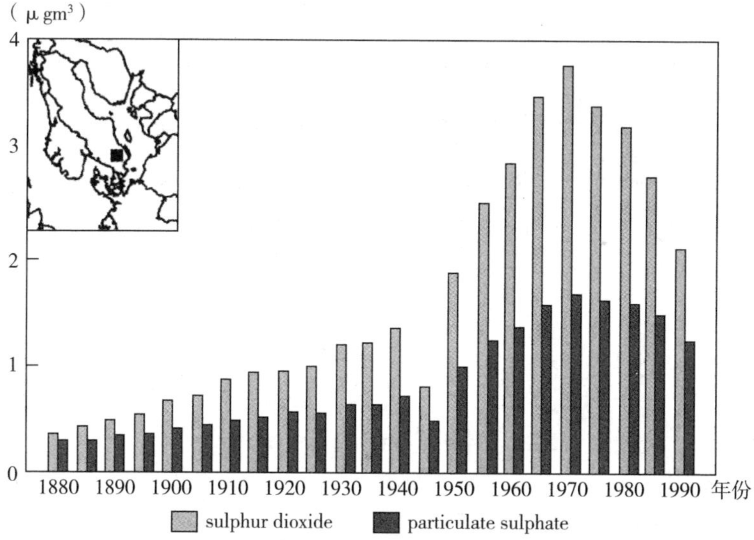

图1-58　1880～1990年英国中部（上）和瑞典南部（下）二氧化硫和SO_4^{2-}年均浓度趋势

资料来源："Sulphur dioxide emissions in Europe 1880－1991 and their effect on sulphur concentrations and depositions"。

2. 氮氧化物浓度趋势

数据显示，欧洲氮氧化物浓度在1981～2013年间经历了"平缓—上升—降低"的过程，1984～1990期间，欧盟氮氧化物浓度快速上升，维持在 40 微克 / 立方米左右的水平，随后 1991 ~ 2000 年间快速下降至 26 微克 / 立方米左右，随后呈现平缓波动的趋势（见图 1–59）。其中欧盟城市区域的背景浓度在 2000 ~ 2013 年间，于 2003 年达到个小高峰，平均值为 30 微克 / 立方米，随后降低至 2013 年的 22.5 微克 / 立方米（见图 1–60）。

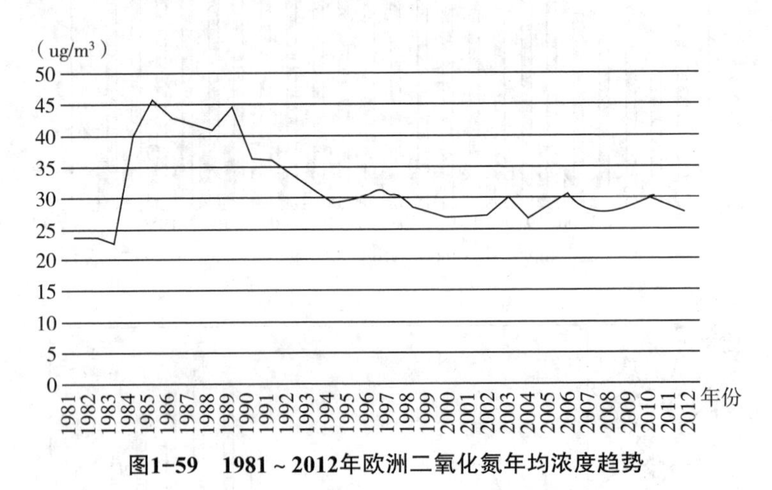

图1–59　1981 ~ 2012年欧洲二氧化氮年均浓度趋势

注：将European air quality database提供各监测站点的年均浓度数据进行平均得到。

数据来源：EEA，“AirBase–The European air quality database”。

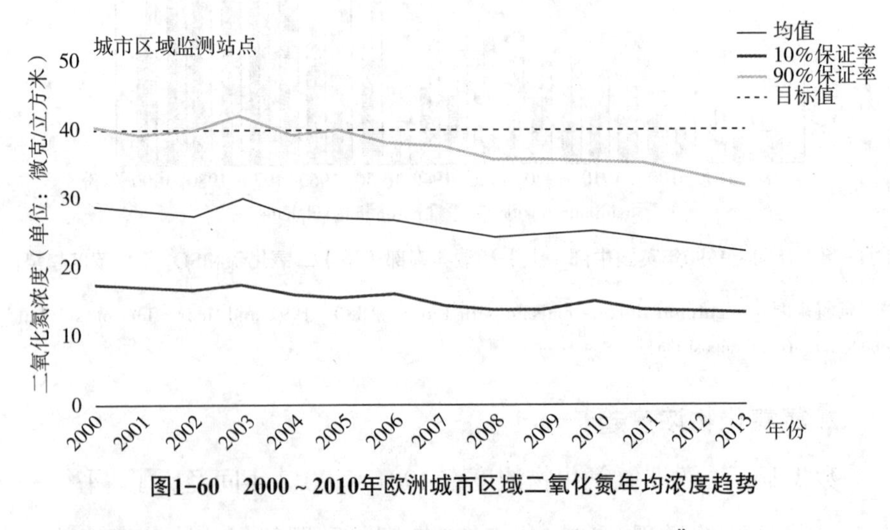

图1–60　2000 ~ 2010年欧洲城市区域二氧化氮年均浓度趋势

数据来源：EEA，“Exceedance of air quality limit values in urban areas”。

3. 颗粒物浓度趋势

数据显示，PM2.5 在 1998 ~ 2012 年间呈“凸”字型分布，2005 年的浓度值为期间的最大值，达到 25 微克 / 立方米，1998 ~ 2005 年间逐渐上升，2005 ~ 2012 年逐渐下降，2012 年的 PM2.5 浓度值为 16 微克 / 立方米（见图 1–61）。

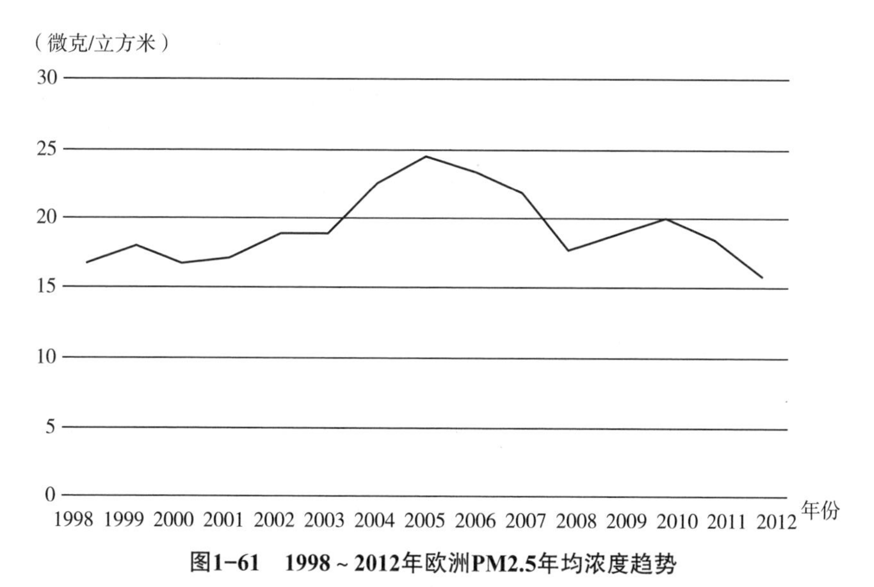

图1–61　1998 ~ 2012年欧洲PM2.5年均浓度趋势

注：将European air quality database提供各监测站点的年均浓度数据进行平均得到。
数据来源：EEA，“AirBase –The European air quality database”。

数据显示，1992 ~ 2012 年间，欧盟 PM10 年均浓度总体呈下降的态势，1995 年浓度达到期间最大值为 53 微克 / 立方米，随后下降至 1998 年的 26 微克 / 立方米，随后其浓度经历了平缓中小幅下降的变化过程（见图 1–62）。城市区域的 PM10 在此期间其平均浓度于 2011 年达到峰值，为 49.83 微克 / 立方米（见图 1–63）。

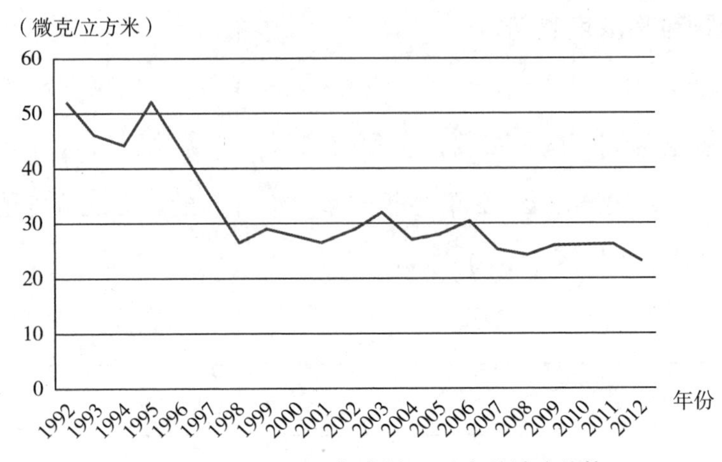

图1-62　1992～2012年欧洲PM10年均浓度趋势

注：将European air quality database提供各监测站点的年均浓度数据进行平均得到。
数据来源：EEA，“AirBase –The European air quality database”。

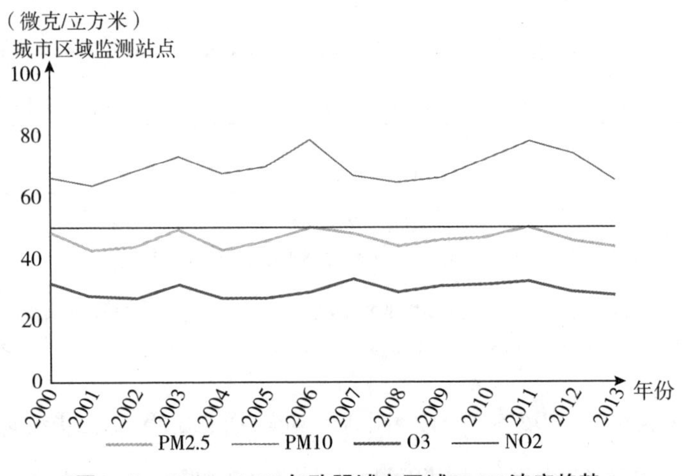

图1-63　2000～2013年欧盟城市区域PM10浓度趋势

数据来源：EEA，“Exceedance of air quality limit values in urban areas”。

4. 一氧化碳浓度趋势

数据显示，1981～2012年间，一氧化碳浓度于1986年和1988年分别达到两个峰值，分别为12微克/立方米和10微克/立方米，1989～2012年间，一氧化碳浓度由1.5微克/立方米逐渐下降至2012年的0.45微克/立方米，并趋于稳定（见图1-64）。

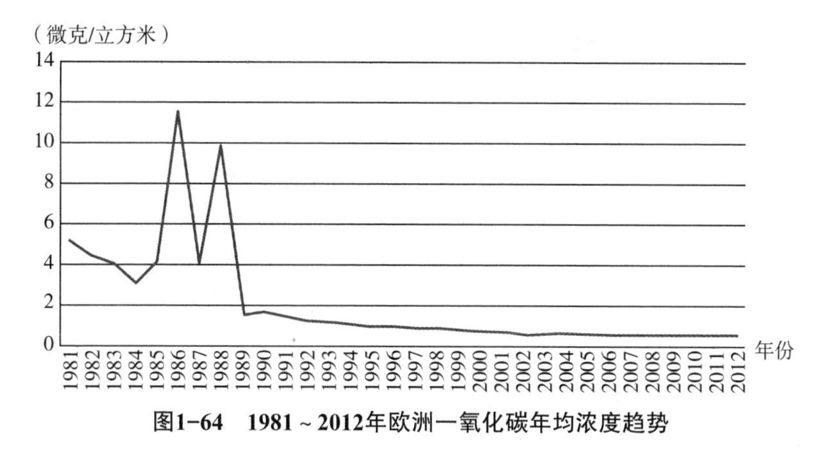

图1-64　1981～2012年欧洲一氧化碳年均浓度趋势

注：将European air quality database提供各监测站点的年均浓度数据进行平均得到。
数据来源：EEA，“AirBase –The European air quality database”。

5. 臭氧浓度趋势

数据显示，1984 ～ 2012 年间，臭氧年均浓度除了 1987 年达到最大值 75 微克 / 立方米及 1985 年达到 60 微克 / 立方米，其余年份均在 50 微克 / 立方米上下波动，自 1990 年降至 46 微克 / 立方米开始，臭氧浓度呈现波动中小幅上升的趋势（见图 1–65）。其中，2000 ～ 2013 年间，其城市区域的臭氧浓度于 2003 年达到峰值，其平均值为 129 微克 / 立方米（见图 1–66）。

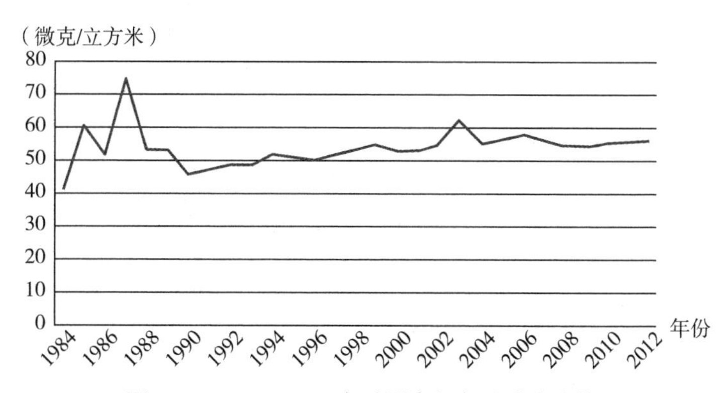

图1-65　1984～2012年欧洲臭氧年均浓度趋势

注：将European air quality database提供各监测站点的年均浓度数据进行平均得到。
数据来源：EEA，“AirBase–The European air quality database”。

6. 人群暴露及对健康影响

从环境监测数据来看，从 1970 年以来，硫化物的浓度呈下降的态势，从 20 世纪 80 年代以来下降了 70% ~ 90%。从 1990 年以来，氮氧化物浓度下降了 23% ~ 25%[①]。尽管欧洲大幅度降低了空气污染物的排放，环境空气质量有了很大的改善，但空气污染对健康、经济与环境仍然是一个问题（EEA，2013）[②]。2012 年暴露在空气污染物中对健康影响的统计估计，长期暴露在 PM2.5 浓度造成了欧洲 432000 人的早逝，其中欧盟 28 个成员国的人数为 403000 人。同年，长期暴露在二氧化氮和短期暴露在臭氧中分别导致了欧洲 75000 人和 17000 人的早逝，其中欧盟 28 个成员国中的人数分别为 72000 人和 16000 人（EEA，2015）[③]。

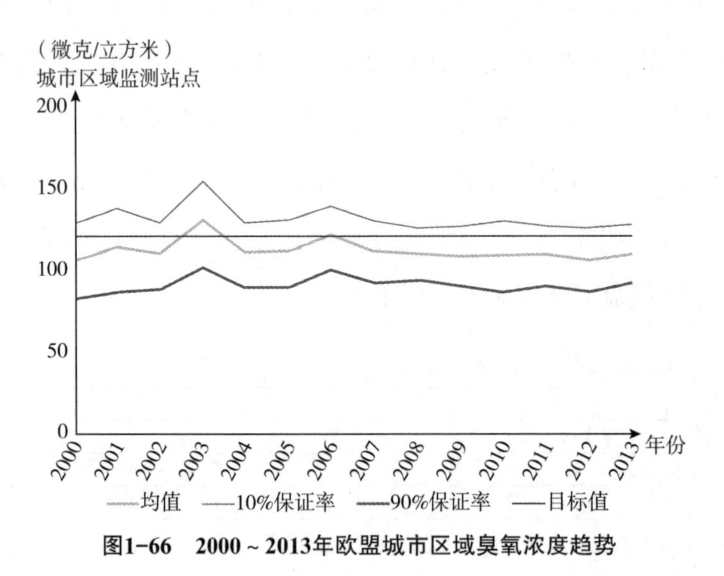

图1-66 2000 ~ 2013年欧盟城市区域臭氧浓度趋势

数据来源：EEA，“Exceedance of air quality limit values in urban areas”。

欧洲主要的大气污染问题分别是 PM10、臭氧、二氧化氮、二氧

① EEA，“Air Quality in Europe–2013 Report”，2013.

② 同上。

③ EEA，“Air Quality in Europe–2015 Report”，2015.

化硫。2000 ~ 2012 年间，欧盟 28 个成员国中有较大比例的城镇人口暴露在浓度超过欧盟指导值的空气环境中，对健康造成危害，若以比欧盟指导值更严格的世界卫生组织（WHO）的标准值为标准，则暴露人群的比例更高。

以 PM2.5 为例，2006 ~ 2012 年间，以欧盟指导值为参照的暴露人群比例为 4% ~ 14%，以 WHO 标准值为参照的暴露人群比例为 87% ~ 98%；以 PM10 为例，2000 ~ 2012 年间，以欧盟指导值为参照的暴露人群比例为 21% ~ 41%，以 WHO 标准值为参照的暴露人群比例为 64% ~ 92%；以臭氧为例，2000 ~ 2012 年间，以欧盟指导值为参照的暴露人群比例为 14% ~ 58%，以 WHO 标准值为参照的暴露人群比例为 93% ~ 99%；以 NO_2 为例，2000 ~ 2012 年间，以欧盟指导值和 WHO 标准值为参照的暴露人群比例均为 8% ~ 27%；以 BaP 为例，2008 ~ 2012 年间，以欧盟指导值为参照的暴露人群比例为 20% ~ 28%，以 WHO 标准值为参照的暴露人群比例为 85% ~ 89%（EEA，2015）（见表 1-10）。

表1-10 欧洲国家城市人口暴露在超过欧盟标准和WHO标准环境中的人口比例

污染物	欧盟指导值	WHO标准值	2009 ~ 2011		2011 ~ 2013	
			处于超过欧盟指导值环境人口比重（%）	处于超过WHO标准值环境人口比重（%）	处于超过欧盟指导值环境人口比重（%）	处于超过WHO标准值环境人口比重（%）
PM2.5	年	年（10）	20 ~ 31	20 ~ 31	9 ~ 14	87 ~ 93
PM10	日（50）	年（20）	22 ~ 33	22 ~ 33	17 ~ 30	61 ~ 83
O_3	8小时（120）	8小时（100）	14 ~ 18	14 ~ 18	14 ~ 15	97 ~ 98
NO_2	年（40）	年（40）	5 ~ 13	5 ~ 13	8 ~ 12	8 ~ 12
BaP	年（1）	年（0.12）	22 ~ 31	22 ~ 31	25 ~ 28	85 ~ 91
SO_2	日（125）	日（20）	<1	<1	<1	36 ~ 37

续表

污染物	欧盟指导值	WHO标准值	2009～2011		2011～2013	
			处于超过欧盟指导值环境人口比重（%）	处于超过WHO标准值环境人口比重（%）	处于超过欧盟指导值环境人口比重（%）	处于超过WHO标准值环境人口比重（%）
CO	8小时（10）	8小时（10）	<2	<2		
Pb	年（0.5）	年（0.5）		<1		
Benzene	年（5）	年（1.7）		<1		

注：PM2.5的欧盟指导值由2009～2011年的20微克/立方米变为2011～2013年的25微克/立方米。

空气质量在不断改善过程中，相应暴露在超过限值浓度的各种污染物中的城镇人口数量也呈不断降低的趋势（见图1-67）。

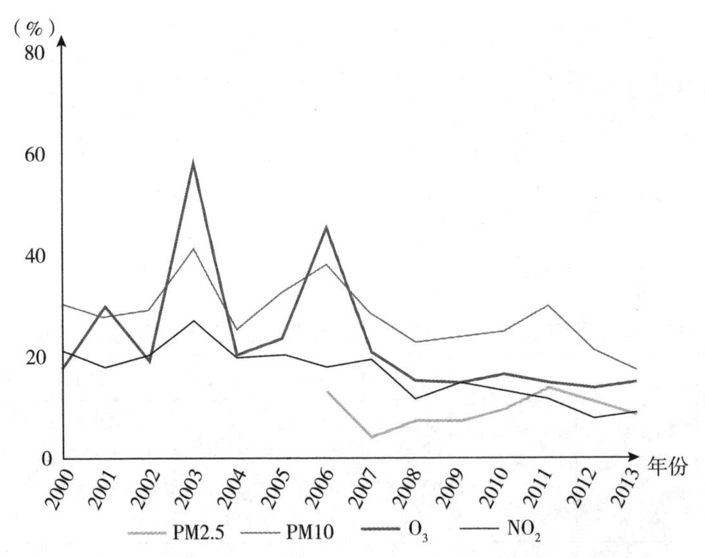

图1-67　2000～2013年欧盟城市人口处在超标环境的比例

数据来源：EEA，“Exceedance of air quality limit values in urban areas”。

如果按照世界卫生组织（WHO）的标准，欧洲主要的大气污染问题分别是臭氧、PM10、二氧化氮等。

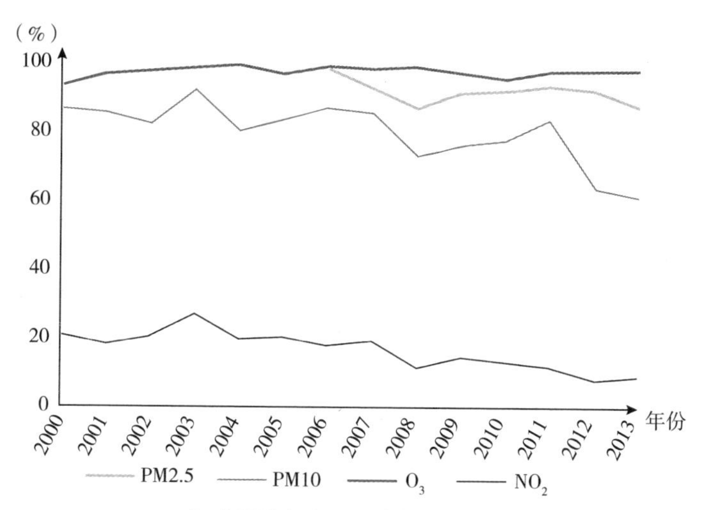

图1-68 2002～2012年欧盟城市人口处在超标（WHO标准）环境的比例

数据来源：EEA，“Exceedance of air quality limit values in urban areas”。

四、日本空气污染治理与城市空气质量改善进程

（一）日本主要空气污染物治理进程

20 世纪五六十年代，日本的大气污染问题十分严重，主要表现为四大矿山的“烟害”和城市的煤尘、煤烟问题。20 世纪 70 年代以后，大气污染问题越来越受到日本社会的关注。日本先后制定了《煤烟排放夫制法》《公害对策基本法》《环境污染控制法》《大气污染防治法》等多部法律（见表 1-11）。基本建立了污染对策体系，包括：①依据“公害国会”修订的《公害对策基本法》，针对工业界制定污染物排放控制标准；②为达到恢复环境、补偿损害和控制污染的目的，对工业污染源收费，形成了具有日本特色的污染者负担原则；③设置环境厅作为一元化的行政部门，依据上述法律和原则赋予其环境方面的规划、立项、执行的责任和权力。

日本大气污染防治立法中规定的受控大气污染物，在 20 世纪 70

年代以前主要有二氧化硫和粉尘。20世纪70年代以后逐步增加为二氧化硫、一氧化碳、氮氧化物、悬浮物、光化学氧化物以及镉、铝、氯气、氟、氯化氢、氯化硅等有害物质。20世纪90年代又增加了氯氟烃等耗损臭氧层物质和二氧化碳等温室气体[①]。

表1-11　日本大气污染法发展进程

时间	法律、条例
1962年	《煤烟排放规制法》
1967年	《公害对策基本法》
1968年	《大气污染防治法》（《煤烟排放规制法》废止）； 《噪音规制法》
1970年	《大气污染防治法》的重大修订； 《公害对策基本法》修订

（二）日本主要空气污染物排放趋势

1. 硫氧化物排放趋势

日本二氧化硫排放在20世纪60年代以前与经济、能源消费也呈一致上升趋势。从1963年开始，先后实行浓度控制、K值控制和总量控制等各种方法积极治理。在20世纪60年代中期达到峰值，接近500万吨，之后经历了10年左右的平台期，开始与经济、能源消费脱钩，出现下降，2010年，日本二氧化硫排放量在80万吨左右，相对峰值下降了约83%（李瑞萍等，2010；周军英等，1999）[②]。

2. 氮氧化物排放趋势

日本的氮氧化物排放自20世纪以来一直处于增长的态势，到20世纪70年代出现短时间的下降趋势，随后基本呈平行稳定的状态。根

① 朴光姬：《日本的能源利用与环境影响》，载于《日本的能源》，经济科学出版社2008年版，第354～391页。

② 李瑞萍等：《典型工业化国家SO_2排放影响因素分析及其对中国的启示》，载于《地球学报》，2010年第31卷第5期，第749～758页；周军英、汪云岗、钱谊：《日本二氧化硫污染控制对策》，载于《污染防治技术》，1999年第12卷第1期，第42～45页。

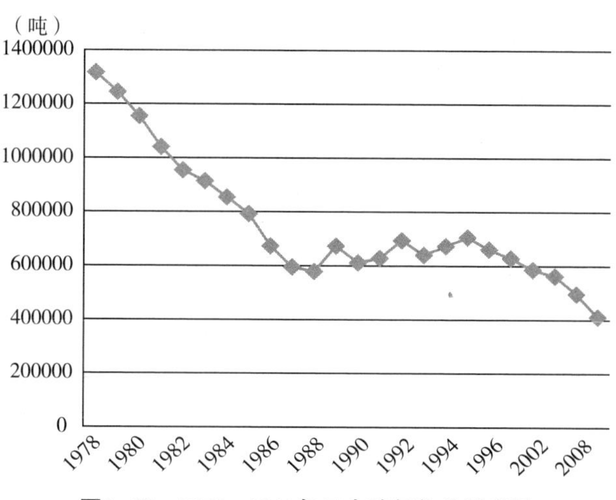

图1-69　1978～2012年日本硫氧化物排出量

数据来源：日本环境省网站，本研究处理。

据日本环境省以及OECD的数据显示，日本氮氧化物排放“下行”的拐点大致在2002年左右（见图1-70）。

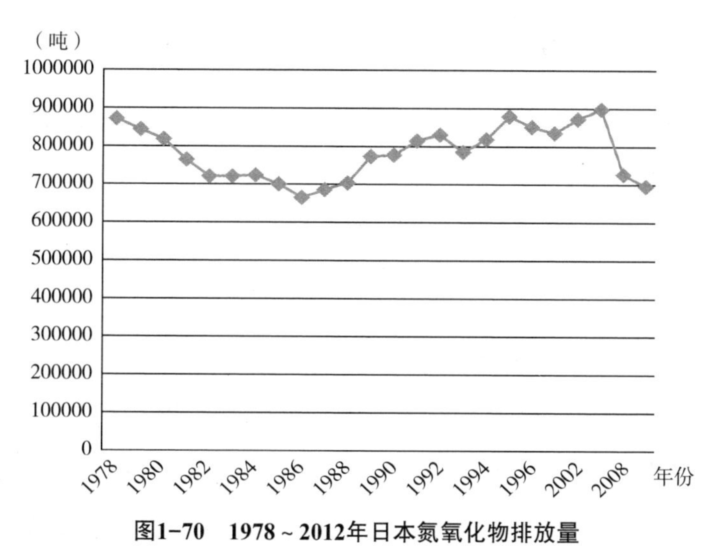

图1-70　1978～2012年日本氮氧化物排放量

数据来源：日本环境省网站，本研究处理。

3. 日本烟尘排放量

日本煤尘排放量自1983年起总体上呈现递减趋势，尤其从1994

年起开始大幅度递减（见图 1–71）。

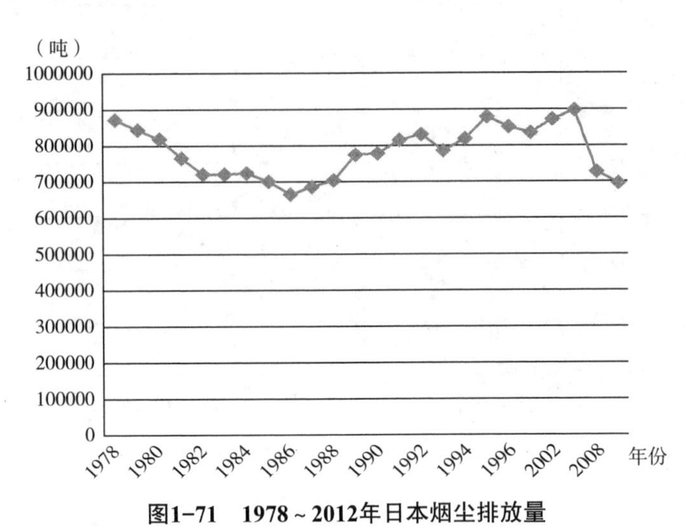

图1–71　1978～2012年日本烟尘排放量

数据来源：日本环境省数据。

（三）日本城市空气质量改善进程

1. 二氧化硫浓度趋势

日本从 20 世纪 70 年代后半期开始，硫氧化物排放引起的大气污染得到了明显改善①。大约经历了 17 年时间，到 1979 年前后，这一问题已基本得到解决。大气中的二氧化硫年均值自 1967 年的峰值 0.059 ppm 以后呈下降的态势（见图 1–72）。

2. 氮氧化物浓度趋势

监测数据显示，1970 年以来日本氮氧化物浓度总体呈下降的态势。其中，从 20 世纪 70 年代初期到 80 年代中期呈快速下降的态势，从 80 年代末期到 2000 年左右呈轻微上升的态势，2002 年之后呈下降的态势（见图 1–73）。

① 傅喆、寺西俊一著，傅喆译：《日本大气污染问题的演变及其教训—— 对固定污染发生源治理的历史省察》，载于《学术研究》，2010年第6期，第105～114页。

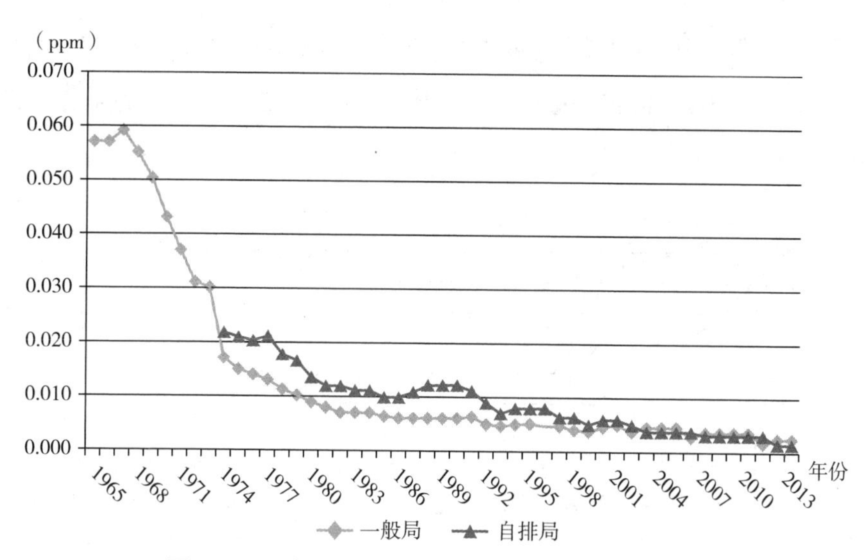

图1-72 日本1965～2013年大气中二氧化硫浓度趋势

资料来源：日本環境データ、環境要覧92；日本环境省。

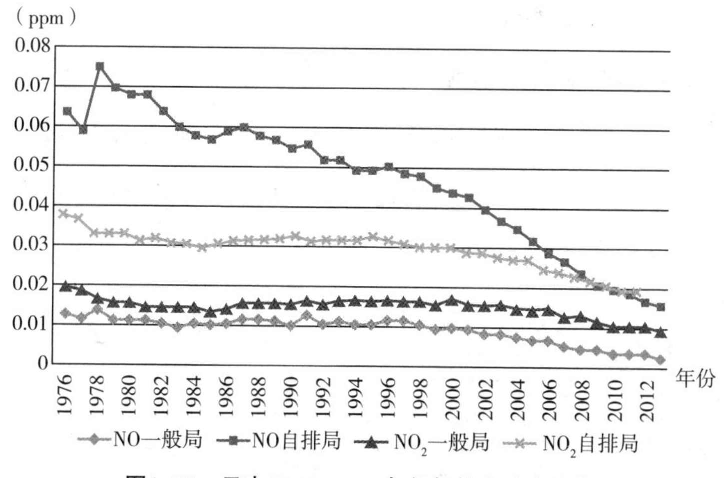

图1-73 日本1976～2013年氮氧化物浓度趋势

注：一般环境大气测定局是平常监视一般环境大气污染状况的测定局；机动车排出气体测定局是平常在红绿灯处、道路上和道路旁，以由机动车排出物而引起的大气污染为研究对象的监测局。

资料来源：日本环境省网站，本研究整理。

3. 颗粒物浓度趋势

监测数据显示，1970 年以来日本颗粒物浓度总体呈下降的态势。

其中，从 20 世纪 70 年代初期到 80 年代中期呈快速下降的态势，从 80 年代末期到 2000 年左右呈上升的态势，2002 年之后呈下降的态势（见图 1–74）。

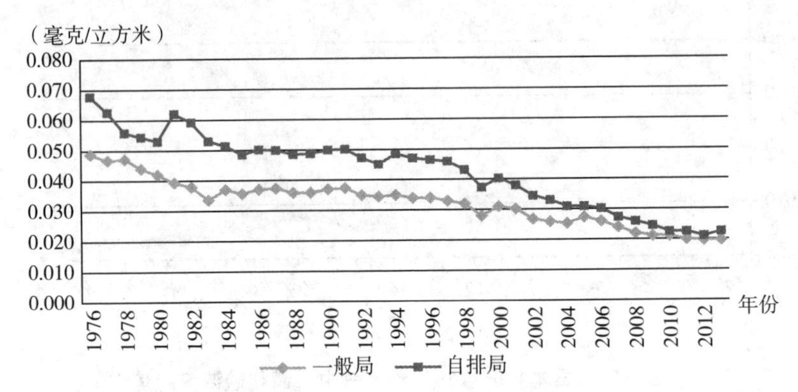

图1–74　日本1976～2013年颗粒物浓度趋势

资料来源：日本环境省，本研究整理。

4. 一氧化碳浓度趋势

根据日本环境省数据显示，1976 年以来日本一氧化碳浓度总体呈下降的态势。根据一般局的数据显示，由 1976 年的 1.4ppm 下降到 2013 年的 0.3ppm，自排局的数据也从 1976 年的 3.2ppm 下降到 2013 年的 0.4ppm（见图 1–75）。

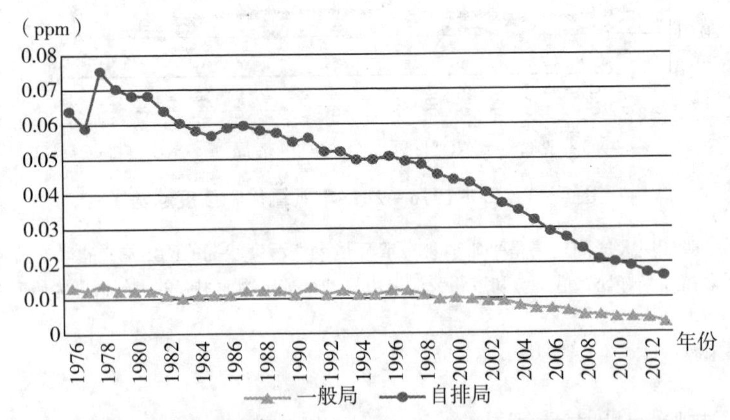

图1–75　日本1976～2013年一氧化碳浓度年平均值趋势

资料来源：日本环境省，本研究整理。

五、中国空气污染治理与城市空气质量改善进程

（一）中国空气污染治理政策梳理

1. 空气污染治理历程回顾

第一阶段（1973 ~ 1980 年）：以 1973 年国务院第一次全国环境保护会议为标志，开展了以工业点源治理为主的大气污染防治工作。这一时期，中国大气污染防治工作主要以改造锅炉、消烟除尘、控制大气点源污染为主。

第二阶段（1980 ~ 1990 年）：从 20 世纪 80 年代中国正式颁布《中华人民共和国大气污染防治法》（以下简称《大气污染防治法》）开始，确立了以防治煤烟型污染为主的大气污染防治基本方针，燃煤烟尘污染防治成为中国当时的大气污染防治重点。在这一时期，中国将大气污染防治从点源治理进入了综合防治阶段，结合国民经济调整，改变城市结构和布局，编制污染防治规划；结合企业技术改造和资源综合利用，防治工业污染；节约能源和改变城市能源结构，综合防治煤烟型污染。通过企业和工业布局调整，对污染严重的企业实行关、停、并、转、迁。这些措施对控制大气环境的急剧恶化发挥了一定作用。

第三阶段（1990 ~ 2000 年）：中国大气污染防治工作开始从浓度控制向总量控制转变，从城市环境综合整治向区域污染控制转变。在制定法律法规、建立监督管理体系、加强大气污染防治措施、防治技术开发和推广等方面做了大量工作，有效地推动了大气颗粒物污染防治工作。1998 年，国务院批准了二氧化硫和酸雨控制为主的“两控区”划分方案，并提出了相应的配套政策。

第四阶段（2000 ~ 2010 年）：大气污染控制全面进入了主要大气污染物排放总量控制的新阶段。2000 年 4 月，《大气污染防治法》的第

二次修改，规定了重点区域实行排放总量控制与排污许可证制度，严格规定了大气污染物排放底线，对污染物排放种类和数量实行排污费征收制度，加大了超标排放的处罚和机动车污染控制的力度，提出划定大气污染控制重点城市和规定达标期限,加强城市扬尘污染防治措施等。污染物减排量作为硬性考核指标纳入国民经济发展规划和环境保护规划。

第五阶段（2011 年以来）：2010 年 5 月，国务院转发了环境保护部的《关于推进大气污染联防联控工作改善区域空气质量的指导意见》。2012 年，新的《环境空气质量标准》（GB3095–2012）颁布，要求“2016 年 1 月 1 日起在全国实施。环境保护部提出新标准要分期实施：2012 年，京津冀、长三角、珠三角等重点区域以及直辖市和省会城市；2013 年，113 个环境保护重点城市和国家环保模范城市；2015 年，所有地级以上城市；2016 年 1 月 1 日，全国实施新标准”。2012 年，环境保护部印发《重点区域大气污染防治“十二五”规划》，规划范围为京津冀、长三角、珠三角等 13 个重点区域，涉及 19 个省的 117 个地级及以上城市，明确提出“到 2015 年，空气中 PM10、二氧化硫、NO_2、PM2.5 年均浓度分别下降 10%、10%、7%、5%”的目标；明确了防治 PM2.5 的工作思路和重点任务，增强了区域大气环境管理合力。这是中国第一部综合性大气污染防治规划，标志着中国大气污染防治工作逐步由污染物总量控制为目标导向向以改善环境质量为目标导向转变。一系列强有力的大气污染治理政策和行动陆续出台，细颗粒物（PM2.5）成为治理的重点，中国空气污染治理进入新的阶段。2015 年，《大气污染防治法》再次进行了修订，进一步明确地方政府责任，大幅提高处罚力度，强化了煤、车、VOCs 等污染控制，加强区域协作、重污染天气应对工作。

2. 空气污染治理政策体系

（1）空气污染防治规划、计划

20 世纪 90 年代以来，中国制定了多项涉及大气污染防治的规划和行动计划（见表 1–12）。2013 年，国务院印发《大气污染防治行动计划》，标志着中国大气污染防治行动进入新的阶段。

表1–12 中国大气污染治理的规划、重要文件

时间	名 称	单位
1990年	《汽车排气污染监督管理办法》	〔1990〕环管字第359号
1998年	《酸雨控制区和二氧化硫污染控制区划分方案》	国家环境保护局 环发〔1998〕86号
2001年	《关于有效控制城市扬尘污染的通知》	国家环保总局、建设部
2002年	《两控区酸雨和二氧化硫污染防治“十五”计划》	国家环保总局环发〔2002〕153号
2003年	《关于加强燃煤电厂二氧化硫污染防治工作的通知》	环发〔2003〕159 号
2007年	《现有燃煤电厂二氧化硫治理“十一五”规划》	国家发展改革委、国家环保总局发改环资〔2007〕592号
2008年	《国家酸雨和二氧化硫污染防治“十一五”规划》	国家环保总局 环发〔2008〕1号
2010年	《关于推进大气污染联防联控工作改善区域空气质量的指导意见》	国办发〔2010〕33号
2012年	《重点区域大气污染防治“十二五”规划》	环境保护部、国家发展改革委、财政部 环发〔2012〕130号
2012年	《蓝天科技工程“十二五”专项规划》	科技部、环境保护部国科发计〔2012〕719号
2013年	《关于进一步做好重污染天气条件下空气质量监测预警工作的通知》	环办〔2013〕2号
2013年	《大气污染防治行动计划》	国务院

资料来源：本研究整理。

（2）空气污染治理标准体系

中国制定了涉及多个行业和领域的空气污染标准（见表 1–13）。2013 年《大气污染防治行动计划》出台后，火电、钢铁、水泥等重点行业以及机动车排放标准进一步提高。2015 年，环境保护部等部门出

台《全面实施燃煤电厂超低排放和节能改造工作方案》，标志着火电行业的污染物减排进入新的阶段。

表1-13　　空气污染治理标准体系

时间	政策名称	出台单位	监管对象
	《环境空气质量标准》	相关部门	空气污染物
	各行业大气污染物标准	相关部门	空气污染物
	大气污染物排放综合标准	相关部门	空气污染物
	相关技术规定、准则	相关部门	空气污染物
2013年	《关于执行大气污染物特别排放限值的公告》	环境保护部公告2013年第14号	空气污染物
2015年	《全面实施燃煤电厂超低排放和节能改造工作方案》	环境保护部 发展改革委 能源局 环发〔2015〕164号	空气污染物
2015年	《关于实施国家第三阶段非道路移动机械用柴油机排气污染物排放标准的公告》	公告2016年第5号	空气污染物

资料来源：本研究整理。

（4）空气污染治理总量控制

从“九五”时期中国开始实施污染物排放的总量控制制度（见表1-14），但是，“九五”“十五”期间的总量减排任务并未完成。从“十一五”以来，中国开始实施具有约束力的总量控制制度。通过层层分解落实的目标责任制将污染物总量减排目标进行分解。“十一五”“十二五”期间，中国二氧化硫、氮氧化物排放先后于2006年、2011年实现了“转折”。

表1-14　　空气污染物总量控制制度有关法规及规范性文件

时间	政策、文件名称	发文情况	主要内容
2006年	《“十一五”期间全国主要污染物总量控制计划》	环保总局、发展改革委（国务院批复）	计划到2010年，全国主要污染物排放总量比2005年减少10%，具体是：化学需氧量由1414万吨减少到1273万吨；二氧化硫由2549万吨减少到2294万吨
2006年	《二氧化硫总量分配指导意见》	环保总局环发〔2006〕182号	适用于上级政府对下级政府的二氧化硫总量分配和环保部门对排污企业的二氧化硫总量分配

续表

时间	政策、文件名称	发文情况	主要内容
2007年	《主要污染物总量减排考核办法》	环保总局	适用于对各省、自治区、直辖市人民政府“十一五”期间主要污染物总量减排完成情况的考核
2009年	《主要污染物总量减排监测体系建设考核办法》	环办〔2009〕148号	推进主要污染物总量减排监测体系建设
2011年	《“十二五”节能减排综合性工作方案》	国发〔2011〕26号	2015年，全国化学需氧量和二氧化硫排放总量分别控制在2347.6万吨、2086.4万吨，比2010年的2551.7万吨、2267.8万吨分别下降8%；全国氨氮和氮氧化物排放总量分别控制在238.0万吨、2046.2万吨，比2010年的264.4万吨、2273.6万吨分别下降10%
2011年	《“十二五”主要污染物总量减排核算细则》	环境保护部环发〔2011〕148号	规范“十二五”主要污染物排放量核算工作
2012年	《“十二五”主要污染物总量减排目标责任书》	环境保护部	目标责任书详细列出了各省（区、市）和企业集团重点减排项目清单，要求必须按照规定的时间完成重点减排项目建设
2014年	《建设项目主要污染物排放总量指标审核及管理暂行办法》	环发〔2014〕197号	规范建设项目主要污染物排放总量指标审核及管理工作，严格控制新增污染物排放量

资料来源：本研究整理。

（5）空气污染治理价格政策

“十一五”“十二五”以来，国家针对火电行业脱硫、脱硝先后出台了脱硫、脱硝电价，保证了减排措施在经济上的可行性。

表1-15　　空气污染治理价格政策

时间	政策名称	出台单位	监管对象
2007年	《燃煤发电机组脱硫电价及脱硫设施运行管理办法》	国家发展改革委、环保总局	二氧化硫 氮氧化物
2012年	《关于扩大脱硝电价政策试点范围有关问题的通知》	发改价格〔2012〕4095号	氮氧化物
2013年	《关于加快燃煤电厂脱硝设施验收及落实脱硝电价政策有关工作的通知》	国家发展改革委、环境保护部	氮氧化物

资料来源：本研究整理。

（6）空气污染治理排污收费政策

从20世纪90年代以来，中国先后制定了针对二氧化硫的排污收费政策，此后，排污收费的标准和范围不断扩大（见表2–16）。2014年，国家发展改革委出台《关于调整排污费征收标准等有关问题的通知》，要求各地大幅度提高排污收费的标准。随后，各地区出台标准，空气污染物排放收费的范围也进一步扩大。2015年，财政部、国家发展改革委、环境保护部出台《挥发性有机物排污收费试点办法》，将挥发性有机物逐步纳入排污收费范围。随后，多个省出台了具体的收费标准。

表1–16　　空气污染物排污收费政策

时间	政策名称	出台单位	监管对象
1992年	《征收工业燃煤二氧化硫排污费试点方案》	经国务院批准，国家环保局、国家物价局、财政部和国务院经贸办1992年9月14日发布	二氧化硫
1996年	《国务院关于二氧化硫排污收费扩大试点工作有关问题的批复》	国函〔1996〕24号	二氧化硫
2003年	《排污费征收使用管理条例》	中华人民共和国国务院令（第369号）	主要污染物
2014年	《关于调整排污费征收标准等有关问题的通知》（发改价格〔2014〕号）	国家发展改革委、财政部和环境保护部	大幅度提高排污收费标准
2015年	《挥发性有机物排污收费试点办法》	财政部、国家发展改革委、环境保护部 财税〔2015〕71号	石油化工行业和包装印刷行业VOCs（挥发性有机物）排污费的征收、使用和管理，使用本办法

资料来源：本研究整理。

（7）空气污染物排污权交易政策

20世纪90年代中国开始探索空气污染物排污权交易制度。1991年，国家环保局在16个城市开始大气污染物许可证试点工作。进入“十一五”时期，排污权交易制度试点进入新阶段。环境保护部先后批准江苏、浙江、天津、湖北、湖南、山西、内蒙古、重庆等8省市区作为排污权交易试点省市。上海、山东、贵州、辽宁、黑龙江、河北、河南、陕西、四川、云南等地专门出台了相关政策文件或者在相关地方法规中设置有关排污权交易的条款，在省域范围内试行排污权交易或选择若干地区开展试点。2014 年，国务院办公厅印发了《关于进一步推进排污权有偿使用和交易试点工作的指导意见》，提出“到 2017 年，试点地区排污权有偿使用和交易制度基本建立，试点工作基本完成”（见表 1–17）。

表1–17　　　　空气污染物排污权交易政策

时间	政策名称	出台单位	监管对象
2002年	山东省、山西省、江苏省、河南省、上海市、天津市、柳州市和华能电力公司开展二氧化硫排放总量控制及排污交易政策实施试点工作	环保总局	二氧化硫
2010年	8省（自治区、直辖市）被国家批准为排污权交易试点省区	环境保护部	
2014年	《关于进一步推进排污权有偿使用和交易试点工作的指导意见》	国办发〔2014〕38号	到2017年，试点地区排污权有偿使用和交易制度基本建立，试点工作基本完成

资料来源：本研究整理。

（8）空气污染物减排技术政策

20 世纪 90 年代以来，环境保护主管部门针对重点领域、行业出台了相应的技术政策，指导行业污染物减排（见表 1–18）。

表1–18　　　　空气污染物减排技术政策

时间	政策名称	出台单位	监管对象
1999年	《机动车排放污染防治技术政策》	国家环保总局、科学技术部、国家机械工业局环发〔1999〕134号	
2002年	《燃煤二氧化硫排放污染防治技术政策》	环保总局（环发〔2002〕26号）	二氧化硫
2010年	《火电厂氮氧化物防治技术政策》	环境保护部环发〔2010〕10号	氮氧化物

资料来源：本研究整理。

（二）中国主要空气污染物排放趋势

1. 二氧化硫排放趋势

环境统计数据表明，1981 ~ 2014 年，全国废气中二氧化硫排放总量大致呈先增后降的态势。其中，1981 ~ 1997 年稳步上升，随后小幅回落，2003 年之后排放总量继续上升。2006 年之后，二氧化硫排放呈下降的态势（见图 1–76）。

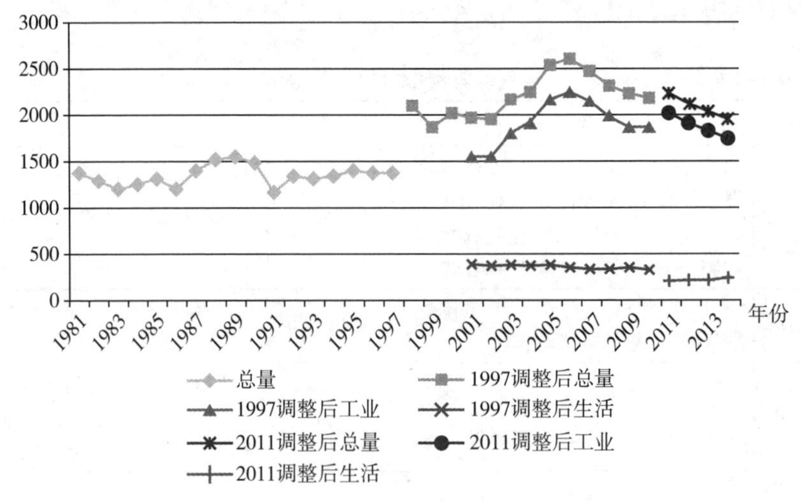

图1–76　1981 ~ 2014年中国二氧化硫排放趋势

注释：1997年、2011年调整了统计范围。

数据来源：1981 ~ 1990年数据来自《中国环境统计资料汇编1981–1990》《中国环境统计年报》《中国环境统计年鉴》《中国环境年鉴》《中国环境状况公报》。

在二氧化硫的排放构成中，工业源排放占 90%，生活源占 9.7%[①]。在工业二氧化硫排放中，火电大致占 45%，钢铁大致占 14%[②]。展开分析火电、钢铁行业二氧化硫排放趋势。

火电行业二氧化硫排放趋势。“十一五”以来火电工程脱硫迅速推进，火电脱硫机组比重从 2005 年的 12% 快速提高到 2012 年的

① 根据2012年数据测算。

② 根据2012年数据测算，火电测算口径为“电力、热力的生产和供应业”，钢铁测算口径为“黑色金属冶炼及压延加工业”。

92%[①]。根据相关规划，这一比重将会提高至大致 100%。在此推动下，“十一五”期间，二氧化硫排放总量减排 14.29%[②]。而根据《节能减排“十二五”规划》，“十二五”期间二氧化硫排放总量削减 8%，其中火电削减 16%。2013 年 3 月，环境保护部要求火电行业燃煤机组自 2014 年 7 月 1 日起执行烟尘特别排放限值。根据 2012 年 1 月 1 日起实施的《火电厂大气污染物排放标准》，燃煤发电机组烟尘排放限值为 30 毫克 / 立方米，特别排放限值为 20 毫克 / 立方米。二氧化硫排放限值上，现有项目为 200 毫克 / 立方米，新上项目为 100 毫克 / 立方米，特别排放限值上新旧项目均为 50 毫克 / 立方米。预计在此政策情景下，火电行业二氧化硫排放会延续“十一五”以来的减排态势。

潘玲颖等（2010）的分析结果表明，通过强制煤电机组安装高效脱硫设施，即使在总煤电装机容量达到 2008 年的 2.26 倍、从 2008 年的 6×10^8 千瓦增加到 2030 年的 13.61×10^8 千瓦、电煤中平均硫分 1.4% 的条件下，只要 100% 投运脱硫设备，并且技术进步使得脱硫效率达到 95% 以上，煤电行业的二氧化硫总排放量也可以控制在 420×10^4 吨以下，为 2007 年排放量（1050×10^4 吨）的 40%；在提高氮氧化物污染排放标准并强制绝大多数机组通过安装脱硝设备达标的条件下，煤电行业氮氧化物 的总排放量可以得到有效遏制，其增长量将不超过 2007 年排放量（811×10^4 吨）的 17%。

钢铁行业二氧化硫排放趋势。《节能减排“十二五”规划》要求“十二五”期间钢铁行业削减 27%。2001 ~ 2010 年，钢铁行业二氧化硫排放呈增长的态势。2011 ~ 2012 年，钢铁行业二氧化硫排放量从 251.4 万吨小幅下降至 240.6 万吨。考虑此政策情景以及未来钢铁

① 环境保护部，《2012年中国环境状况公报》。

② 数据来源：国务院，《节能减排“十二五”规划》。

行业增长的空间，预判从“十二五”开始，钢铁行业二氧化硫排放会逐步削减。

考察2001至2012年主要行业排放趋势，可以看出“十一五”以来，二氧化硫总量减排主要来自于电力行业，与此同时，钢铁、水泥行业二氧化硫排放处于基本稳定且小幅上升的态势（2011年之后小幅下降）。数据显示，2006年为火电行业二氧化硫排放的峰值，2006～2014年，火电行业二氧化硫排放从1320.2万吨下降至621.2万吨，降幅为52.9%①（见图1–77）。

比较一致的看法，中国二氧化硫排放已实现同经济增长脱钩，进入下降通道。全国酸雨监测网2005～2011年的监测数据显示，全国酸雨城市比例、酸雨发生频率及酸雨覆盖面积总体均呈降低趋势（解淑艳等，2012），也佐证了2006年以来二氧化硫排放量下降这一趋势。综合分析，预判中国二氧化硫排放已处于稳定的下降态势。

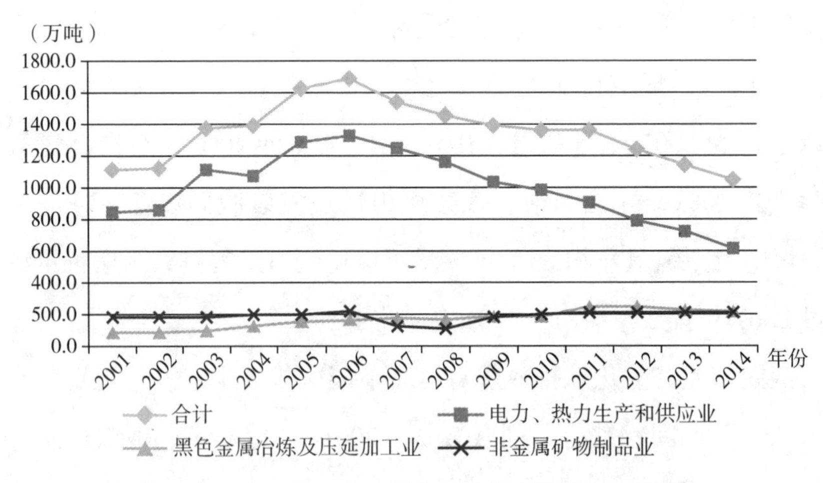

图1–77　2001～2014年中国主要行业二氧化硫排放趋势

数据来源：相关年份《中国环境统计年鉴》《中国环境统计年报》。

数据说明：合计为重点行业合计数。

① 数据口径为“电力、热力生产和供应业”。

2. 氮氧化物排放趋势

数据显示，氮氧化物排放增加的态势得到遏制，2011 年极可能是氮氧化物排放的峰值，预判已进入“平台期”，并将逐步削减。

有关研究表明，自 1950 年以来，中国氮氧化物排放总体上呈增长的态势，1997 年、1998 年左右有一个小幅的回落，此后呈快速增长的态势（王文兴等，1996；田贺忠等，2001；李新艳等，2012；孙庆贺等，2004）。中国从 2006 年开始统计氮氧化物排放量，数据显示，全国氮氧化物排放总量从 2006 年的 1523.8 万吨快速增长到 2011 年的 2404.3 万吨[①]。2012 年，氮氧化物排放总量 2337.8 万吨，比 2011 年下降 2.77%，这是有统计数据以来的首次下降。随后，2013 年也延续了下降的态势，比 2012 年下降了 4.7%[②]（见图 1–78）。

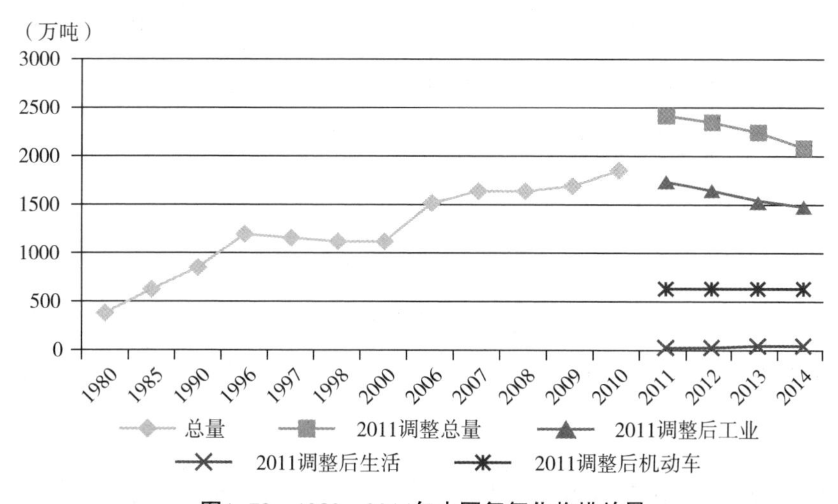

图1–78 1980 ~ 2014年中国氮氧化物排放量

数据来源：1950年数据来自李新燕等，2012；1990年、1996年、1997年、1998年数据来自田贺忠等，2001；2000年数据来自孙庆贺等，2004；2006年以后数据来自历年《中国环境统计年鉴》。

---

① 数据来源：《2010中国环境统计年报》《2012年中国环境统计年鉴》。2011年调整了统计范围，2011年数据同2010年不可比。

② 数据来源：《2013中国环境状况公报》。

氮氧化物排放趋势分析。据测算，在氮氧化物排放构成中，工业占71%（在工业中，火电占64%，水泥占17%），机动车占27%[①]。“十二五”规划首次将氮氧化物列为约束性减排指标，提出削减10%的目标[②]。考虑到氮氧化物减排难度较大且有较大的不确定性，以下分别从火电、水泥、机动车三个领域展开分析。

火电行业氮氧化物排放趋势。《节能减排“十二五”规划》提出，火电行业氮氧化物削减目标为29%。“十二五”以来，火电工程脱硝快速推进，火电脱硝机组比重从2010年的11.2%提高到2012年的27.6%，2013年提高到大约50%。根据2014年《政府工作报告》，2014年这一比例将提高至75%。而依据相关规划，中长期这一比重将会进一步提高。2013年1月1日开始，中国将脱硝电价试点范围由14个省部分燃煤发电机组，扩大为全国所有燃煤发电机组，脱硝电价标准为每千瓦时0.8分[③]。2013年9月，国家发展改革委再次出台文件，将燃煤发电企业脱硝电价补偿标准由每千瓦时0.8分提高到1分；对烟尘排放浓度低于30毫克/立方米（重点地区20毫克/立方米）的燃煤发电企业实行每千瓦时0.2分的电价补偿。2012年电力行业扭转了氮氧化物排放逐年增加的态势，2011～2012年，火电行业氮氧化物排放量从1106.8万吨下降至1018.7万吨，降幅为7.95%[④]（见图1-79）。2013年，火电行业氮氧化物排放下降11%[⑤]。在火电行业全行业脱硝快速推进的政策情景下，预计火电行业的氮氧化物排放将持续减少。

---

① 根据2012年数据测算。

② 按照国务院《节能减排“十二五”规划》，火电行业氮氧化物消减目标为29%，水泥行业氮氧化物消减目标为12%。

③ 国家发展改革委，《关于扩大脱硝电价政策试点范围有关问题的通知》。

④ 火电测算口径为“电力、热力的生产和供应业”。

⑤ 数据来源：《2013中国环境状况公报》。

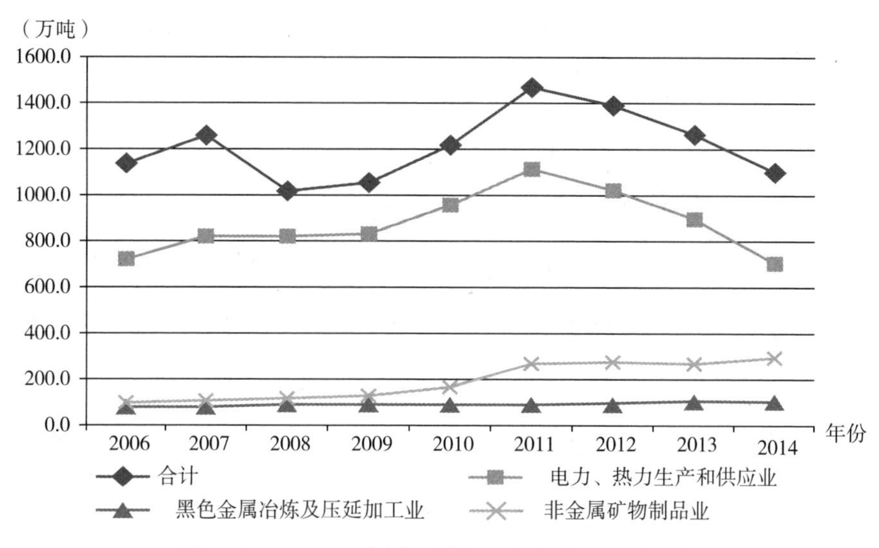

图1-79　2006～2014年重点行业氮氧化物排放趋势

数据来源：历年《中国环境统计年鉴》。

注：中国从2006年开始公布氮氧化物排放数据。

水泥行业氮氧化物排放趋势。2000～2012年，中国水泥产量从5.8亿吨增长到22.1亿吨。不少研究对中国水泥消费拐点出现的时间和峰值进行了预测，对拐点的判断集中在2015～2020年，出现拐点时的人均累计水泥消费量为16～22吨，年人均消费量为1.5～2吨（蒋小谦等，2012）。《节能减排“十二五”规划》提出，到2015年水泥行业氮氧化物消减目标为12%。国内水泥工业氮氧化物排放标准及减排政策呈趋紧的态势。2010年11月工业和信息化部发布的《水泥行业准入条件》规定：“对水泥行业大气污染物实行总量控制，新建或改扩建水泥（熟料）生产线项目需配置脱除氮氧化物效率不低于60%的烟气脱硝装置”。2013年发布的《水泥工业大气污染物排放标准》[①]，对于氮氧化物的排放标准从800毫克/立方米下调到400

① 《水泥工业大气污染物排放标准》（GB4915-2013），是1985年该标准发布以来的第三次修订的第四版。新建企业将在2014年3月1日起执行新标准，现有企业则执行原标准至2015年7月1日过渡期结束。

毫克/立方米，重点区域则执行 300 毫克/立方米 ~ 320 毫克/立方米的标准。业内人士普遍认为，这一标准比欧洲大部分国家的标准限值更为严格，接近日本和德国等国的排放标准，被业内称为水泥行业“史上最严”环保排放标准。中国目前只有 10% 的水泥企业脱硝达标[①]。在此政策情景下，同时考虑水泥行业增长趋缓并在 2020 年之内产量达到峰值，预计水泥行业氮氧化物排放增长趋缓并进而实现减排。

机动车（汽车）氮氧化物排放趋势。1980 ~ 2015 年，中国汽车污染物排放量呈逐年上升的趋势，1980 ~ 2000 年期间污染物排放量与汽车保有量呈线性关系增长，2000 年后，污染物排放量增速有所减缓[②]。2005 ~ 2010 年，中国机动车保有量增长了 60.9%，但污染物排放量仅增加了 6.4%[③]。2011 ~ 2014 年数据显示，机动车氮氧化物排放量从 2011 年 638 万吨小幅增加到 2012 年的 640 万吨，2013 年为基本持平，为 640.5 万吨[④]，而 2014 年小幅下降（见图 1–80）。王青

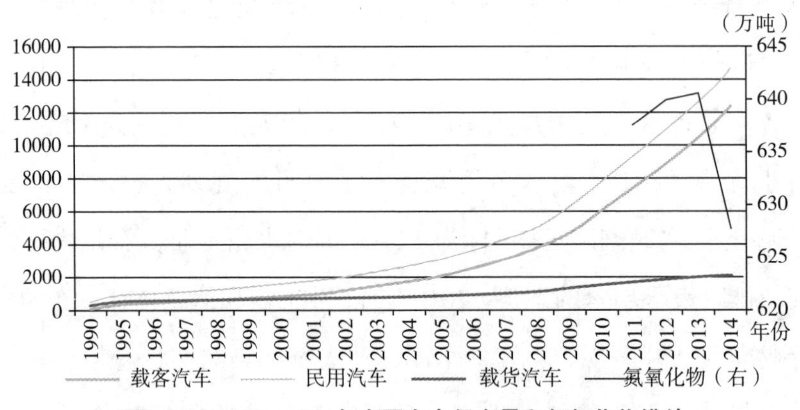

图1–80　1990 ~ 2014年中国汽车保有量和氮氧化物排放

数据来源：统计资料。

---

① “环保新政加码　水泥企业面临大考”，载于《中国工业报》，2014年3月31日第A03版。

② 环境保护部，《中国机动车污染防治规划（2010年度）》。

③ 环境保护部，《2011年中国机动车污染防治年报》。

④ 数据来源：《2011中国环境统计年鉴》《2012中国环境统计年鉴》《2013中国环境状况公报》。从2011年开始发布机动车氮氧化物排放量。

（2014）预测，汽车市场需求增速将在未来 1 ~ 2 年内，逐步从普及期的高速增长阶段过渡到中高速增长阶段。从既有趋势来看，由机动车保有量增长而带来的污染排放增速显著递减。考虑机动车保有量进入中高速增长阶段、油品升级和技术进步等因素，预计由机动车产生的氮氧化物排放仍将处在高位。

分析重点行业氮氧化物的减排趋势发展，“十一五”以来，中国氮氧化物的削减主要得益于火电行业的减排。在这一阶段，钢铁、水泥行业的氮氧化物排放总体趋稳；机动车领域氮氧化物排放在 2014 年出现小幅下降。

综合考虑火电、水泥、机动车排放所占比重以及既有减排速度，初步估算，机动车保有量上升产生的氮氧化物排放增量会被火电、水泥行业的削减量抵消。综合起来可以大致预判，中国氮氧化物排放在 2012 年之后已进入“平台期”。

3. 可吸入颗粒物排放趋势

烟尘、粉尘及可吸入颗粒物（PM10）排放呈下降的趋势，但细颗粒物（PM2.5）呈增长的态势。

烟尘（粉尘）自 20 世纪 80 年代以来总体上呈下降的态势。中国目前没有可吸入颗粒物排放的统计数据。统计数据中有烟尘、粉尘的排放情况，数据显示，1981 ~ 2012 年，全国烟尘、粉尘总体上呈“曲折”下降的态势。20 世纪 80 年代烟尘排放总量处于高位，90 年代中期以来，烟尘排放量小幅下降，2000 年之后到 2005 年小幅上升，2006 年之后呈下降的态势。2011 年调整统计范围后，烟尘（粉尘）排放延续了下降的态势（见图 1–81）。

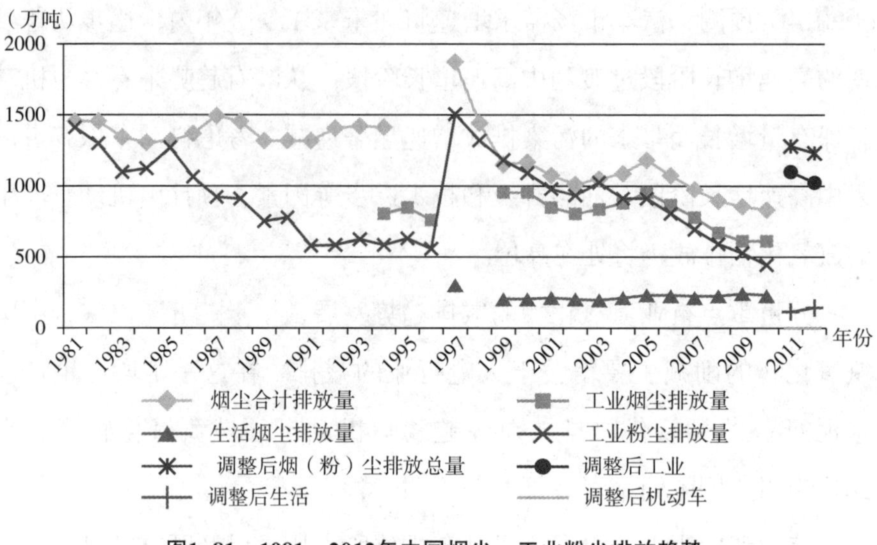

图1-81　1981～2012年中国烟尘、工业粉尘排放趋势

注释：1997年、2011年调整了统计范围。

资料来源：1981～1990年数据来自《中国环境统计资料汇编1981-1990》《2009中国环境统计年报》《2010中国环境统计年报》。

可吸入颗粒物（PM10）呈下降的态势。张楚莹等（2009）的研究表明，2000年，中国共向大气排放总悬浮物（TSP）2537万吨，其中PM10为1219万吨，占TSP排放总量的48%，PM2.5的排放量为752万吨，占TSP排放总量的30%。2005年，TSP排放总量为2998万吨，其中PM10 1530万吨，占TSP排放总量的51%，PM2.5的排放量为979万吨，占TSP排放总量的33%。中国从2000～2005年的TSP、PM10和PM2.5的排放量增长率分别是3.4%、4.7%和5.4%。PM2.5在PM10中的占比为50%～70%，全国平均PM2.5在PM10中占比约为62%（高健等，2014）。

环境监测数据表明，自20世纪90年代以来，中国环保重点城市可吸入颗粒物（PM10）的浓度呈下降的趋势，这可以印证PM10下降的趋势（见图1-82）。2012年，地级以上城市环境空气中可吸入颗粒物年均浓度达到或优于二级标准的城市占92.0%，劣于三级标准的城市占1.5%。可吸入颗粒物年均浓度范围为0.021 ~ 0.262毫克/立方米，主要集中分布在0.060 ~ 0.100毫克/立方米。2012年，环保重点城市环境空气中可吸入颗粒物年均浓度为0.083毫克/立方米[①]。

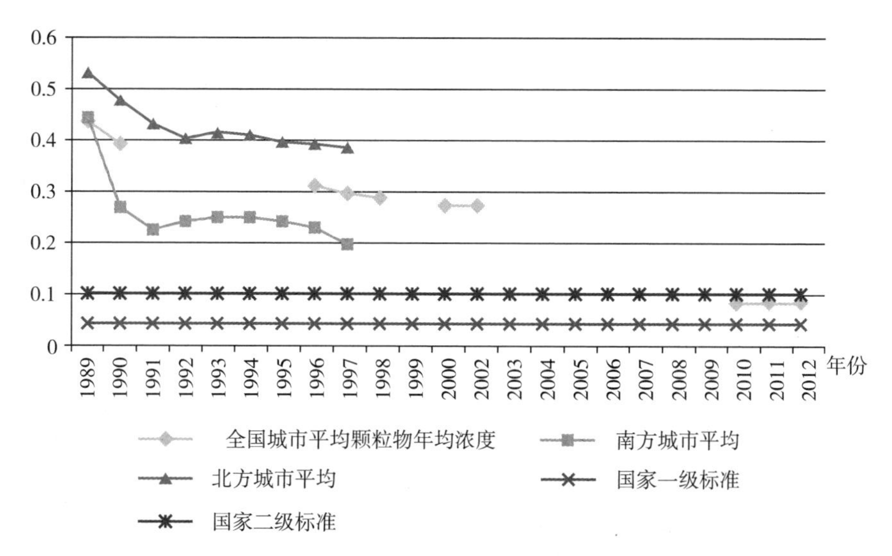

图1-82　1998 ~ 2012年全国城市总悬浮物（可吸入颗粒物）浓度趋势

数据来源：相关年份《中国环境质量报告》、环保部相关年份《全国大气污染状况》整理，部分数据由推算得来。其中，1998 ~ 2004年数据为全国平均，2005年以后为环保重点城市。

细颗粒物（PM2.5）仍呈增长的态势。相关文献表明，燃煤尘、交通道路扬尘、机动车尾气尘、工业过程粉尘、建筑扬尘是PM2.5的主要来源。值得注意的是，由二氧化硫、氮氧化物、氨、挥发性有机化合物等生成的二次细颗粒物在PM2.5构成中占有重要比重，可占到40%左右[②]，在严重的雾霾天气条件下，其比重甚至可以达到80% ~ 90%。考虑到二次污染物反应的复杂性，难以对二次污染物产

① 数据来源：《2012中国环境状况公报》。

② 比如，关大博、刘竹（2014）的研究表明，在京津冀地区，由二氧化硫、氮氧化物等前体物二次生成的细颗粒物是重要的PM2.5组分，占质量浓度的50% ~ 70%。

生量进行估算。就一次污染物而言，中国处在基础建设的高峰期，建筑、拆迁、道路施工及堆料、运输遗撒等施工过程产生的建筑尘和道路扬尘，呈进一步加重的态势。根据相关研究，上述排放源均呈增长的态势。雷宇（2008）估算了中国 1990 ~ 2005 年人为源大气颗粒物排放量，得到随着能源消费量的持续增加，PM2.5 排放量呈现上升趋势，从 1990 年的 928 万吨增加到 2005 年的 1197 万吨。张楚莹（2009）的预测表明，至少到 2020 年，PM2.5 排放呈增长的态势。

随着 2013 年《大气污染防治行动计划》的实施，中国空气污染治理进入新的阶段。监测数据显示，2013 ~ 2015 年，PM2.5 监测浓度已经呈下降的态势。

4. 挥发性有机化合物（VOCs）

挥发性有机化合物（VOCs）[①] 是臭氧和二次有机颗粒物的重要前体物，在大气化学反应过程中扮演着极其重要的角色，同时，部分挥发性有机化合物危害人体健康。以 VOCs 为重要前体物的二次有机颗粒物可以占到颗粒有机物的 50% ~ 90%，对 PM2.5 具有重要贡献（邵敏等，2013）。

中国目前没有 VOCs 的统计数据。相关文献表明，工业过程、机动车尾气、化石燃料、建筑装修是 VOCs 主要排放源。一些研究机构和学者的 VOCs 污染源清单研究结果表明，包括众多工业活动和溶剂使用在内的工业源是 VOCs 的第一大污染源（Wei，2008）。对于中国挥发性有机物的源排放，部分学者展开了一系列的研究。Tonooka 曾估算 1994/1995 年中国的挥发性有机物排放为 1390 万吨（不含生

① 挥发性有机物一般是指饱和蒸汽压较高（20℃下大于或等于0.01千帕）、沸点较低、分子量小、常温状态下易挥发的有机化合物。通常分为包括烷烃、烯烃、炔烃、芳香烃的非甲烷碳氢化合物（NMHCs），包括醛、酮、醇、醚等的含氧有机化合物（OVOCs）及卤代烃、含氮化合物、含硫化合物等几大类。

物质开放燃烧）。Streets 等估算 2000 年中国的 VOCs 人为源排放量为 1740 万吨，主要来源为燃煤、生物质等居民燃烧以及交通排放。Klimont 等估算的 2000 年中国 VOCs 为 1563.4 万吨，交通和固定燃烧源分别占 32%、33%。2010 年，中国 VOCs 排放量大约为 2200 万吨[①]。

从减排政策走势来看，VOCs 正逐步纳入环境监管范围，减排政策力度正不断加强。2010 年 5 月国务院办公厅发布了《关于推进污染联防联控工作改善区域空气质量指导意见》，首次将 VOCs 和颗粒物、二氧化硫和氮氧化物一起列为重点控制的大气污染防治重点污染物。2012 年 10 月国家环境保护部公布的《重点区域大气污染防治“十二五”规划》中首次提出了减少 VOCs 排放目标，对 VOCs 的治理提出了开展重点行业治理[②]，完善挥发性有机物污染防治体系的相关措施。工业和信息化部 2014 年 1 月发布《石化和化学工业节能减排指导意见》，提出要推进 VOCs 污染治理，完善涂料、胶粘剂等产品 VOCs 限值标准，推广使用水性涂料，鼓励生产、销售和使用低毒、低挥发性有机溶剂，京津冀、长三角、珠三角等区域要于 2015 年年底前完成石化企业有机废气综合治理，加强基础化学原料制造和涂料、油墨、颜料等行业重金属污染防治工作，减少重金属排放。从近期的政策走势来看，预计 VOCs 排放快速增长的态势会逐步得到抑制。《重点区域大气污染防治“十二五”规划》预测，2015 年全国 VOCs 排放量将增加 20% 左右。卢亚灵（2012）和魏巍（2009）的预测表明，至少到 2020 年，VOCs 排放呈增长的态势。蒋洪强等（2013）的预测表明，中国 VOCs 排放总量将由 2010 年的 1917 万吨增加到 2019 年的 2446 万吨，由此开始下降，到 2030 年下降至 1885 万吨（见表 1-19）。综合相关学者的研

① 根据《重点区域大气污染防治“十二五”规划》测算。

② 规划中提到的重点行业包括石化、有机化工、合成材料、化学药品原药制造、塑料产品制造、装备制造涂装、通信设备计算机及其他电子设备制造、包装印刷等。

究以及石化、有机化工、合成材料、化学药品原药制造、塑料产品制造、装备制造涂装、通信设备计算机及其他电子设备制造、包装印刷等行业的发展前景，大致预判 VOCs 的排放峰值在 2020 年左右。

表1-19　中国挥发性有机化合物排放量趋势　单位：万吨

	2003年	2004年	2005年	2006年	2007年	2008年	2009年	2010年	2019年	2020年
卢亚灵等，2012	1523	1669	1733	1882	1976	2014				
蒋洪强等，2013								1917	2446	
陈颖等，2012					工业 1023	工业 1079	工业 1206			

数据来源：根据有关资料整理，见参考文献。

5. 氨排放趋势

研究表明，氨（NH_3）可以与空气中的二氧化硫、氮氧化物反应形成 PM2.5 等细颗粒物，而由此形成的“二次污染物”在 PM2.5 中占有较高比重。中国目前没有氨的统计数据，相关排放趋势的研究也较少。研究表明，人为源氨排放主要来自农业（钱晓雍等，2013）。董文煊等（2010）的测算表明 1994 ~ 2006 年，全国大气氨排放总量从 1106 万吨增长到 1607 万吨，年均增长率为 3.1%。空气中氨主要来源于化肥使用和牲畜养殖，比如，在华北平原，空气中大部分氨来源于农业生产，其中氮肥占 54%，牲畜占 46%（Zhang 等，2010）。未来化肥使用量和畜禽养殖量变化以及处理水平决定氨的排放趋势。

分析氨的排放趋势。一方面，考虑到中国食物需求仍处于快速增长阶段，如果不考虑施肥结构的变化，化肥使用量仍呈增长的态势。与此同时，畜禽养殖量仍处在增长阶段。因此预判氨的产生量仍处于增长阶段。通过参考王金霞等（2013）和仇焕广等（2013）对中国畜禽养殖量以及氮肥生产和使用量的趋势研究，至少到 2020 年，氨的产生量会处于上升态势。另一方面，从农业面源污染的减排政策走势

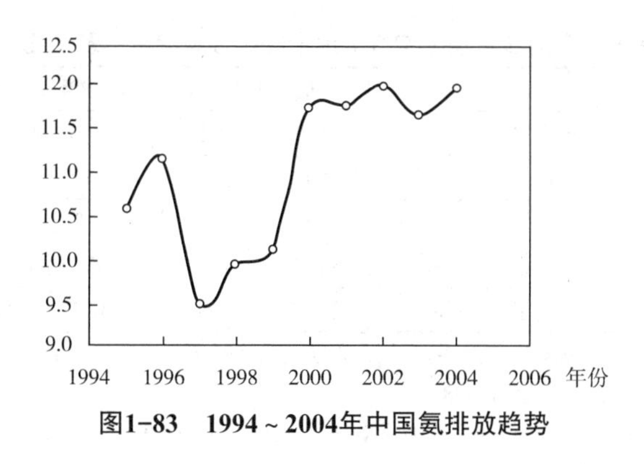

图1-83　1994 ~ 2004年中国氨排放趋势

资料来源：李新艳、李恒鹏，2012。

来看，农业面源污染日益受到重视，化肥使用、畜禽养殖等领域污染治理力度将进一步加大。2015 年，农业部印发了《到 2020 年化肥使用量零增长行动方案》和《到 2020 年农药使用量零增长行动方案》，提出了到 2020 年化肥、农业使用量实现零增长的目标。

综合分析认为，氨排放仍处于上升态势，预判峰值在 2020 年左右。

6. 大气重金属排放趋势

中国目前没有大气重金属排放的统计数据。相关文献表明，燃煤是全球重金属循环中最为重要的大气污染物排放源。Tian（2010）对中国燃煤排放的部分重金属进行了估算，研究表明，中国镉（Cd）、铬（Cr）和铅（Pb）的燃煤源排放已从 1980 年的 31.14 吨、1019.07 吨 和 2671.73 吨增加到 2008 年的 261.52 吨、8593.35 吨和 12561.77 吨，砷（As）的燃煤源排放量已由 1980 年的 635.57 吨增加到 2007 年的 2 205. 50 吨。Tian（2012）、高炜等（2013）的研究表明，燃煤大气汞排放量在 2005 年后趋于稳定，而铅、砷排放量在 2000 年后快速增长，年均增速均超过 10%，其中电厂和工业锅炉是重金属排放的重点行业。蒋洪强（2011）和郑红艳（2012）的预测表明，至少到 2020 年，中国大气重金属排放量呈增长的态势（见表 1-20）。

表1-20　有关研究对非常规（空气）污染物排放现状清单及预测结果

		现状值	2011年	2013年	2015年	2020年
大气重金属/吨	排放量	19560	24290	26391	28430	33585
VOCs/万吨	排放量（情景1）	2014	2179	2407	2645	3219
	排放量（情景2）	2014	2031	2113	2192	2215
PM2.5/万吨	排放量（情景1）	1181	1558	1657	1775	2138
	排放量（情景2）	1181	1411	1427	1420	1102

注：① 大气重金属，含汞、铬、镉、铅，现状值为2009年，假设产生量与排放量相等。

② VOCs、PM2.5 的现状值为2008年。

③ 情景1是低情景方案，指在现有的污染物去除水平稳步提高下，即根据近几年的污染物去除率进行趋势拟合，得出的未来污染物去除水平。

④ 情景2是高情景方案，指在加大污染物控制力度下，即假定未来在技术进步、产业结构调整和有关政策下的污染物去除水平。

资料来源：蒋洪强等著：《2011—2020年非常规性控制污染物排放清单分析与预测研究报告》，中国环境科学出版社2011年版。

从大气重金属的减排政策走势来看，减排政策正不断加强，且效果已开始显现。中国近年来重金属排放量的增长远低于燃煤量的增长，特别是在电力部门，这得益于中国电力部门“十一五”以来在脱硫除尘上取得的重大进展（谭吉华等，2013）。随着 2011 年国务院正式批复《重金属污染综合防治“十二五”规划》，国家对重金属的防治工作进入新的阶段。2011 年以来修订的涉及火电、水泥、钢铁行业的排放标准，将有利于对这些行业重金属排放的控制。综合相关学者研究，同时考虑能源、相关产业发展态势以及大气重金属防治的政策走势，预判大气重金属排放峰值在 2020 年左右。

7. 空气污染物排放总量趋势分析

将主要空气污染物，包括二氧化硫、氮氧化物、烟尘（粉尘）加总，分析其排放趋势可以发现，2006 年左右这三类大气污染物排放总量总体上处于下降趋势。这三类污染物排放叠加的峰值在 2006 ~ 2012 年之间。由于大气重金属、挥发性有机化合物、氨的排放没有统计数据，只能依据相关研究成果进行推算。预判大气重金属、挥发性有机化合物、氨的排放在2020年左右，即未来5 ~ 10年间会达到峰值。将挥发性有机化合物、氨、大气重金属的排放量（估计量）以及已处于下降态势的二氧化硫、氮氧化物、可吸入颗粒物的排放量进行加总分析，可以大致预估在2016 ~ 2020年之间，极可能是这六类污染物排放总量叠加最高的时期。从加总的主要大气污染物排放数据来看，当前是中国大气污染形势最严重的阶段（见图1–84）。

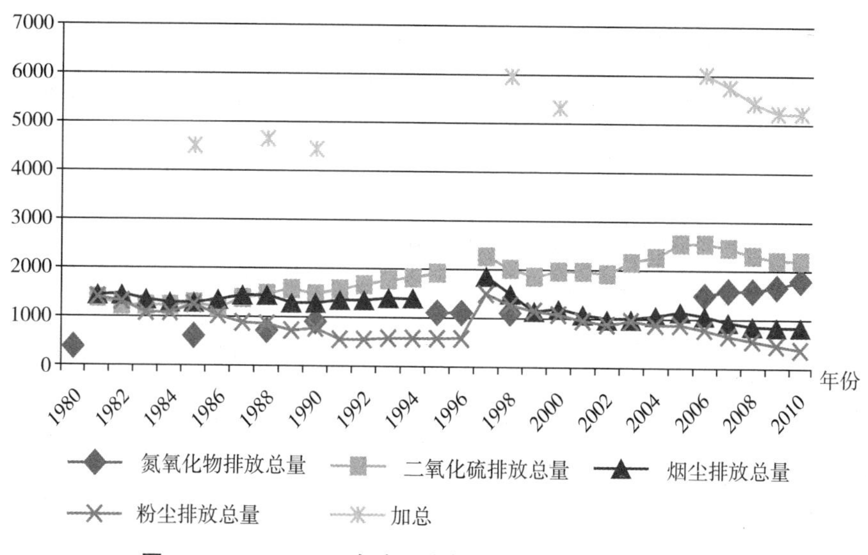

图1–84　1981 ~ 2013年主要空气污染物排趋势及加总趋势

数据来源：1981 ~ 1990年《中国环境统计资料汇编》，历年《中国环境统计年鉴》。

表1–21　　　中国主要大气污染物排放趋势及总量情况

污染物		趋势描述	2014 ~ 2020年变动量	说明
二氧化硫		峰值在2006年，之后呈下降态势	削减10%，削量大致200万吨	对叠加总量趋势影响大
氮氧化物		预判峰值2012年，之后呈下降态势	削减10%，削量大致为200万 ~ 300万吨	对叠加总量趋势影响大
颗粒物	TSP	20世纪80年代以来下降	延续削减态势	
	PM10	20世纪80年代以来下降	延续削减态势	对叠加总量趋势影响大
	PM2.5	一次排放处于上升态势；二次污染物比重较高		

续表

污染物		趋势描述	2014～2020年变动量	说明
挥发性有机化合物		处于上升态势，预判峰值在2020年左右	大致增加200万吨（不确定性比较大）	对叠加总量趋势影响大
氨		处于上升态势，预判峰值在2020年左右	大致增加200万吨	对叠加总量趋势影响大
大气重金属	铅	处于上升态势，预判峰值在2020年左右		不影响加总量
空气污染物叠加总量趋势			从数量上，主要大气污染物排放量的叠加总量达到峰值	

数据来源：国务院发展研究中心资源与环境政策研究所“我国环境污染形势分析与治理对策研究”课题组。

（三）中国城市空气质量改善进程

1. 空气污染类型变化回顾

20 世纪 80 ～ 90 年代，中国大气污染属煤烟型污染，以尘和酸雨危害最大。2000 年之后，工业化、城镇化的快速发展，主要污染源已由燃煤、工业转变为燃煤、工业、机动车、扬尘等（见表 1–22）。在主要大气污染物中，细颗粒物（PM2.5）、氮氧化物（NO_x）、挥发性有机物（VOCs）、氨（NH_3）等排放量显著上升。大气污染的范围也不断扩大。2000 年以来，可吸入颗粒物已经成为影响城市空气质量的首要污染物（燕丽等，2012）[①]。中国城市群大气污染正从煤烟型污染向机动车尾气型过渡，出现了煤烟型和机动车尾气型污染共存的大气复合污染。其特征是多污染物共存、多污染源叠加、多尺度关联、多过程耦合、多介质影响（燕丽等，2011）[②]。区域性大气灰霾、光

① 燕丽等：《国家‘十二五’大气颗粒物污染防治思路分析》，载于《中国环境政策（第九卷）》，中国环境科学出版社2012年版，第49～63页。

② 燕丽等：《〈国家酸雨和二氧化硫污染防治‘十一五’规划〉实施中期评估与分析报告》，载于《中国环境政策（第八卷》，2011年版，第95～132页。

化学烟雾和酸沉降成为新的大气污染形式。

表1-22　　中国空气污染变化历程

	1980～1990年	1990～2000年	2000年至今
主要污染源	燃煤、工业	燃煤、工业、扬尘	燃煤、工业、机动车、扬尘
主要污染物	SO_2，TSP，PM10	SO_2，NO_x，TSP，PM10	SO_2，PM10，PM2.5 NO_x，VOCs，NH_3
主要大气问题	煤烟	煤烟、酸雨、颗粒物	烟煤、酸雨、光化学污染、灰霾/细粒子、有毒有害物质
大气污染尺度	局地	局地+区域	区域+半球

资料来源：中国工程院、环境保护部编：《中国环境宏观战略研究（综合报告卷）》，中国环境科学出版社2011年版，第469页。

区域性灰霾天气日益严重。有研究表明，1950～1980年中国的霾日较少，1980年以后，霾日明显增加，2000年以后急剧增长，2010年霾年均日数（29.8天）几乎是1971年（6.7天）的4倍（吴兑等，2010；孙彧等，2012；高歌，2008）[①]。近年来，京津冀、长三角、珠三角等区域每年出现灰霾污染的天数达到100天以上，广州、南京、杭州、深圳、东莞等城市灰霾污染更为严重。

光化学烟雾污染日益凸现，发生的频率将增加。光化学烟雾污染和高浓度臭氧污染频繁出现在北京地区、珠三角和长三角地区（张远航等，1998）[②]。从1990年到2012年，中国机动车保有量从500万辆增加到1.9亿辆。数据显示[③]，2011年，全国机动车排放污染物4607.9万吨，其中氮氧化物637.5万吨、颗粒物62.1万吨、碳氢化合

① 参考资料：吴兑等：《1950—2005中国大陆霾的时空变化》，载于《气象学报》，2010年第5期，第680～688页。孙彧等：《中国雾霾分布特点以及华北霾环流特征分析》，发布于"大气成分与天气气候变化"（中国会议），2012年。高歌：《1961—2005 年中国霾日气候特征及变化分析》，载于《地理学报》，2008年第63卷第7期，第761～786页。

② 参考资料：张远航等：《中国城市光化学烟雾污染研究》，载于《北京大学学报（自然科学版）》，1998年第34卷第2～3期，第392～400页。段玉森等：《我国部分城市臭氧污染时空分布特征分析》，载于《环境监测管理与技术》，2011年第23卷增刊，第34～39页。

③ 环境保护部：《2012年中国机动车污染防治年报》。

物441.2万吨、一氧化碳3467.1万吨。机动车尾气已成为城市氮氧化物、一氧化碳、挥发性有机化物的主要排放源。相关研究[①]预计，在今后10年、20年由机动车造成的光化学烟雾污染频率将增加。

城市间大气污染相互影响显著，农村大气污染问题日益凸现。随着城市规模的不断扩张，区域内城市连片发展，城市间大气污染相互影响明显，相邻城市间污染传输影响极为突出。在京津冀、长三角和珠三角等区域，部分城市二氧化硫浓度受外来源的贡献率达30%～40%，氮氧化物为12%～20%，可吸入颗粒物为16%～26%。区域内城市大气污染变化过程呈现明显的同步性，重污染天气一般在一天内先后出现[②]。随着城市规模不断扩大和工业企业从主城区外迁，大气污染由城市向农村地区扩散的态势日益凸现。

二氧化硫、二氧化氮、可吸入颗粒物是中国城市（现行的）常规监测项目[③]。数据显示，从1990年以来，中国城市环境空气中二氧化硫、二氧化氮、PM10等主要大气污染物的年均浓度水平"总体上"呈现持续下降趋势。特别是2005年以后，部分城市存在年均浓度超标的现象，但全国平均年均浓度水平低于现行环境质量标准[④]二级年均浓度限值。"十一五"期间中国煤烟型大气污染趋势初步得到遏制。

2. 城市空气二氧化硫浓度变化趋势

1989～2014年二氧化硫浓度总体呈下降态势。1990～2000年城市空气污染以煤烟型为主，总悬浮物和二氧化硫是主要的污染物，

---

① 中国工程院、环境保护部编：《中国环境宏观战略研究（综合报告卷）》，中国环境科学出版社2011年版。

② 环境保护部、国家发展改革委、财政部：《重点区域大气污染防治"十二五"规划》，2012年。

③ 只有部分城市开展光化学烟雾和灰霾试点监测，包括臭氧、一氧化氮、细颗粒物、挥发性有机化合物等。

④ 城市环境空气质量评价标准为《环境空气质量标准》（GB3095—1996）。

酸雨污染程度居高不下[①]。数据显示，从2005年以来，全国重点城市二氧化硫浓度呈下降态势（见图1-85）。2014年，环保重点城市环境空气中二氧化硫年均浓度为0.037毫克/立方米[②]。

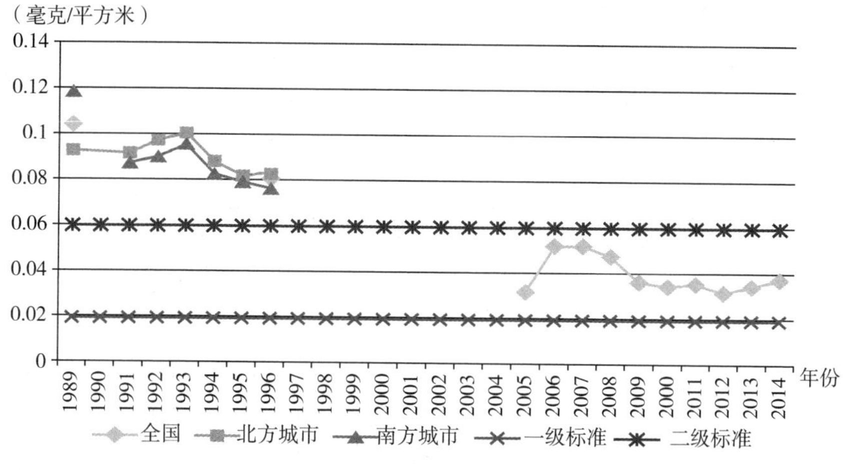

图1-85　1989～2014年全国城市二氧化硫浓度趋势

资料来源：相关年份《中国环境质量报告》、环保部相关年份《全国大气污染状况》整理，部分数据由推算得来。其中，1989～1996年及2015年数据为全国平均，2005～2014年为环保重点城市。考虑到口径不一致，只能进行阶段性比较。

3. 城市空气氮氧化物浓度变化趋势

数据显示，2005年以来，二氧化氮指标基本保持稳定。2014年，环保重点城市环境空气中二氧化氮年均浓度为0.039毫克/立方米[③]（见图1-86）。

4. 城市空气可吸入颗粒物浓度变化趋势

数据显示，全国可吸入颗粒物浓度总体呈下降的态势。2014年，环保重点城市环境空气中可吸入颗粒物年均浓度为0.083毫克/立方米[④]（见图1-87）。

① 资料来源：历年《中国环境状况公报》。
② 资料来源：2012年《中国环境状况公报》。
③ 同上。
④ 同上。

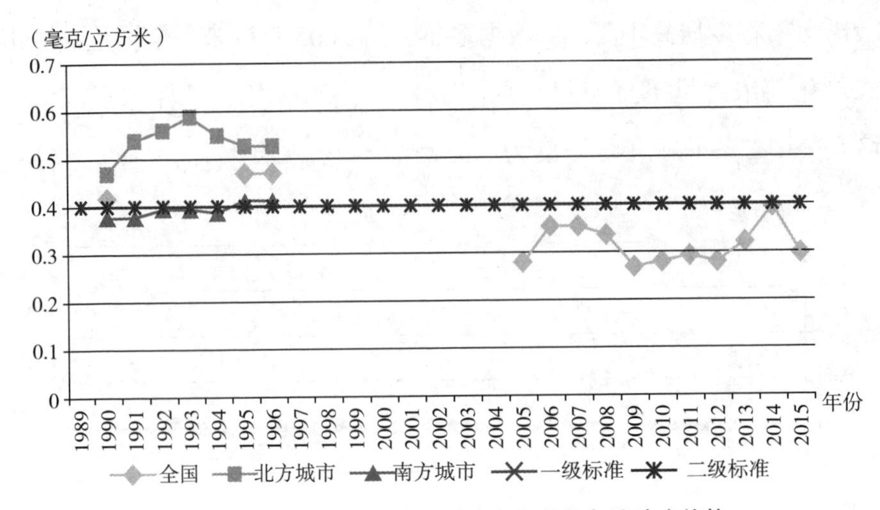

图1-86　1989～2014年全国城市氮氧化物年均浓度趋势

资料来源：相关年份《中国环境质量报告》、环保部相关年份《全国大气污染状况》整理，部分数据由推算得来。其中，1989～1996年、2015年数据为全国平均，2005～2014年为环保重点城市。

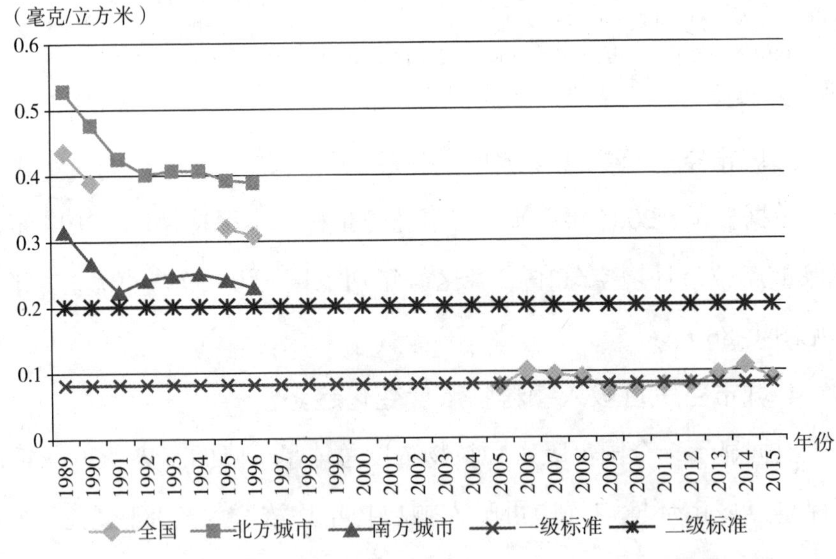

图1-87　1998～2014年全国城市总悬浮物（可吸入颗粒物）浓度趋势

资料来源：相关年份《中国环境质量报告》、环保部相关年份《全国大气污染状况》整理，部分数据由推算得来。其中，1989～1996年、2015年数据为总体颗粒物全国平均，2005～2014年为环保重点城市PM10浓度。

2015 年，首批实施新环境空气质量标准的 74 个城市细颗粒物（PM2.5）平均浓度比 2014 年下降 14.1%[①]。

5. 城市空气质量达标情况

依据 1982 年制定的《环境空气质量标准》（1996 年修订），1999 ~ 2012 年，中国城市空气质量达标率呈逐步提高的态势。2012 年，新的《环境空气质量标准》（GB3095–2012）颁布，要求“2016 年 1 月 1 日起在全国实施。环境保护部提出新标准要分期实施：2012 年，京津冀、长三角、珠三角等重点区域以及直辖市和省会城市；2013 年，113 个环境保护重点城市和国家环保模范城市；2015 年，所有地级以上城市；2016 年 1 月 1 日，全国实施新标准”。按照新标准对二氧化硫、二氧化氮和可吸入颗粒物评价结果表明，地级以上城市达标比例为 40.9%，下降 50.5 个百分点；环保重点城市达标比例为 23.9%，下降 64.6 个百分点[②]。2013 年，依据《环境空气质量标准》（GB3095–1996）对 330 个地级及以上城市二氧化硫、二氧化氮和 PM10 三项污染物年均值进行评价，达标城市比例为 62.7%，比 2012 年下降 28.7 个百分点（见表 1–23）。2014 年，74 个新标准实施的城市中，8 个城市空气质量达标，占 10.8%；66 个城市超标，占 89.2%。2015 年，全国 338 个地级以上城市中，有 73 个城市环境空气质量达标，占 21.6%；265 个城市环境空气质量超标，占 78.4%。338 个地级以上城市平均达标天数比例为 76.7%；平均超标天数比例为 23.3%，其中轻度污染天数比例为 15.9%、中度污染为 4.2%、重度污染为 2.5%、严重污染为 0.7%。

---

① 数据来源：2015年《中国环境状况公报》。
② 同上。

表1-23　　1999～2015年城市环境空气质量达标情况

时间	监测城市（个数）	达标比例（%）	一级（%）	二级（%）	三级（%）	劣三级（%）
1999年	338	33.1	–	–	26.4	40.5
2000年	338	36.5	–	–	30.4	33.1
2001年	341	33.4	–	–	33.4	33.2
2002年	343	34.1	–	–	34.7	31.2
2003年	340	41.7	–	–	31.5	26.8
2004年	342	38.6	–	–	41.2	20.2
2005年	552（全国）	60.3	4.2	56.1	29.1	10.6
	319（地级）	51.9	–	–	37.5	10.6
2006年	559（全国）	62.4	4.3	58.1	28.5	9.1
	322（地级）	56.6	–	–	34.9	8.5
2007年	557（全国）	69.8	4.1	65.7	27.3	2.9
	327（地级）	60.5	2.4	58.1	36.1	3.4
2008年	519（全国）	76.8	4.0	72.8	21.8	1.4
	324（地级）	71.6	2.2	69.4	26.9	1.5
2009年	612（全国）	82.5	4.2	78.3	16.2	1.3
	320（地级）	79.7	3.8	75.9	18.8	1.6
2010年	682（全国）	82.3	4.0	78.3	15.8	1.9
	333（地级）	82.3	3.3	78.4	16.5	1.8
2011年	325（地级）	89	3.1	85.9	9.8	1.2
2012年	325（地级）	91.4				
2013年	330	62.7				
2014年	74	10.8				
2015年	338（地级）	21.6				

数据来源：相关年份《中国环境质量报告》《中国环境状况公报》，本研究整理。

说明：① 2004年、2005年、2006年数据为可比城市情况。②1999～2013年城市环境空气质量评价标准为《环境空气质量标准》（GB3095-1996）。评价指标为二氧化硫、二氧化氮和可吸入颗粒物。

（清华大学环境学院周锡饮参与整理美国、欧洲、英国数据资料；中国人民大学环境学院黎静仪参与整理中国空气污染数据；日本岛根大学王晓琳参与整理日本数据资料）

水污染物排放与水环境质量改善历史进程国际比较

一、美国水污染物排放与水环境质量

（一）水污染治理政策回顾

1. 水污染立法情况

1899 年的《垃圾管理法》中规定任何垃圾排入美国任何可通行的水域都是违法的。1948 年的《水污染控制法》是第一部明确要求处理水体污染的立法，授权联邦政府向州和地方政府提供资金支持用以建设污水处理厂。1956 年颁布了《联邦水污染控制法修正案》，进一步提出联邦政府直接以财政拨款形式来分担地方政府建设污水处理厂的费用，联邦政府分担的份额所占比例为 55%，同时授权各州确立各自理想的水质标准，来控制污水排放，修正案还通过“执行会议”的机制，强制要求固定排放源实施达标排放。1965 年的《水质法》授权各州制定有关控制水污染的政策，建立实现水质标准的执行方案。1972 年的《联邦水污染控制法修正案》（又称《清洁水法》）将联邦政府拨款建设污水处理厂的出资比例提高到 75%，并将恢复和保持水域水体的生物、化学和物理的完整性明确作为水环境保护的管理目标，为向水体排放污染物的行为的管理奠定了基础和原则性要求。具体目标是到 1983 年使境内所有水域可养鱼、可游泳，到 1985 年停止任何向通行水域进行污染物排放的行为。并建立了国家污染物排放削减制度（National Pollution Discharge Elimination System，NPDES），国会授权联邦环境署建立工业污水排放技术指南和排放标准，对工业源和市政源的污染排放进行授权许可排放。1974 年《安全饮用水法》提出防治地下水污染，保护地下水的水质安全，填补《联邦水污染控制法》在地下水污染防治的空白。该法律于1986年和1996年进行修改（仇永胜，2005）。1977 年《清洁水法》提出对有毒污染物的排放进行重点控制，1981 年，《清洁水法》修正案将市政设施建设的流程合理化，扩大了污水处理厂的处理能力，1987 年《清洁水法》修正案提出建立州管理的流动型水污染防治基金，建立环境署—州合作的水质管理机制，并对受暴雨径流影响的工业污染源排放许可作了规定。1987 年的《水质法》提出在 1991 年前逐步停止联邦政府的建设拨款方案，实行由联邦政府出资、州管理的流动型水污染防治基金。1990 年的《五大湖关键程序法案》授权环境署建立五大湖地区涉及 29 种有毒污染物的水质标准。此外，1990 年，美国国会通过了《污染物防治法案》，提出从源头减排，通过对原材料及生产工艺的控制，减少入河等自然环境的污染物量。《清洁水法》分别于 2002 年、2005 年做了细微修订。

美国的水污染防治立法体系随着《清洁水法》的出台及不断完善得以构建，《清洁水法》可以算是美国水污染防治立法体系的基石，而 NPDES 制度则是水污染防治的核心制度。在《清洁水法》框架下，美国相继出台了各种具体的规范，便于水污染防治的管理（见表2–1）。

表2-1　美国水污染立法进程

时间	法律名称	主要内容和意义
1899年	《垃圾管理法》	首次规定禁止向可通行的水域排放垃圾
1948年	《水污染控制法》	首次明确要求处理常规水污染的联邦立法
1956年	《联邦水污染控制法修正案》	提出了联邦政府承担55%费用以分担建设污水处理厂费用的，授权各州确立各自理想的水质标准
1965年	《水质法》	授权各州制定有关控制水污染的政策，建立实现水质标准的执行方案
1974年	《安全饮用水法》	提出控制地下水污染，保护地下水水质安全
1972年	《联邦水污染控制法修正案》，又称《清洁水法》	明确了恢复和维持国家水域的化学、物理和生物的完整性的水环境质量保护目标，建立国家污染物排放削减制度
1977年	《清洁水法》	对有毒污染物的排放进行控制
1987年	《水质法》	在1991 年前逐步停止联邦政府的建设拨款方案，实行由联邦政府出资、州管理的流动型水污染防治基金
1990年	《五大湖关键程序法案》	授权环境署建立五大湖地区涉及29种有毒污染物的水质标准
1990年	《污染物防治法案》	提出从源头减排，减少入河等自然环境的污染物量。

资料来源：刘晓佳，2005。

2. 美国主要水污染政策工具梳理

环境补贴与优惠贷款：美国通过对治理污染的企业提供财政补贴或者是减免税收的形式来支持污染治理企业的发展，减轻其经济负担。同时，面对污染处理设施建设的高昂费用，美国政府为治污企业提供优惠的贷款政策，以低息的资金来支持企业进行污染防治设施的建设，鼓励企业进行水污染治理。

环境税费：美国是国际上最先通过制定环境税来对环境污染治理的国家，要求具有排污行为的企业向国家缴纳税费用以国家的环境污染治理。

排污权许可证：美国的污染物行业排放标准是基于最佳可行技术

进行制定的，通过分析具体行业的原料、产品、生产工艺，通过成本效益分析，确定具体行业的污染物排放标准。截至 2012 年，美国已编制了 56 个行业的排放技术导则，其中规定了行业统一的排放标准，但排放标准的具体数值是根据企业的原料、产品、设备和建设时间选择相匹配的限值。一个行业的导则往往规定了成百上千种生产条件下的排放标准。以制浆造纸行业排放限值导则为例，包括 85 项最佳可行控制技术排放标准（Best Pratical Technology，BPT）、41 项最佳可行技术排放标准（（Best available technology，BAT）、46 项新点源排放标准（New Sources Performances Standards，NSPS）、36 项现有污染源预处理标准（Pretreatment Standards of Existing Sources，PSES）和 40 项新建污染源预处理标准（Pretreatment Standards of New Sources，PSNS），每项标准中往往又规定了不同工艺条件下的多个排放标准（宋国君，2014）。

企业向水体中排放污染物时，必须向排污权许可机构申请排污权许可证，否则就是违法排放。排污许可证授权时，授权机构将依据排放指南，评估企业的所属行业、原料、产品、污染物特征及所处位置等各种特殊情形，来最终确定企业的排污许可限值，并颁发排污许可证。

排污权交易：在实行排污许可证制度基础上，为了进一步减少水污染治理成本，鼓励企业实行更先进的清洁生产和污染治理技术，美国制定了排污许可证交易制度，允许在一定范围内的企业通过资金购买的形式在企业内部调配许可的排污量，从而实现以市场经济的手段赋予环境容量以价值，有效分配污染物排放量，降低治污成本，并最终控制污染排放总量。

美国的排污权交易大致可分为两个阶段：排污削减信用交易阶段和总量控制－交易阶段。排污削减信用交易包括了补偿、气泡、净得和存储四个政策，补偿政策要求已有企业只要达到了超量削减，其将获得信用，信用可以用于同新建企业进行交易；气泡政策规定在总量不超排的情况下可以有多个排污口，排污口间可以进行排污权交易；净得政策是指企业通过削减获得的信用可以用以抵消企业新建或扩张的排污量，免于新源的审批；存储政策是指企业所获得的信用可以存储于类似银行的机构，待将来需要时取用。总量控制－交易阶段主要是指在确保环境质量改善的情况下，核定一定区域和行业的排污总量，再将排污总量分配给各排放源，可以用于存储或交易（吴小令，2012）。

3. 美国污水处理能力变化趋势

美国污水处理设施根据处理水平分成4类，包括执行二级排放标准、严于二级排放标准、松于二级排放标准和零排放。1988 ~ 2012年间，总的污水处理设施数量变化不大（见图2–1），1988年为15591个，2004年污水处理设施最多，达到16583个，随后降低为2012年的14748个。但结构上有较明显变化，排放标准低于二级的污水处理设施由1988年的1789个减少到2012年的34个，各个年份执行二级排放标准的污水处理设施均占了大多数，但也从1988年的8536个增加到2004年的9221个，随后减少到2012年的7374个，执行二级排放标准的污水处理设施明显增加，由1988年的3412个增加到2012年的5036个，执行零排放的污水处理设施也在明显增加。

与1940 ~ 2012年处理水平分级下的公共污水处理厂服务人口数比较分析，可以发现，虽然总的污水处理设施略有减少，但服务的总人口却是在增加的，说明美国的污水处理能力及水平在不断增强（见图2–2）。1940年，美国只有执行二级标准及以下的污水处理设施，1972年出现了执行严于二级排放标准的污水处理设施，1978年出现了零排放的污水处理设施，随后执行二级标准及以上的污水处理设施

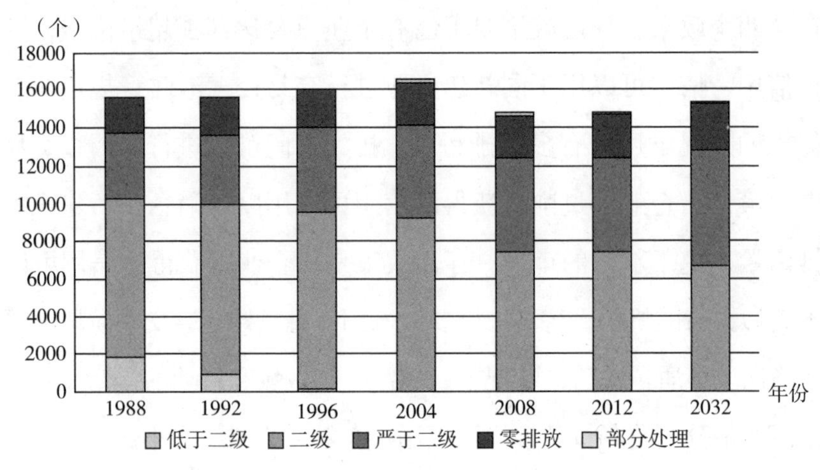

图2-1　1988～2012年分级别污水处理设施数量

数据来源：EPA，Clean Watersheds Needs Surveys。

所服务的人口份额及总数不断增加。1950 年享受污水处理服务的人口不足 1 亿人，1996 年为 1.90 亿人，占总人口的 71.8%，2012 年则为 2.38 亿人，占总人口的 78%，且污水处理服务中执行二级排放标准及以上的设施占了主要部分。享受严于二级排放标准的人口从 1972 年的 780 万人增加到 2012 年的 1.27 亿人，享受低于二级排放标准的人口从 1972 年的 6000 万人减少到 2012 年的 410 万人。

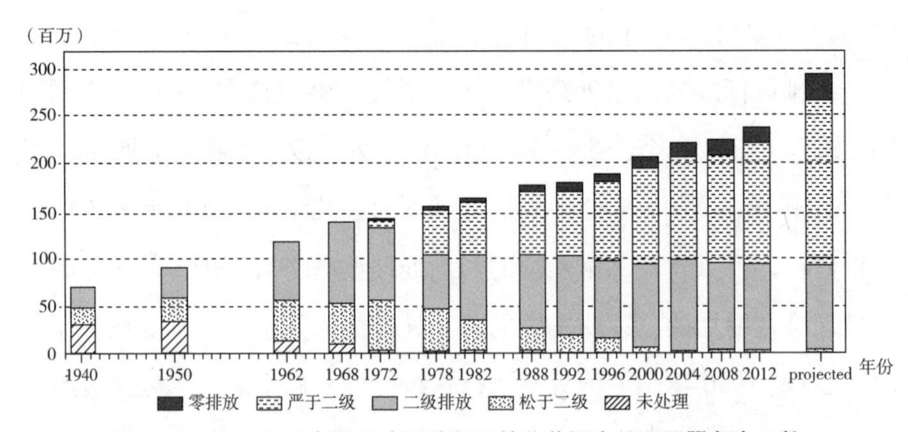

图2-2　1940～2012年处理水平分级下的公共污水处理厂服务人口数

数据来源：U.S. Public Health Service and EPA Clean Watersheds Needs Surveys。

（二）美国主要水污染排放情况

1. 氮、磷排放趋势

美国的农业面源污染是水体氮、磷等营养物质的主要来源，美国水质评价计划（USGS National Water–Quality Assessment Program，NAWQA）估计水体中 90% 以上的氮、磷来自于面源污染（Dubrovsky，2010）。氮、磷的使用量从 20 世纪 50 年代以来快速增加，并于 1980 年开始保持稳定。氮肥和磷肥于 1950 ~ 1980 年间分别增加了 10 倍和 4 倍。氮肥的农田使用强度在稳健上升，于 2007 年达到最大值 82.47 磅 / 公顷；磷肥的农田使用强度稳重有降，最大值出现在 1972 年，为 32.86 磅 / 公顷（见图 2–3）。这主要是由于肥料使用率的大幅提高。1980 年之后，用于化肥成本、对环境问题的关注以及生产方式的转变，氮肥和磷肥的使用量的增长幅度开始降低。大气沉降和畜禽粪便的排放也在 1980 年后保持稳定。

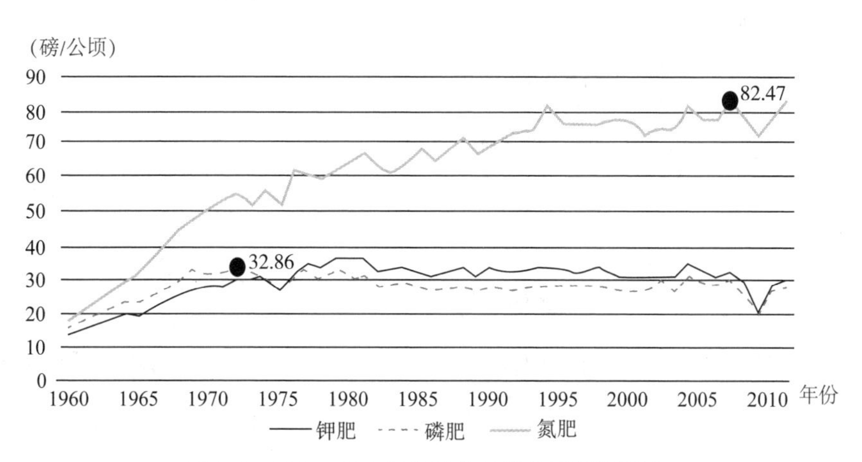

图2–3　1960 ~ 2011年美国化肥使用量变化趋势

数据来源：EPA、本研究整理。

农业面源的化学肥料的使用是氮、磷污染的主要来源。每年有超过 1000 万吨的氮肥和接近 200 万吨的磷肥被使用。大约 600 万吨的氮和200万吨的畜禽粪便排放，大约有一半的氮肥和磷肥被作为化学肥料（见图2-4）。氮肥和磷肥的吸收率一般为18% ~ 49%。大气沉降的氮大约为畜禽粪便排放的一半，美国每年大约有250万吨的氮沉降，磷一般不通过大气沉降进入水体中。

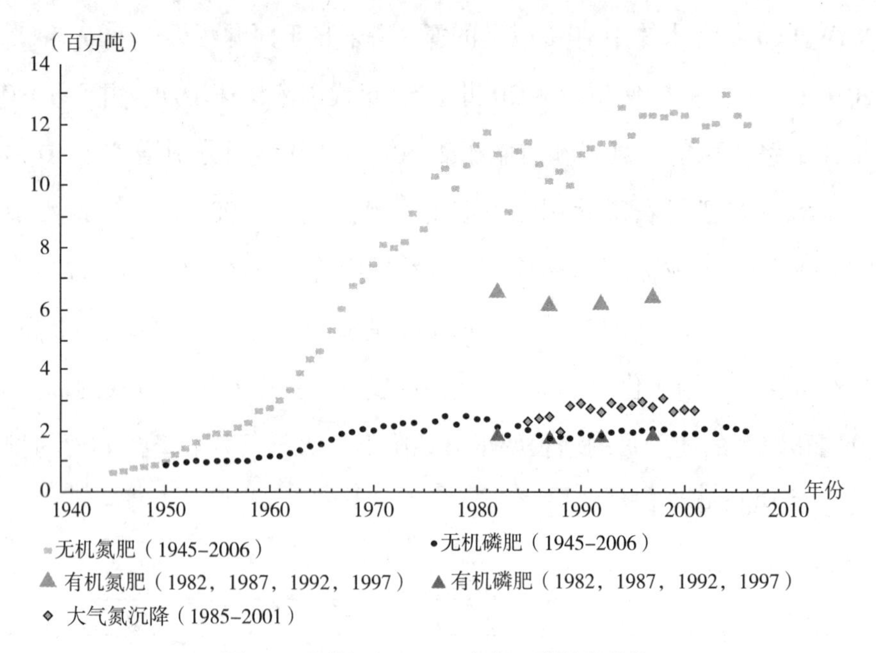

图2-4 美国1940 ~ 2010年氮、磷排放趋势

数据来源：The Quality of Our Nation' s Water—Nutrients in the Nation' s Streams and Groundwater，1992-2004。

2. 主要水污染行业排放情况

主要行业的总氮排放情况见图2-5，各行业的排放量年际变化有较大波动，其中畜禽加工业排放量增长趋势最明显，由2007年的5858吨增加到2015年的23664吨，电力行业的排放量占比较大，且年际变化较稳定，2011年达到最大值45125吨。

主要行业的总磷排放情况见图2-6，各行业的排放量年际变化有较大波动，其中纺织业排放量减少趋势最明显，由2007年的3808吨减少到2014年的206吨，其次占比较大的为无机化工业，从2007年的1925吨降低到2014年的1145吨。

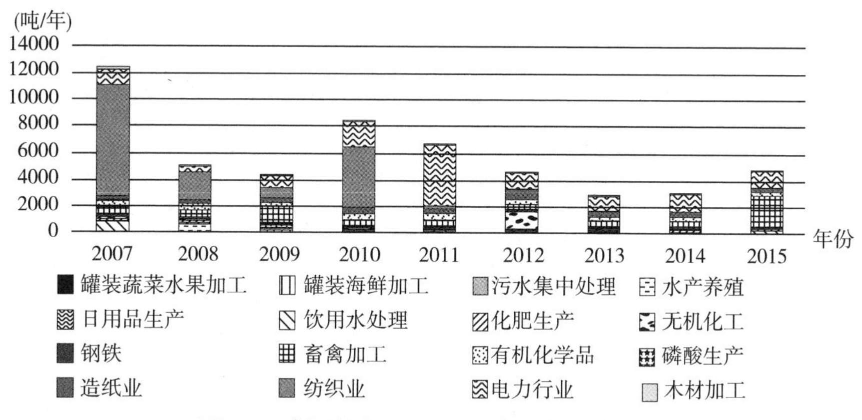

图2-5　主要行业2007～2015年总氮排放趋势

数据来源：EPA、本研究整理。

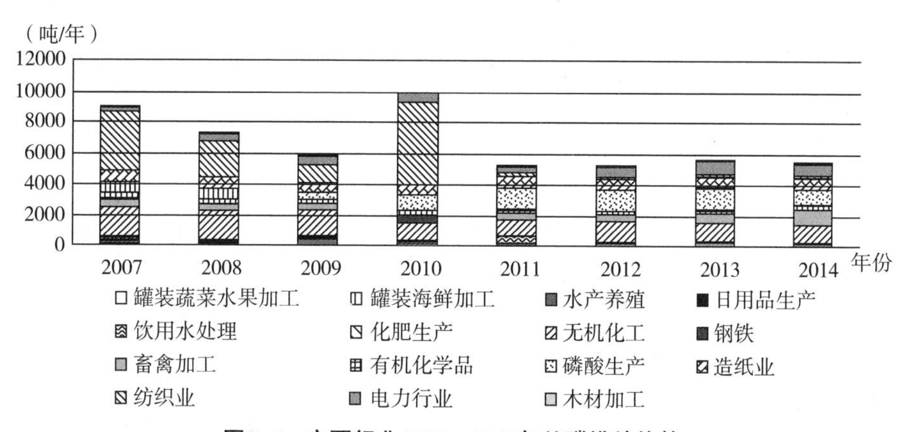

图2-6　主要行业2007～2014年总磷排放趋势

数据来源：EPA、本研究整理。

（三）水环境质量改善的历史进程

1. 总氮浓度趋势

1993～2003年，171条评价的流域中，60%的河流总磷浓度保持稳定，24%的总磷浓度增加，16%的河流的磷浓度增加幅度超过

50%（见图 2-7）。

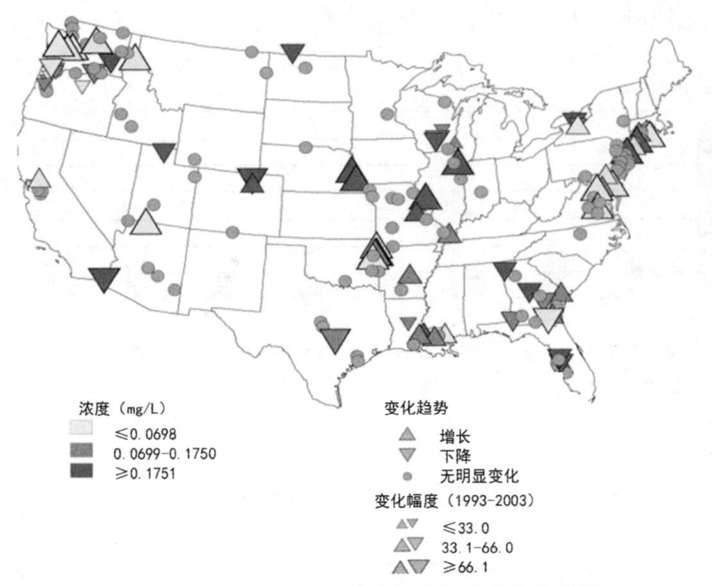

图2-7　1993 ~ 2003年总氮浓度变化趋势

数据来源：EPA，Changes in Nutrient and Sediment Concentrations in Streams and Rivers of the United States，1993-2003。

密西西比河的年氮负荷远远高于其他 3 条河流，1955 ~ 1993 年逐渐增加，并于 1993 年达到最大值 1792500 吨，随后呈波动下降趋势。其他 3 条河流的氮负荷基本稳定（见图 2-8）。

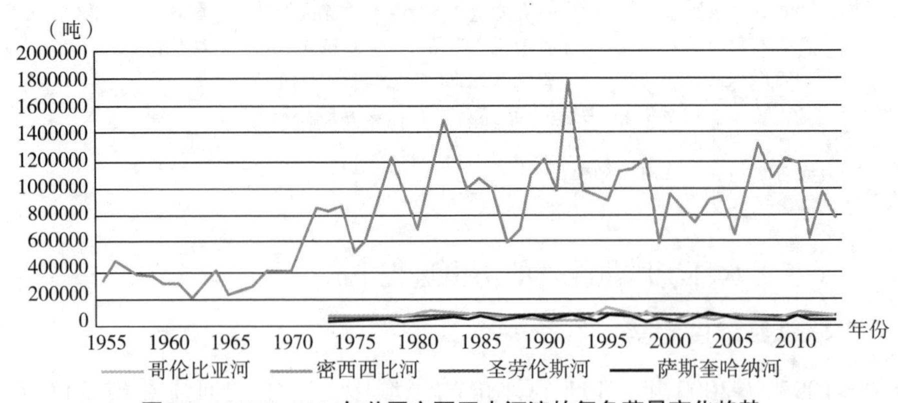

图2-8　1955 ~ 2014年美国主要四大河流的氮负荷量变化趋势

数据来源：U.S. Geological Survey 2015，本研究整理。

如图 2–9 所示，农业与城市地区采样网点地下水的硝酸盐浓度的变化强度明显高于其他地区的含水层。硝酸盐浓度变化原因各不相同，但在 sctxlusrc1（South–Central Texas）网点中，硝酸盐浓度与含水层中的水文条件较为一致，从 1998 年（湿润年份）与 2006 年（干燥年份）的样点数据对比表明，含水层较湿润条件下硝酸盐浓度较低，反之较高。

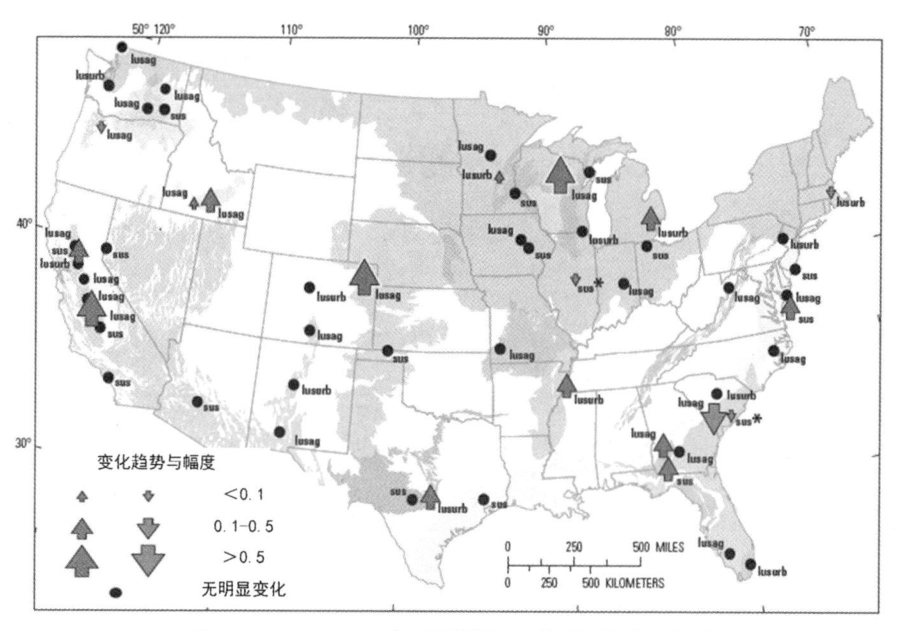

图2–9　1988 ~ 2010年美国地下水硝酸盐浓度变化图

数据来源：U.S. Geological Survey National Water–Quality Assessment Program。

52 个采样网络中，硝酸盐浓度明显增加的有 13 个，明显减少的有 6 个。4 个明显增加的采用网络幅度超过 0.1 毫克 / 升 /yr as N。其中一个是圣华金河谷的农业用地区，另一个是密西西比河流域上游的城市用地区，明显减少的 3 个采样网络全部为农业用地区，减少幅度超过 0.1 毫克 / 升 /yr as N。一般情况下，含水层较浅的采样水井的变化敏感性会高于含水层较深的区域，尤其是那些农作活动如种植作物的化肥使用变化较大的地区。

2. 总磷浓度趋势

1993 ~ 2003 年，171 条评价的流域中，73% 的河流总磷浓度保持稳定，11% 的总磷浓度增加，4% 的河流的磷浓度增加幅度超过 50%（见图 2-10）。

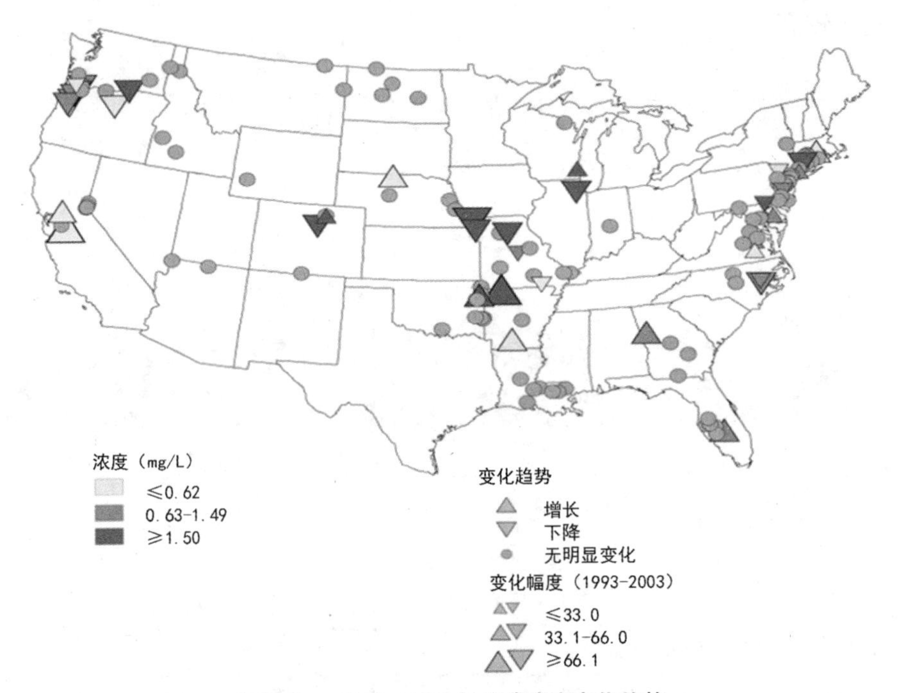

图2-10　1993 ~ 2003年总磷浓度变化趋势

数据来源：EPA，Changes in Nutrient and Sediment Concentrations in Streams and Rivers of the United States，1993 ~ 2003。

如图 2-11 所示，密西西比河的总磷浓度远远高于其他 3 条河流，且呈波动中略有上升趋势，并于 2008 年达到最大值 230800 吨。萨斯奎哈纳河和哥伦比亚河的总磷浓度也在波动，并于 2011 年呈现一个高峰，圣劳伦斯河的总磷浓度在稳定下降。

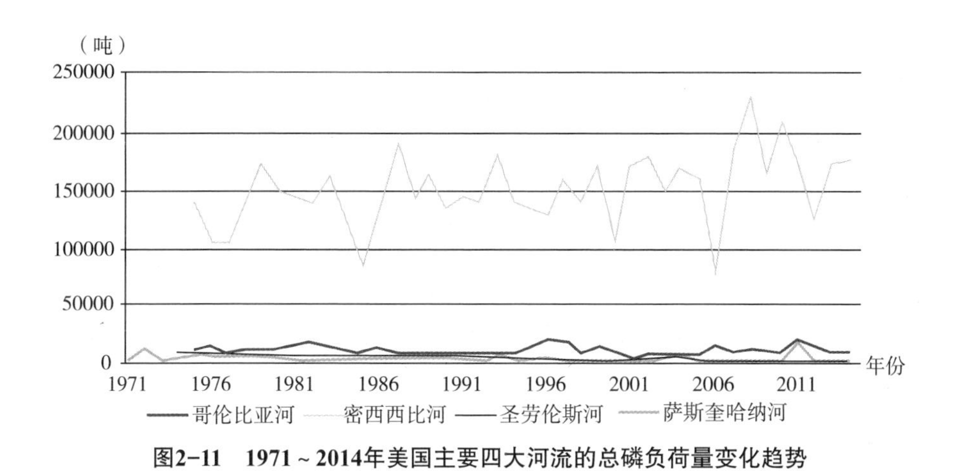

图2-11 1971～2014年美国主要四大河流的总磷负荷量变化趋势

数据来源：U.S. Geological Survey，2015，本研究整理。

（四）典型水体水污染治理历程——北美五大湖

北美五大湖包括苏必利尔湖（Superior）、休伦湖（Huron）、密歇根湖（Michigan）、伊利湖（Erie）和安大略湖（Ontario），地处美国和加拿大边境处，其中，除密歇根湖全部位于美国境内外，其他 4 湖横跨美国和加拿大。五大湖总面积达 24.4 万平方公里，总蓄水量为 226840 亿立方米，占世界地表淡水总量的 1/5，占美国地表淡水总量的 9/10（谢德体，2008）。

由于其丰富的自然资源条件，20 世纪初期，随着经济的高速发展，在美国和加拿大，有大量的人口和产业在五大湖区域聚集，对当地的水环境带来了巨大的压力，水体质量开始不断恶化，并对当地居民的生产生活及健康带来了威胁，到 20 世纪 60 年代末，美、加两国政府才意识到五大湖环境污染的危害，并开始协同治理。1972 年，两国共同签署了五大湖水质协议，美国政府制定了污染物排放标准，并投资建立城市污水处理厂。20 世纪 70 年代末，污染治理的效果开始显现，污染物入河量显著减少，水体的溶解氧增加，富营养化现象缓解，水质得到较明显改善。20 世纪 90 年代，随着水环境治理措施的进一步具体和加严，五大湖整体水质明显改观，好氧生物增加，鱼类体内的重金属残留减少，生物多样性增强，居民饮用水得到保障。20世纪以来，北美五大湖经历了典型的“先污染后治理”的历程，人类活动的增强，导致水质变差，并最终对人类健康产生威胁，引起政府部门重视，美、加两国开始协同合作共同采取措施进行水体治理，随后水体环境质量得到恢复和改善（窦明，2007）。

对五大湖的水质浓度进行分析。苏必利尔湖的总磷浓度和负荷均在明显降低，上游河口的总磷浓度在以 $-0.017\ \log_{10}$（TP，μg/L）yr^{-1} 的速率降低，下游河口的总磷浓度在以 $-0.023\ \log_{10}$（TP，μg/L）yr^{-1} 的速率降低（见图 2–12）。

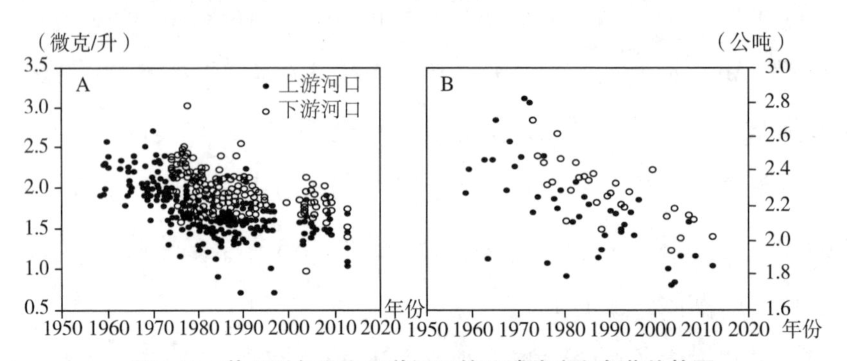

图2–12　苏必利尔湖上下游河口的总磷浓度和负荷趋势图

数据来源：Bellinger et al.，2015。

安大略湖的总磷浓度从1970年到20世纪90年代中期有明显下降，之后就无明显的趋势，1996 年总磷浓度成为一个拐点，1985 ~ 1995 年的总磷浓度从 9.9 毫克 / 升下降到 6.1 毫克 / 升，1996 年之后即无明显变化（见图 2–13）。

伊利湖岸有 5 个供水厂从湖内取水，其中 Union 和 Dunnville 供水厂的取水口的总磷浓度下降明显，其他 3 个厂无明显变化趋势，而

Elgin 供水厂的总氮浓度有较明显下降趋势，其余 4 个供水厂的取水口没有明显的变化趋势（见图 2–14）。

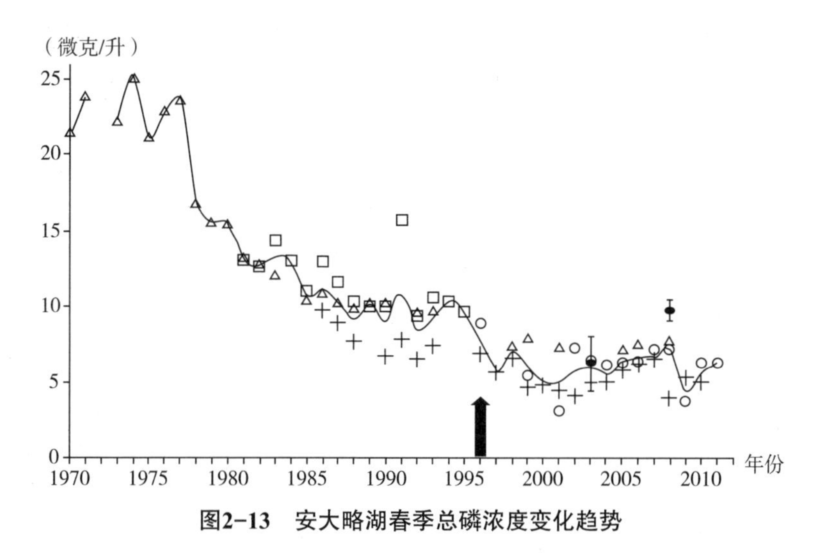

图2–13　安大略湖春季总磷浓度变化趋势

数据来源：Holeck et al.，2015。

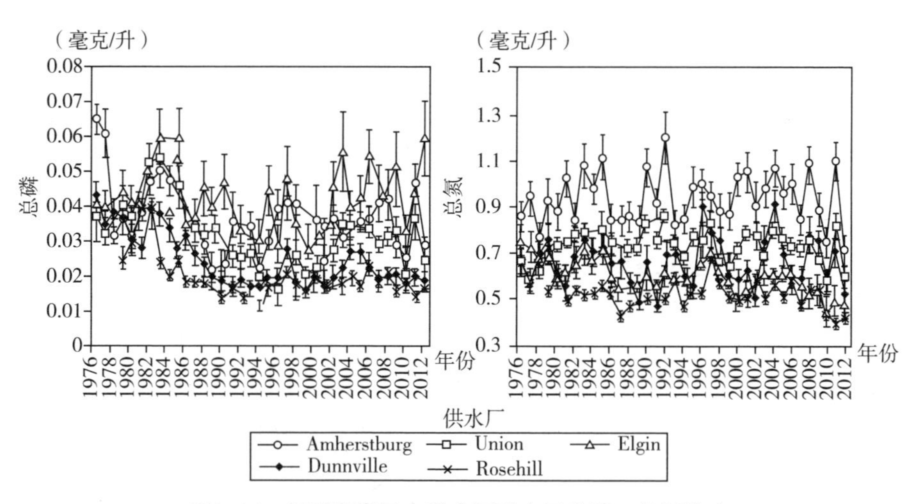

图2–14　伊利湖岸五大供水厂取水口总磷、总氮浓度

数据来源：Winter et al.，2015。

密歇根湖 1980 ~ 1996 年年均流向墨西哥湾的总氮量为 1575200 吨，1997 ~ 2007 年的 5 年平均总氮量少于 1980 ~ 1996 年的 5 年平均量，减少了 23%。

密歇根湖 1980 ~ 1996 年年均流向墨西哥湾的总磷量为 137300 吨，1997 ~ 2007 年的 5 年平均总磷量多于 1980 ~ 1996 年的 5 年平均量，增加了 4%（见图 2-15）。

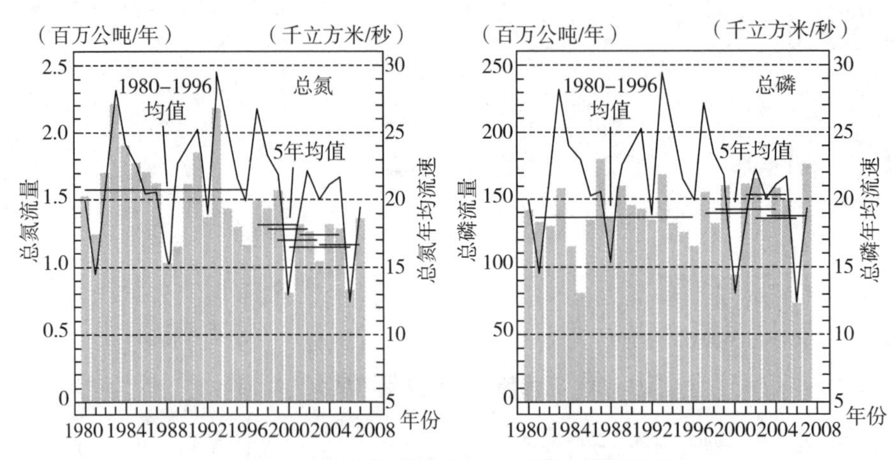

图2-15　密歇根湖的总氮、总磷流量和流速

数据来源：Battaglin et al.，2010。

二、欧洲国家水污染物排放与水环境质量

（一）欧洲水污染防治主要政策

1. 欧盟环境技术管理

20 世纪 70 年代初，欧盟内各成员国建立共同的环境标准和污染预防与控制政策。于 1991 年实施了旨在减少污染物排放的 Nitrates 指令，于 1996 年应用了一系列的法律法规防治工业污染，也就是《综合污染防治法令》（Integrated Pollution Prevention and Control，IPPC），即法令 96/61/EC。该项法令随后整理成为法令 2008/1/EC。IPPC 的主要目的是：预防或最大限度减少排放；综合考虑环境各环境要素，从

而实行完整的环境保护；尽可能地减少产品生产过程中的能源资源消耗，实现清洁生产。IPPC 的中心思想是要求欧盟内部提供一个授予许可的综合性平台，对欧盟内部各个国家的环境各要素如水、土、气等的污染和排放实行总体控制，同时对全过程安装设施的运营维护及管理做出具体规定。同时 IPPC 中指出，应用最佳可行技术（BAT）是实现最佳环境保护效果的最为经济可行的方法，涉及覆盖约 52000 种设备。IPPC 为工业生产的批准制定了程序，并制定了最低许可排放要求，最终，它将预防和减少大气、水和土壤污染以及减少工业生产所产生的废物量，以确保最高程度的环境保护。

《工业污染排放法令》（The Industrial Emissions Directive，IED）即法令 2010/75/EU，本质上是 IPPC 法令的进一步深化和延续，依旧是关于最大限度地减少整个欧盟各种工业污染源的污染。在内容上比 IPPC 更为综合，环境标准更为严格，覆盖工业设备也更加广泛。IED 于 2010 年 12 月 17 日正式颁布官方文件，2011 年 6 月 6 日起逐步实行，2013 年 1 月 7 日前成为欧盟各个国家立法体系的一部分。2014 年 1 月 7 日起，IED 开始替代 IPPC 法令和各个行业法令。

2. 欧盟水环境标准体系

共同体水政策行动框架的指令（2000/60/EC 指令，简称水框架指令）于 2000 年由欧盟委员会及欧洲议会共同出台，提出要求欧盟各成员国对所有的水体包括内陆河湖、海洋等制定综合的流域管理方案，对跨国别、跨行政单位的河流需要制定协同管理方案，并要求以实现水环境质量的不断改良为目标（胡必彬，2004）。

指令提出了将污染物达标排放与水体质量达标管理整合的污染控制方案，要求构建关于排放标准与水质标准协同考虑的“综合方法（combined approach）”。并对指令中提到的重点污染物要求欧盟各成员国优先根据最佳可行技术制定污染物排放标准和相应水体的水环境质量标准。已发布的水环境标准相关的指令在提高欧盟各成员国水体的环境质量、控制和减少污染物排放、实现欧洲整体的水环境目标起到了巨大的作用，并为具体的流域管理方案的实施提供了切实的法律保障。

为了实现欧盟设定的最终的环境改善目标，欧盟制定了具体的行动方案——环境行动项目（Environmental Action Programme），以一定的中短期为时间界限，一般是 5 ~ 10 年，制定环境保护管理政策的一般原则和可实现的科学环境改善目标，对期间的任务划分重要等级和先后次序，提出相应的环境改善具体举措，并对具体措施的实行时间做出规定，对具体内容作了详细的附加说明。欧盟的第一个环境行动计划开始于 1973 年，随后持续更新新的环境行动计划。为了加强环境行动计划的可实现性，欧盟通过立法，制定相关的指令，将环境改善目标的具体内容明确下来。为了达到计划设定的环境目标，欧盟通过理事会立法，以指令的形式使目标具体化。根据不同阶段的环境目标的差异，水环境标准体系的发展大致经历了如下几个发展阶段。

（1）水质目标（Water Quality Object）

对水体环境质量的最低标准作出规定，来约束排放源排放的污染物对水体环境的排放，从而确保相应水体的水环境质量达到一定的标准，可以履行其特定的水环境功能，同时该标准的水体能保证人类正常的生产生活和人身健康。1975 ~ 1980 年间水环境质量标准开始制定，之后根据具体情况作了修正和完善。

（2）排放限值（Emission Limit Value）

在对水体的水质标准作了规定的基础上，随后对污染源向水体中允许排放的最大污染物排放量作了限制，指的是污染源最终排放水体的量。排放限值主要是以当前阶段的最佳可行技术，通过成本效益分析制定的。20 世纪 70 年代开始了相关排放限值标准的制定，并随着科技技术的进步作了相应的修正和补充。

（3）水质目标和排放限值相结合

2000 年，在水框架指令中提出了将水质标准与排放标准结合管理的“综合方法”，实现了从污染源到污染水体的综合控制与管理，在欧盟层面制定一般的最佳可行技术标准，各成员国可以根据当地的具体情况制定相应的水质目标，根据欧盟的最佳可行技术标准，确定本国的排放标准，但各成员国的排放标准不能低于欧盟设立的标准。

3. 污水处理能力变化趋势

欧洲整体污水处理系统影响的人口比例是逐渐增加的，欧洲北部地区污水三级处理的比例最高，其次是中部和南部，东部、东南部及北部巴尔干半岛地区污水未经处理的比例较高（见图 2–16）。

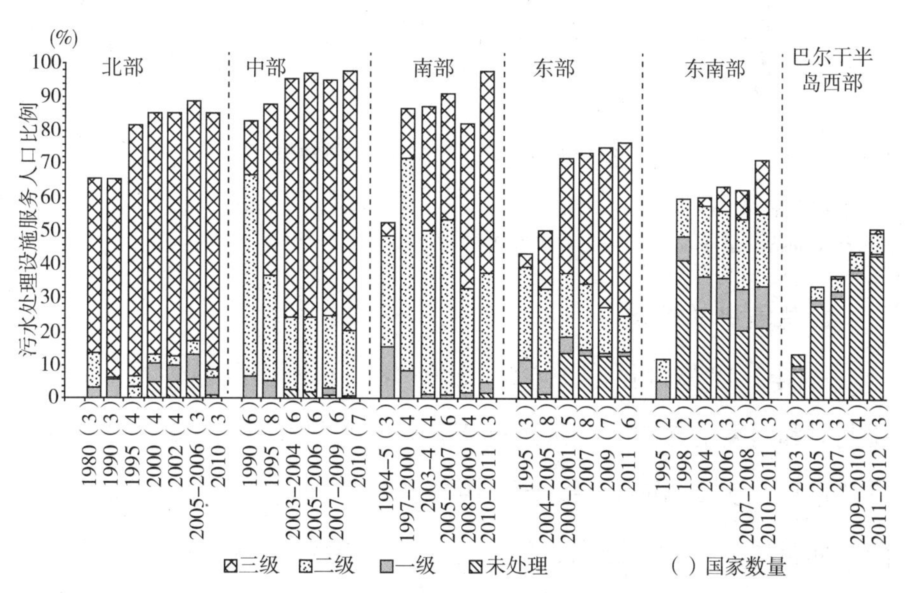

图2–16 1990～2012年欧洲分区污水处理设施服务人口比例变化趋势

数据来源：EEA。

（二）欧洲主要水污染物排放情况

1. 生化需氧量（BOD）排放趋势

丹麦的 BOD 排放量从 1972 年到 1978 年逐渐升高，随后开始快速降低。法国的 BOD 排放量从 1972 年开始稳步降低。荷兰的 BOD 排放量于 1972 年达到顶峰，随后一直降低，到 1995 年基本保持稳定。波兰的 BOD 排放量在 1989 ~ 1995 年间以相同比例降低。爱沙尼亚的 BOD 从 1992 ~ 1995 年间急速下降，随后稳步降低（见图 2–17）。

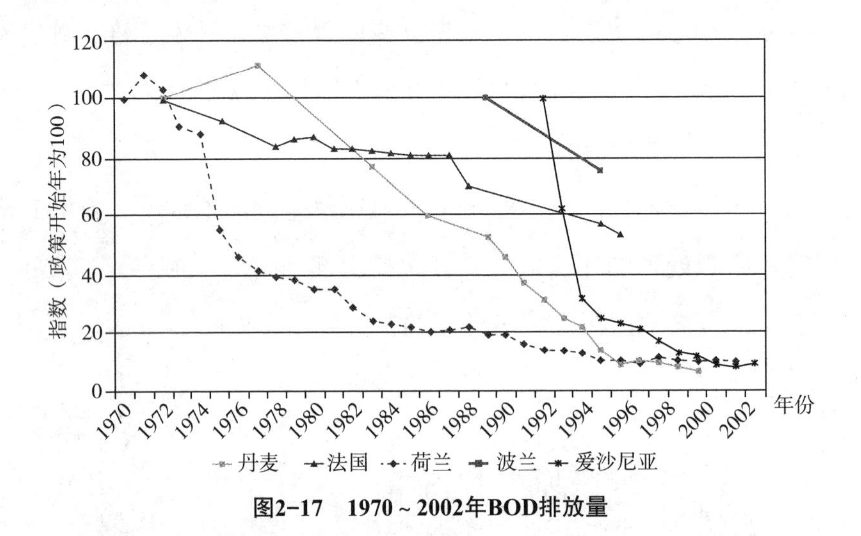

图2–17　1970 ~ 2002年BOD排放量

数据来源：EEA，Net load on surface waters –organic discharges（BOD）from sewage treatment plants，industry and other direct outlets. 1970–2002。

2. 总氮排放趋势

从图 2–18 欧洲国家 1960 ~ 2005 年的总氮排放趋势看，荷兰、比利时和丹麦的排放量均远远高于其他欧盟国家，大多数国家的总氮排放量均在实施 Nitrates 指令的 1991 年前达到高峰，之后开始显著下降，而英国、德国、法国、荷兰和丹麦的排放减少趋势早于指令实施的年份，说明这些国家控制污染物减排及最佳农业实践的措施早于指令实施的年份，从而提高了作物对营养物质的吸收率。而马耳他是在

实施 Nitrates 指令之后达到高峰。

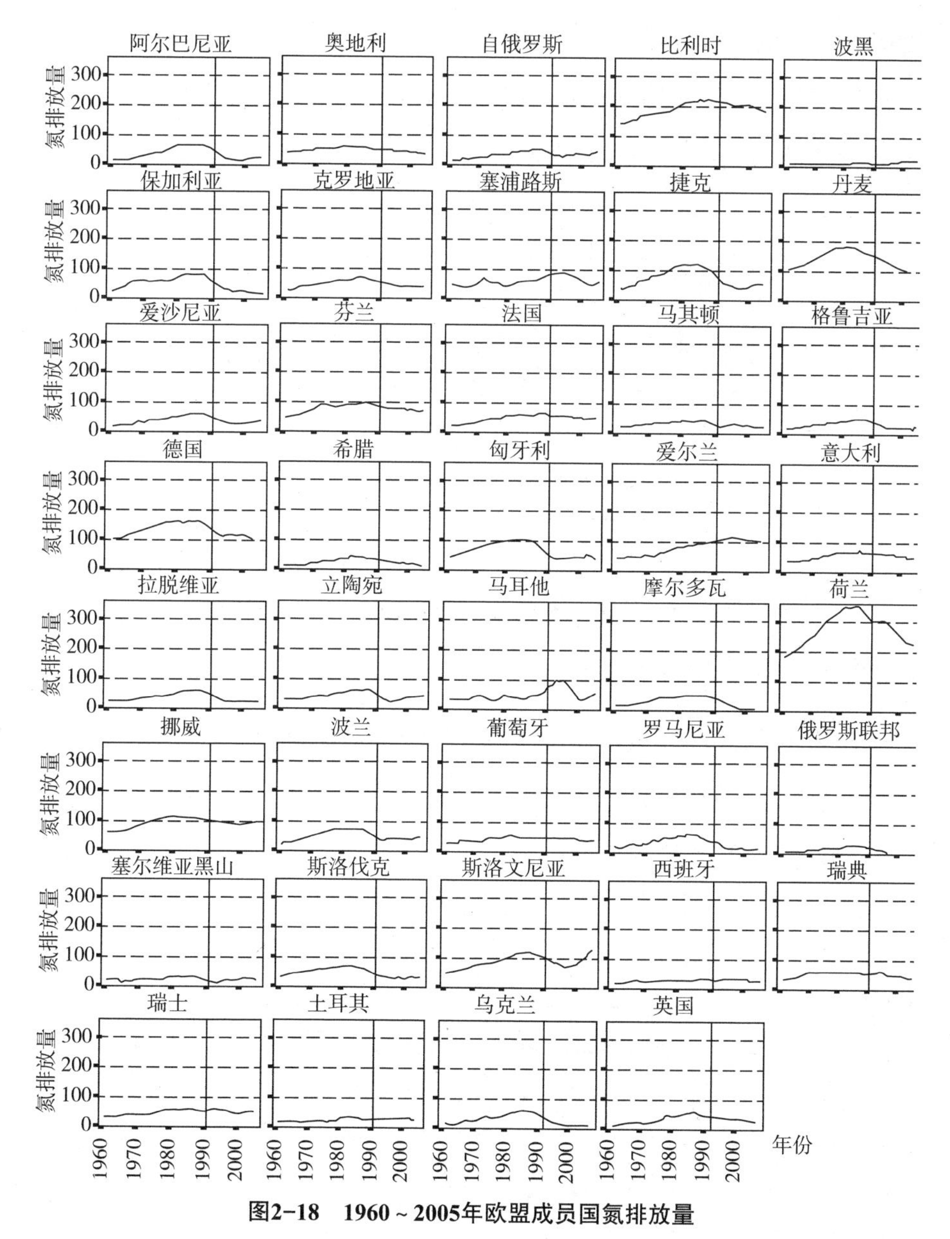

图2-18 1960～2005年欧盟成员国氮排放量

（竖线为实施Nitrates指令的年份）

数据来源：Bouraoui and Grizzetti，2011。

法国的氮排放量从 20 世纪 80 年代末期就开始减少，但其氮的使用总量是在2000年才开始降低的，作物产量也保持增长，说明期间化肥吸收效率的增加促进了氮排放量的降低。

德国的总氮排放量从1985年到2000年是逐渐降低的，同时点源排放量降低的比例高于面源降低的比例（见图2-19）。

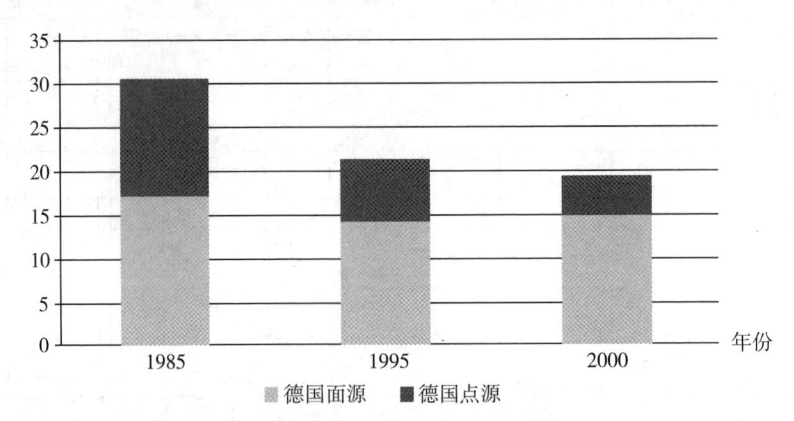

图2-19　德国1985年、1995年及2000年总氮排放量

数据来源：EEA，本研究整理。

丹麦的总氮排放量从1985年至2003年呈现波动中降低的趋势，降至1996年最低，随后上升，于2003年又降低。其中点源排放量所占比例逐渐降低（见图2-20）。

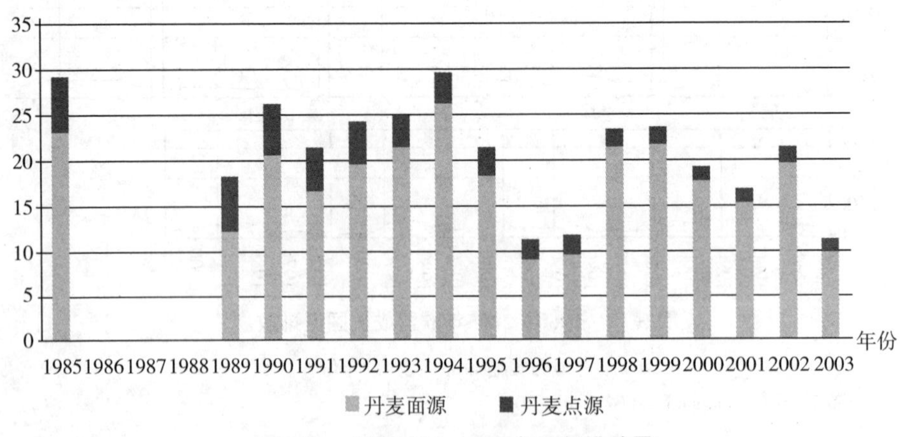

图2-20　丹麦1985～2003年总氮排放量

数据来源：EEA，本研究整理。

挪威的总氮排放量从 1985 年至 2003 年呈现稳步降低的趋势。点源与面源的排放占比基本保持稳定（见图 2-21）。

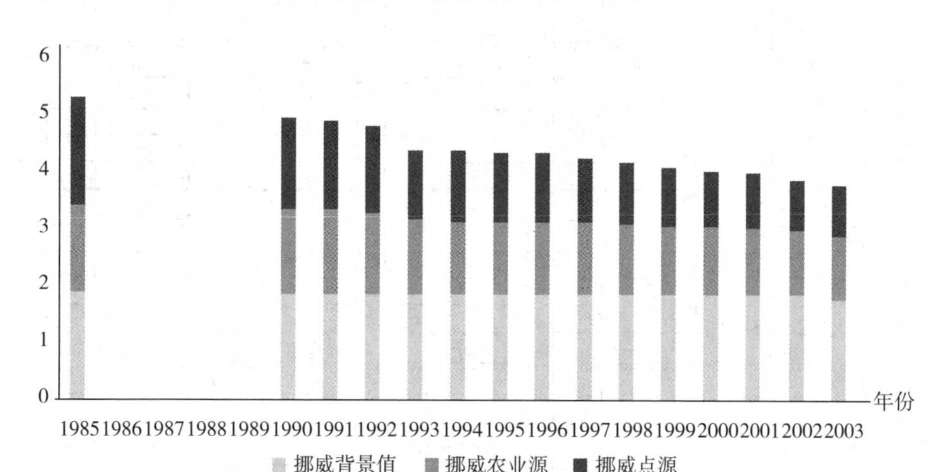

图2-21　挪威1985 ~ 2003年总氮排放量

数据来源：EEA，本研究整理。

3. 总磷排放趋势

从图 2-22 中欧洲国家 1960 ~ 2005 年的总磷排放趋势看，卢森堡的排放量远远高于其他国家，塞尔维亚黑山、格鲁吉亚、西班牙等国家的排放量长期处于较低水平。多数国家的磷排放量减少早于氮排放量的减少，与环境政策的相关性不强，主要是因为磷较早就不是提高作物产量的限值因子。而塞浦路斯、马耳他在实施 Nitrates 指令之后的排放量仍有所增长。荷兰的磷减少趋势晚于德国，在德国，无机磷和磷化肥的使用是同时降低，而荷兰虽然无机肥使用从 20 世纪 60 年代开始在减少，但畜禽粪便制成的有机磷农药生产在 1995 年前都是增加的。因此，磷排放量的减少并不是受相关环境政策的影响。

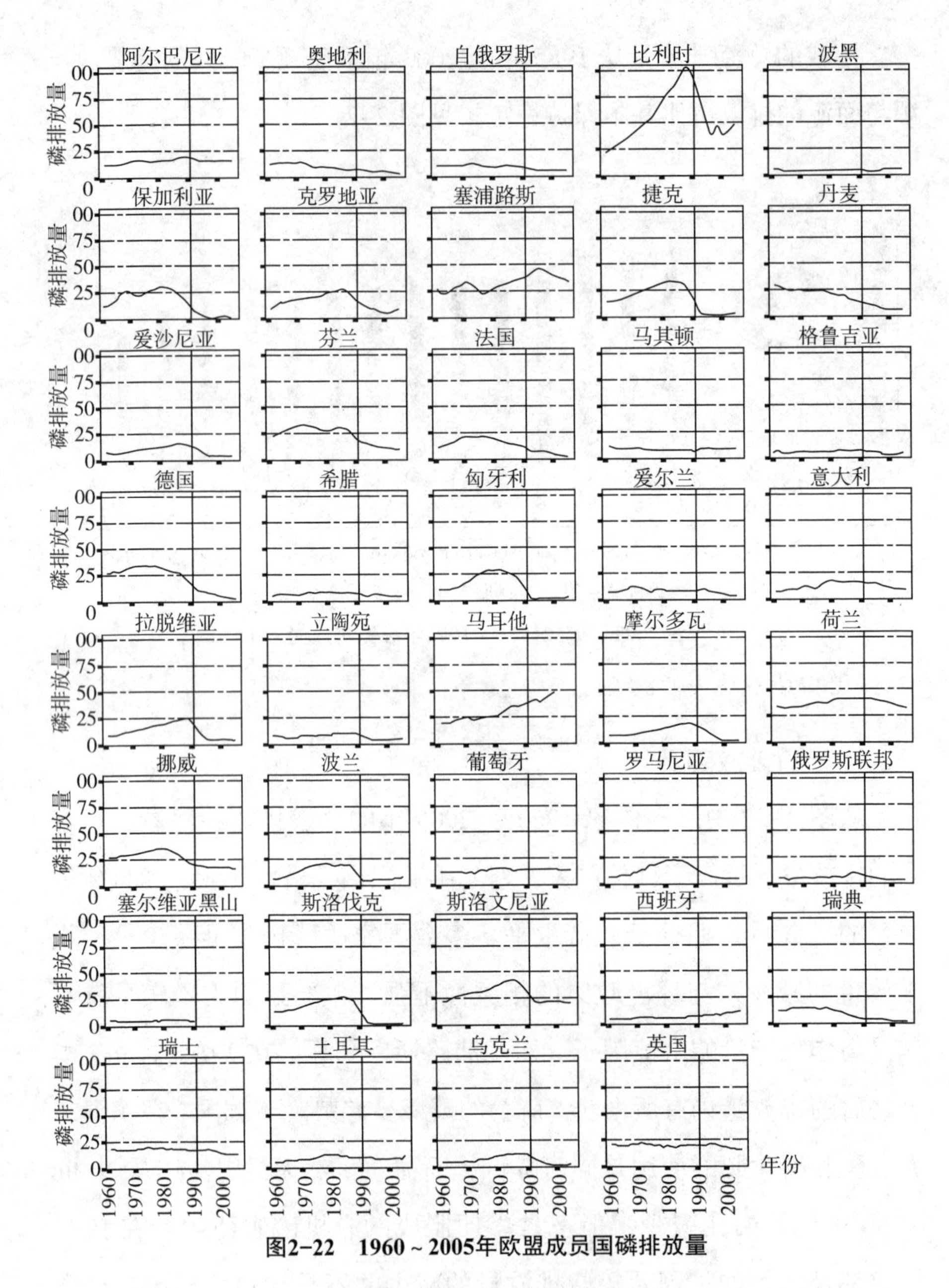

图2-22　1960～2005年欧盟成员国磷排放量

（竖线为实施Nitrates指令的年份）

数据来源：Bouraoui and Grizzetti，2011。

德国的总磷排放量从 1975 年到 2000 年显著降低，减少量主要来自于点源排放量的减少，面源排放量基本保持稳定（见图 2-23）。

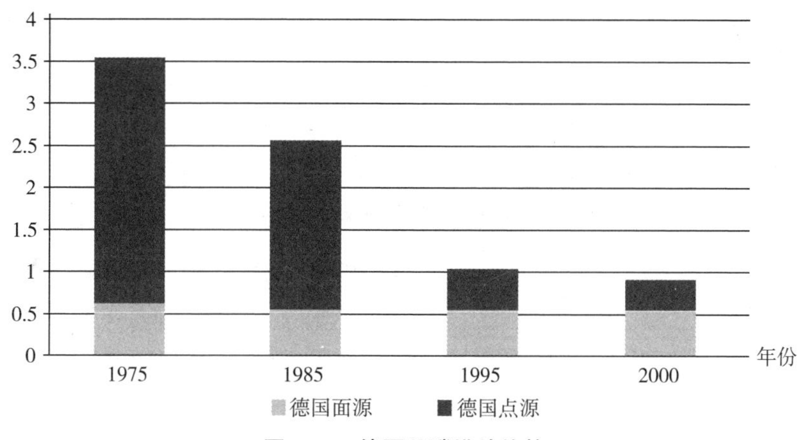

图2-23 德国总磷排放趋势

数据来源：EEA，本研究整理。

丹麦的总氮排放量从1985年到2000年减少明显，减少量主要来自于点源排放量的减少，面源排放量存在波动中增加的趋势（见图2-24）。

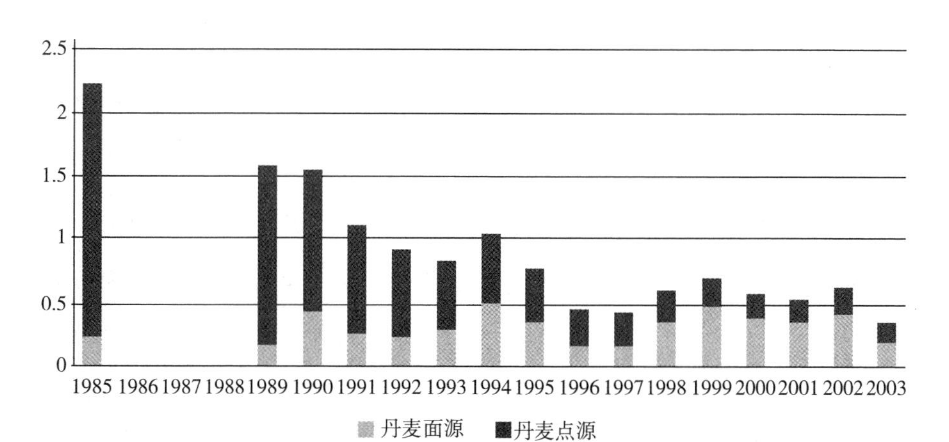

图2-24 丹麦总磷排放趋势

数据来源：EEA，本研究整理。

挪威总磷排放量在1985年到2003年间缓慢减少，点源与面源排放量所占比例基本保持稳定（见图2-25）。

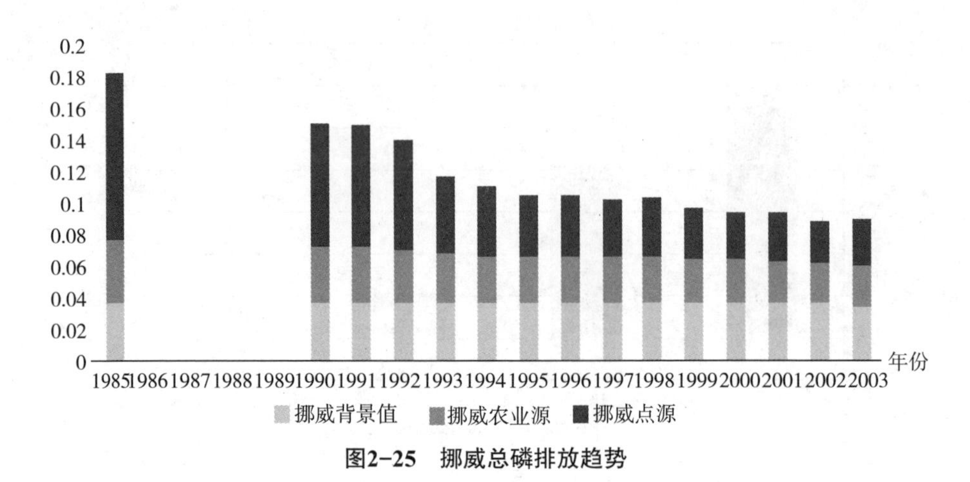

图2-25 挪威总磷排放趋势

数据来源：EEA，本研究整理。

（三）欧洲主要流域水环境质量变化历史趋势回顾

1. 生化需氧量（BOD）浓度趋势

为了揭示欧洲长时间序列的流域水质变化情况，本研究结合 EEA 官网发布的 1992 ~ 2012 年及监测站点数据制作了 1967 ~ 2012 年的数据，可以发现两列数据的变化趋势总体是一致的，欧洲 BOD 浓度从 1970 年开始达到一个较高值，随后保持稳定，并于 1991 年达到了最大值 7.13 毫克 / 升，随后的 1992 ~ 2012 年，欧洲河流中的耗氧物质一直减少，BOD 的浓度减少为 1.6 毫克 / 升，年均减少浓度为 0.08 毫克/升（见图2-16）。62% 的监测点均显示了明显的浓度降低趋势，6% 的监测点显示了略微的降低。仅有 3% 的监测点显示了明显增长趋势和 1% 的监测点显示了略微增长趋势。超过 60% 的点位显示 BOD 浓度在降低的国家为爱尔兰（100%）、卢森堡（100%）、斯洛文尼亚（92%）、斯洛伐克（87%）、法国（81%）、英国（75%）、丹麦（74%）、澳大利亚（66%）、保加利亚（66%）和立陶宛（63%）。

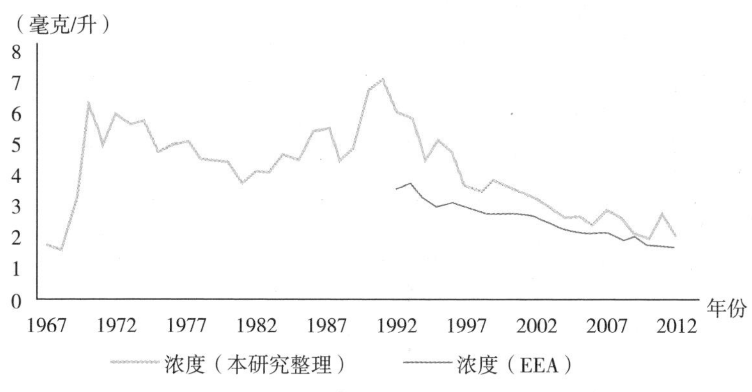

图2-26　1992～2012年欧洲河流BOD变化趋势

数据来源：EEA，本研究整理。

2. 总氮浓度趋势

由监测站点数据生成的总氮浓度与EEA发布的浓度数据的两条曲线变化趋势基本一致，除了2001年监测站点生成的总氮浓度值有了突然的升高，1965～2012年间，以1992年为分界点，1992年以前的总氮浓度持续升高，且1985～1992年的上升趋势最为剧烈，随后呈现出波动中下降的趋势。1992～2012年间，欧洲水体的氮浓度整体是在降低的，其中44%的监测站点在降低，13%的监测站点在增加（见图2-27）。

总氮的排放主要来自于农业面源，欧洲水体中，农业污染占据了总氮负荷的50%～80%（Sutton et al.，2011）。虽然欧洲整体上河流氮浓度在降低，但趋势十分缓慢，当前水体的总氮浓度离预期的水质要求仍有一定距离，这将可能使得水框架制定的如期达到水质目标的时间表失败，因此接下来应该重点关注氮污染的减排，尤其是农业面源污染的治理。

监测站点最多的丹麦和德国，其氮浓度降低趋势也最明显，同时年减少量也是最大的，其次是保加利亚和拉脱维亚。

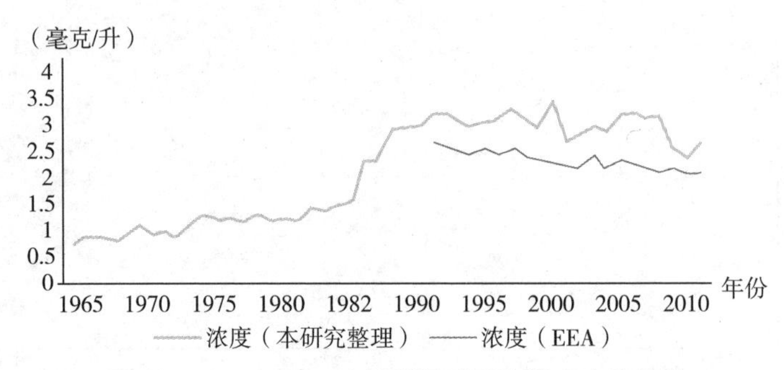

图2-27　1992～2012年欧洲河流总氮浓度变化趋势

数据来源：EEA，European waters Current status and future challenges：synthesis。

从1992年到1998年，欧洲地下水硝酸盐浓度总体上有轻微的增加，2005年开始浓度略有下降，2011年的浓度与1992年基本相同（见图2-28）。硝酸盐浓度下降最明显的国家为荷兰、葡萄牙及荷兰。从空间上分析，西欧的硝酸盐浓度最高，且变化趋势较为稳定，监测站点中，浓度升高的站点数目与降低的数目相当，北欧的地下水硝酸盐浓度较低，且变化趋势也较稳定。东欧的硝酸盐浓度从1996年开始降低，2003年后又开始增长，2008年浓度降低，自2010年开始，浓度恢复到1992年的水平，东欧的硝酸盐浓度比西欧和欧洲东南部大约小10毫克/升。欧洲东南部的浓度总体上在增加，并比西欧略高。

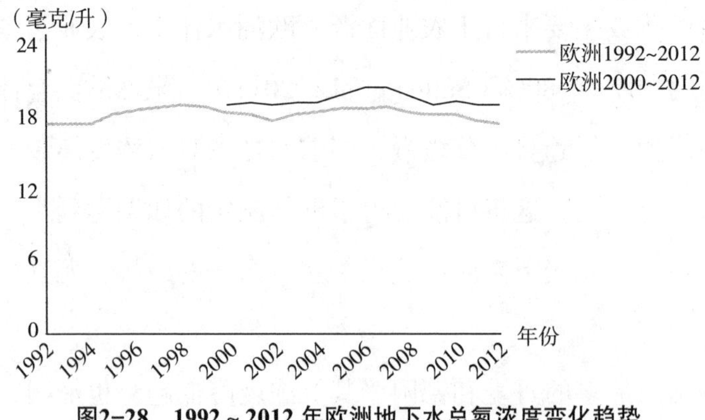

图2-28　1992～2012年欧洲地下水总氮浓度变化趋势

数据来源：EEA。

3. 总磷浓度趋势

由监测站点数据生成的总磷浓度与 EEA 发布的浓度数据的两条曲线变化趋势基本一致，1965 ~ 2012 年间，以 1989 年为分界点，之前的总磷浓度持续升高，1989 年达到最大值 0.30 毫克 / 升，呈现出波动中下降的趋势，且 1965 ~ 1974 年的总磷浓度基本保持稳定，1981 ~ 1989 年间呈现大幅上升，1985 ~ 1992 年的上升趋势最为剧烈，随后 1992 ~ 2012 年间，欧洲河流中的磷浓度整体显著降低，其中 52% 的监测站点在降低，仅有 9% 的监测站点在增加（见图 2–29）。说明与磷减排相关法律措施如城市污染处理指令是有效的，磷排放主要来自市政点源和工业点源，也正是城市污水处理指令最为关注的排放源，按照当前的降低趋势，未来的水体总磷浓度将达到较好的状态。减排趋势最明显的国家为澳大利亚、比利时、丹麦、法国及德国等。这些国家的人口数占欧盟总人口数的比例均较大。

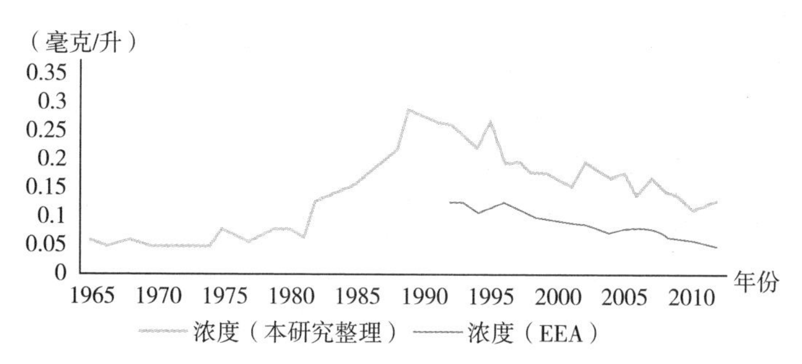

图2–29　1992 ~ 2012年欧洲河流总磷浓度变化趋势

数据来源：EEA，本研究整理。

1992 年以来，欧洲湖泊的总磷浓度总体呈下降趋势，其中 40% 的监测站点在下降，仅有 14%的监测站点在增加（见图 2–30）。其中监测站点的总磷浓度在增加的比例较多的国家包括丹麦（62%）、德国（57%）、荷兰（80%）及瑞士（67%）。

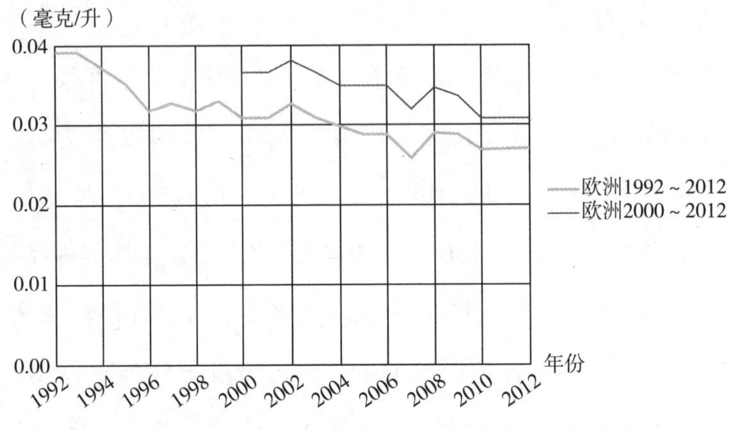

图2-30 1992～2012年欧洲湖泊总磷浓度变化趋势

数据来源：EEA，Nutrients in freshwater。

（四）典型水体水环境改善历史进程回顾

1. 泰晤士河

泰晤士河是英国的的母亲河，支撑着沿岸地区的航运和经济贸易。人口的快速增长和工业革命的发展使得泰晤士河从20世纪50年代开始水质不断恶化，水中溶解氧含量急剧降低，水生生物大量灭绝，并引发多种流行性疾病。随之英国政府采取治理措施对泰晤士河进行治理。

泰晤士河的治理可以分为两个阶段，第一个阶段是1850～1949年，主要措施包括建设城市污水排放官网、污水沉淀厂及河坝筑堤，使得水体水质有所改观，水生生物多样性增强，几近灭绝的石斑鱼等鱼类开始出现。1950年至今为第二次污染治理阶段，开始了科学的水污染治理模式，采取经济手段，通过供水收费和融资为河流治理提供充分的资金支持，用于环境科学研究及污水处理设施的建设，通过水质模型模拟，制定合理的水质目标，建设大型的污水处理厂及先进的污水处理技术如对水体直接充氧等进行治理（袁群，2013）。经过

100 多年的治理，特别是第二次水污染治理的高强度及科学性，泰晤士河水质得到明显改善。1955 ~ 1980 年，水体污染负荷减少 90%，20 世纪 80 年代的河流水质与 17 世纪时期的水质情况相当。如今泰晤士河水质优良、清澈，是世界上最干净的河流之一，为周边居民提供优质的饮用水（郭焕庭，2001）。

由图 2-31 中 1030 个站点的鱼群种类丰富度数据可见，泰晤士河流域 1900 ~ 2012 年间的鱼群种类丰富度总体上是在增加的，期间又分成两个阶段。1900 ~ 1981 年间的鱼群种类丰富度处于较低水平，而从 1982 年开始，鱼群种类丰富度迅速上升到一个较高水平，并稳步增加，体现出了与泰晤士河流域水质治理过程较为一致的变化。

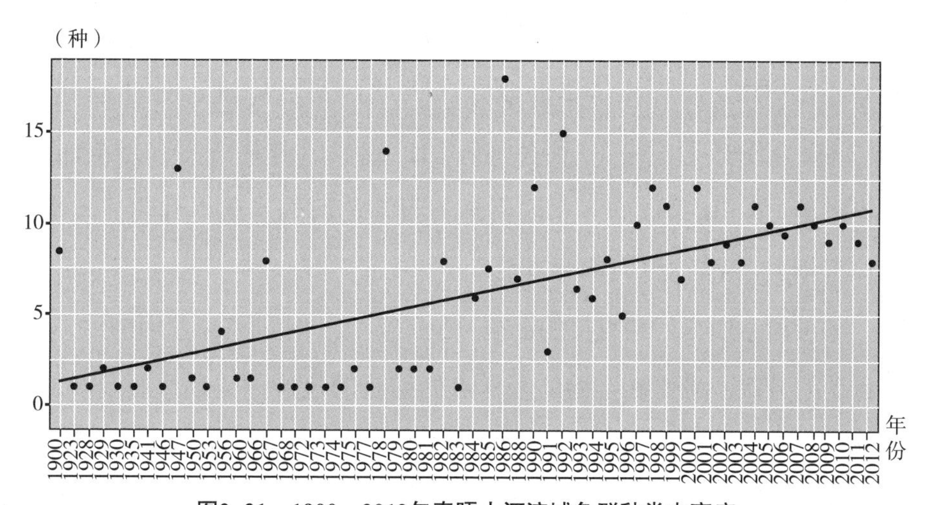

图2-31　1900 ~ 2012年泰晤士河流域鱼群种类丰富度

数据来源：Upper Thames River Conservation Authority。

2. 莱茵河

莱茵河全长 1320 公里，为欧洲第三大河流，流经欧洲 9 个国家。流域周边人口聚集，经济发达。莱茵河在 1950 年之前水质情况十分良好，水生植物丰富，随后流域周边各个国家进入工业快速发展时期，大量高用水高排放的工业企业在莱茵河周围出现，人类扰度强度的增加使得莱茵河在1950年后开始污染，变成了欧洲最大的污水集中河道，1965年水生生物出现灭绝的情况，1971年的水质污染进一步恶化，部分河段已经丧失了河流自净功能（汪秀丽，2005）。

恶劣的水体环境使得各个国家相应地开始行之有效的污染治理措施。1950年成立了“莱茵河防治污染国际委员会”（ICPR）对莱茵河污染进行专门的治理，主要任务有组织开展莱茵河的生态环境研究，协调各国的治理计划，评估治理效果；编制莱茵河治理的年度报告；向公众公开莱茵河的治理情况。

莱茵河的污染行动主要在ICPR机构协调下开展，通过设立专门的工作组，对莱茵河的水质监测、污染治理及排放监控等分别进行监督。ICPR分别对各污染源制定了严格的排放标准和处罚措施。1987年，ICPR通过了“莱茵河行动计划”，对莱茵河进行全面的污染整治。ICPR采取的一系列措施使得莱茵河的水质得到明显改善，水体变清，各排放源均达标排放。

莱茵河水质变好最直接的证据可见图2-32。伴随着莱茵河的污染治理行动的升级，路德维希港的采样点处捕获的鱼群种类数目逐渐增加，1976～1980年期间，有15种鱼群类别，1981～2000年有22种鱼群类别，而在最近的2001～2010年间发现了24种鱼群类别，其中包括3种虎鱼科。鱼群种类数的变化与莱茵河的治理阶段较为一致，体现了治理的效果。

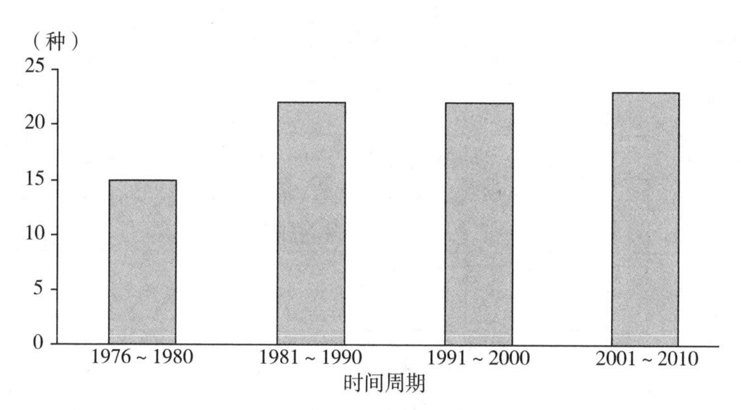

图2-32　1976 ~ 2010年莱茵河路德维希港采样的鱼群种类数

数据来源：Pawlowski et al，2012。

三、日本水污染物排放和水环境质量改善进程

（一）日本水污染防治历史进程回顾

1. 水污染防治立法

日本的水污染立法起步较早，1896 年制定《河川法》，随后制定了一系列法律，如表 2-2 所示。由于工业化带来了水质的污染，特别是 1956 年日本熊本县发现并确认了水俣病以后，1958 年政府制定了与水质相关的两个法律。但是这被称为“旧水质二法”的水环境行政法令，由于没有从根本上解决公害环境问题，直到 1970 年《公害对策基本法》以后，真正意义上的《水质污浊防治法》才得以实施。日本水污染防治法规定了两类排放标准：统一标准和比统一标准更严格的标准。统一标准涉及“有害物质”和“生活环境项目”两种排放的容许限度；比统一标准更为严格的标准，其针对水域的自然水流量比从企业排出的废水量少的情况，与大气污染防治法规一样，此水域除了适用国家统一标准，日本都道府县等地方政府可以确定比国家统一标准更加严格的标准。

表2-2　　日本水污染防治法案

时间	主要内容
1896年	《河川法》
1958年	《公共水域水质保护法》《工业污水限制法》《下水道法》
1970年	将《公共水域水质保护法》《工业污水限制法》合并为《水质污染防治法》，实行全国统一的水环境质量标准、污水排放标准
1971年	颁布"制定水排放标准的厅令"
20世纪70年代末	引入污水排放总量控制
1984年	《湖泊水质保全特别措施法》
2003年	实施《排污费征收标准管理办法》，加强污水排放总量控制的实施力度
2008年	修订水排放标准，包括有害物质和生活环境项目

资料来源：根据有关资料整理。

2. 日本水污染排放标准体系

根据《水质污染防治法》，排水标准可以分为生活环境类项目和有害物质类项目。日本全国实行统一的排水标准，不分行业，全国实行同样的标准，对于行业处理技术难以达到统一标准要求的，暂时执行较宽松的行业暂行标准，随后逐渐过渡到统一标准。地方政府可以根据实际情况，制定比国家统一标准更为严格的地方性排水标准，被称为追加排水标准。对于排水量较小的生活环境项目污染源，也实行追加的排水标准。此外，都道府县可以不需要在环境厅备案，制定地方排水标准，限制不适用有害物质统一排放标准的企业。日本环境厅可以制定污染物的总量排放限额，以总理府令的形式颁布实施，督导府县等地方政府据此制定总量的消减计划，为各主要污染源限定排放的总额度，加强对磷、氮等污染物的总量控制。

国家统一排水标准。该标准实行统一的标准值（不分行业），对于处理技术难以达到统一标准的行业，执行较为宽松的暂行行业排水标准，并逐步转为执行统一标准。

追加排水标准。都道府县依法制定并报环境厅备案的严于统一标准的排水标准。其制定必须是为了维护水域水环境质量标准。排水量<50立方米/天的较小污染源的生活环境项目，亦由追加排放标准限制。

地方排水标准。对排放有害物质统一标准不适用的企事业单位，都道府县乃至市镇村均可制定地方排放标准加以限制，且不须报环境厅备案。

总量控制标准。水域总量控制标准由都道府县制定，但环境厅可根据达标的需要，制定指定水域的污染物总量削减方针并以总理府令形式发布。都道府县据此制定总量削减计划，并为每一主要污染源规定总量控制标准。

封闭性海域（东京湾、伊势湾、濑户内海）采取特殊对策，1979年在对BOD进行总量控制。2001年12月制定了新的总量削减基本方针，增加了总磷、总氮总量控制。

3. 日本水污染防治基础设施建设情况

根据环境省统计资料，自1980年以来，污水处理厂的数量保持在平均1100个左右，1991年为最高值共有1259个，随后逐年递减到2012年的989个。污水处理能力最高值也同样在1991年，为117807千升/天，随后逐年递减到2012年的87884千升/天（见图2-33）。

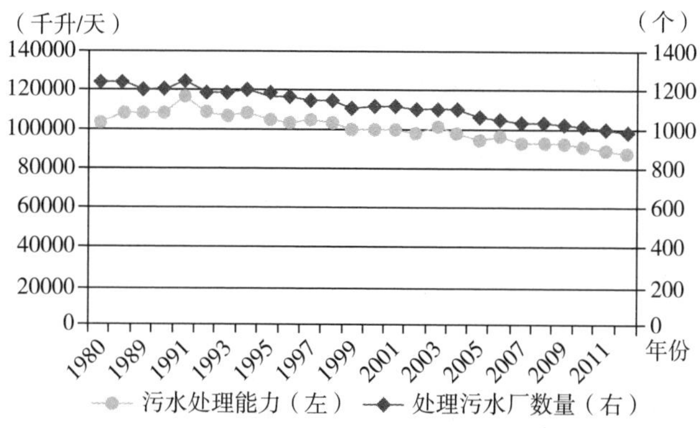

图2-33　1980～2012年日本污水处理厂数量及处理能力

资料来源：日本环境省。

（二）日本水污染物排放

1. 化学需氧量（COD）排放趋势

闭锁性海域多称为“内海”。此污染负荷量的统计来源于东京湾、伊势湾以及濑户内海的总计。据数据显示，总排放趋势逐年递减，由1979年的1796吨/天降到2009年的809吨/天。产业排水以及生活排水的污染负荷量同样也是逐年递减态势（见图2-34）。

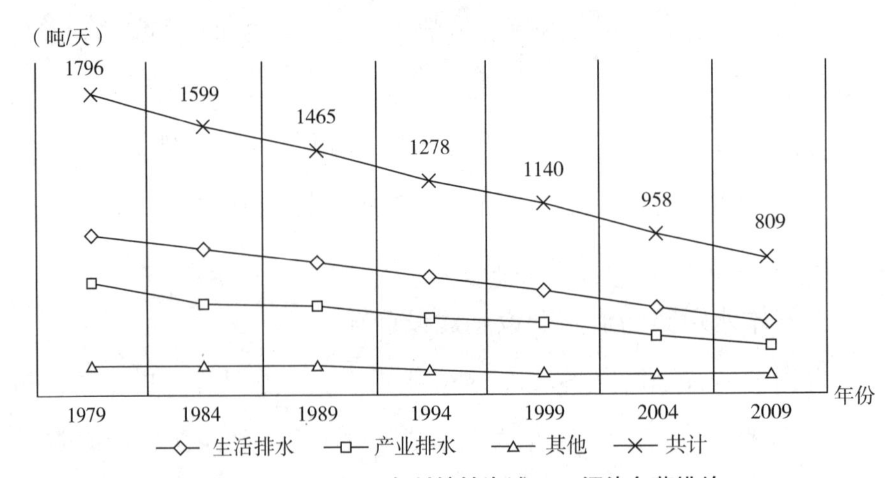

图2-34　1979～2009年封锁性海域COD污染负荷排放

资料来源：日本环境省。

2. 氮排放趋势

据数据显示，氮的污染负荷量呈逐年递减趋势，由1979年的1218吨/天降到2009年的736吨/天。产业排水污染负荷量在1999年有明显下降，生活排水污染负荷量逐年平稳下降（见图2-35）。

3. 磷排放趋势

据数据显示，磷的污染负荷量逐年下降态势，由1979年的128.5吨/天降到2009年的49.9吨/天。产业排水、生活排水污染负荷量在1984年有明显下降，之后逐年平稳下降（见图2-36）。

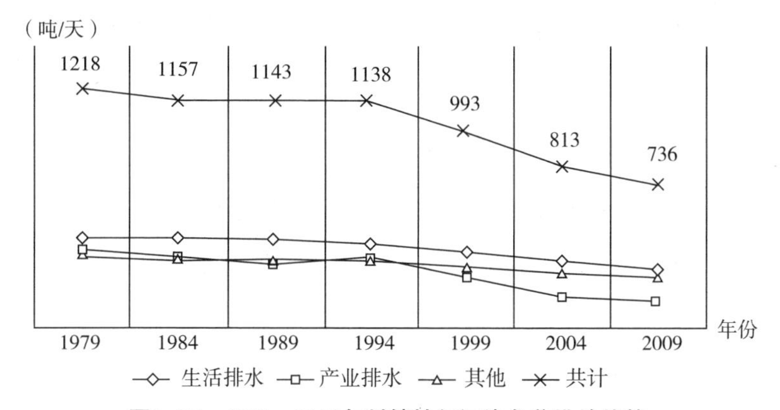

图2-35　1979～2009年封锁性氮污染负荷排放趋势

数据来源：日本环境省。

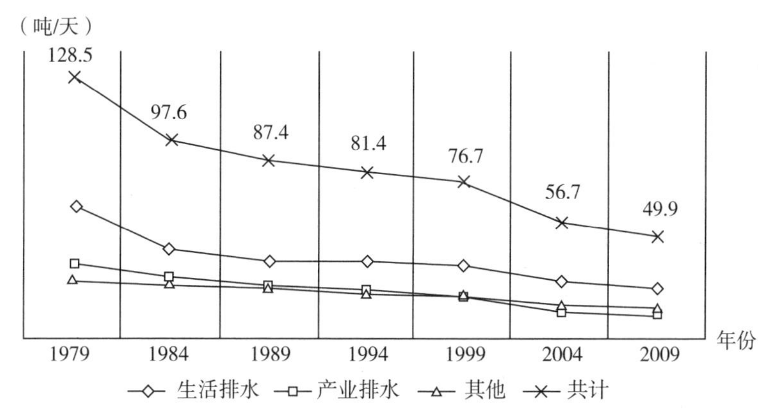

图2-36　1979～2009年封锁性海域磷污染负荷排放趋势

数据来源：日本环境省。

（三）日本水环境质量变动趋势

1. 生化需氧量（BOD）浓度趋势

根据水域利用目的、水质污浊情况等各方面考虑，环境省设定水域类型。河川分为6个类型，分别为河川AA、河川A、河川B、河川C、河川D、河川E。根据数据显示，河川全体BOD年平均值呈平稳下降趋势，1993～1994年有小幅度上升趋势，1994年之后呈下降态势，年平均值为 2.14 毫克 / 升。河川 AA 类型的 BOD 年平均值状况整体保持平稳态势，年平均值为 0.74 毫克 / 升。河川 A 类型的 BOD 年平均值状况整体保持平稳态势，年平均值为 1.3 毫克 / 升。河川 B 类型的 BOD 年平均状况趋势与河川全体趋势大致相同，年平均值为 2.3 毫克 / 升。河川 C 类型的 BOD 年平均值状况呈平稳下降态势，其中 1993 ~ 1994 年有小幅度上升，年平均值为 4.1 毫克 / 升。河川类型 D 的 BOD 年平均值状况整体呈平稳下降趋势，其中 1993 ~ 1994 年有小幅度上升态势，年平均值为 5.3 毫克 / 升。河川 E 类型的 BOD 年平均值状况整体呈下降趋势，其中 1983 ~ 1984 年以及 1992 ~ 1994 年有回升态势，年平均值为 7.75 毫克 / 升（见图 2-37）。

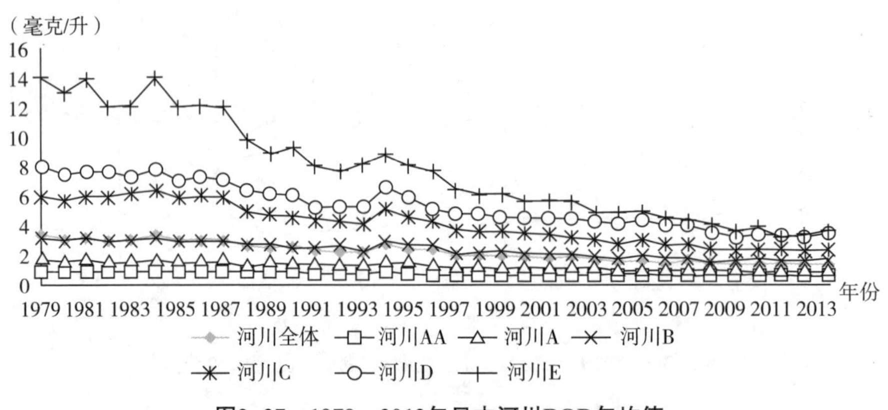

图2-37　1979 ~ 2013年日本河川BOD年均值

数据来源：日本环境省。

2. 化学需氧量（COD）浓度趋势

湖沼分为 4 个类型，分别为湖沼 AA、湖沼 A、湖沼 B 以及湖沼 C。从总体上看，湖沼全体年平均 COD 值状况呈平稳下降趋势，由 1979 年的 4.2 毫克 / 升下降到 2013 年的 3.3 毫克 / 升，年平均值为 3.6 毫克 / 升。湖沼 AA 类型的年平均 COD 值状况呈上升态势，由 1979 年的 1.6 毫克 / 升上升到 1.8 毫克 / 升，年平均值为 1.72 毫克 / 升。湖沼 A

类型的 COD 年平均值趋势与湖沼全体趋势大致相符，年平均值为 3.5 毫克 / 升。湖沼 B 类型的 COD 年平均值呈下降趋势，年平均值为 6.8 毫克 / 升。湖沼 C 类型的年平均 COD 自 1979 年开始到 1993 年之间，总体上呈下降态势，其中有反复回升年间（见图 2–38）。

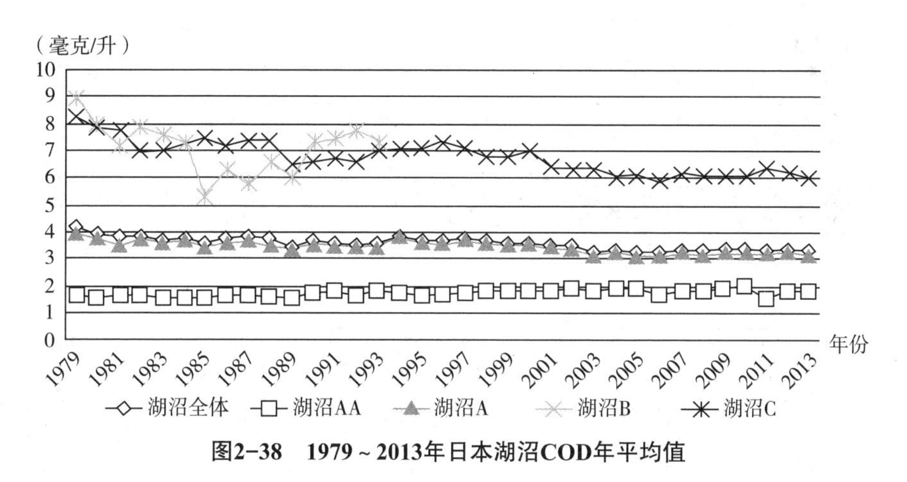

图2–38　1979～2013年日本湖沼COD年平均值

数据来源：日本环境省。

海域分为三种类型，分别为 A、B 以及 C。整体上看，海域全体呈小幅上升趋势，1979 年为 1.7 毫克 / 升，2013 年为 1.8 毫克 / 升，年平均值为 1.79 毫克 / 升。海域 A 呈小幅上升趋势，自 1979 年的 1.4 毫克 / 升上升到 2013 年的 1.6 毫克 / 升 .。海域 B 总体呈小幅上升态势，自 1979 年的 2 毫克 / 升上升到 2013 年的 2.1 毫克 / 升。海域类型 C 呈小幅下降态势，从 1979 年的 2.8 毫克 / 升下降到 2013 年的 2.6 毫克 / 升（见图 2–39）。

3. 总氮浓度趋势

根据全氮全磷要素，湖沼被分为五种类型。从整体上看，湖沼全体的全氮浓度自 1984 年开始迅速下降，从 2.5 毫克 / 升下降到 0.63 毫克 / 升，年平均值为 0.69 毫克 / 升。湖沼Ⅰ类型，与 1985 年相比有小幅上升趋势，上升幅度为 0.04 毫克 / 升。湖沼Ⅱ类型，与 1985 年相比有小幅上升趋势，上升空间为 0.14 毫克 / 升。湖沼Ⅲ类型，自 1984 年开始迅速下降，从 2.3 毫克 / 升下降到 0.74 毫克 / 升，之后保持平稳态势，年平均值为 0.74 毫克 / 升。湖沼Ⅳ类型，整体上保持平稳趋势，年平均值为 0.98 毫克 / 升。湖沼Ⅴ类型自 1984 年迅速下降，由 4.7 毫克 / 升下降到 1.3 毫克 / 升，年平均值为 1.96 毫克 / 升（见图 2–40）。

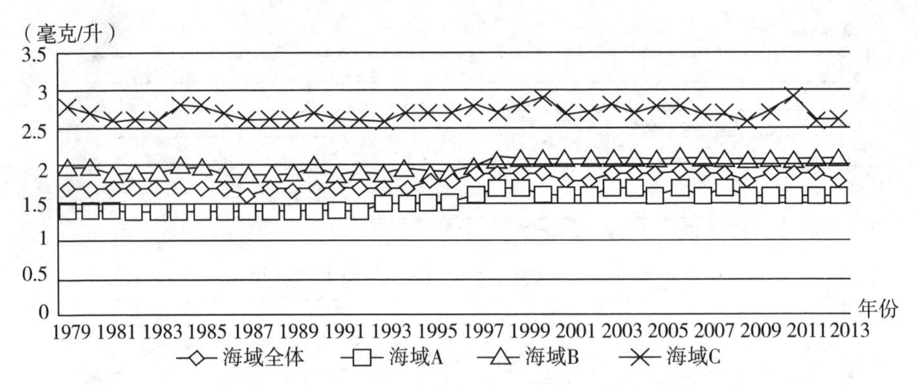

图2–39　1979 ~ 2013年日本海域COD年均浓度

数据资料：日本环境省。

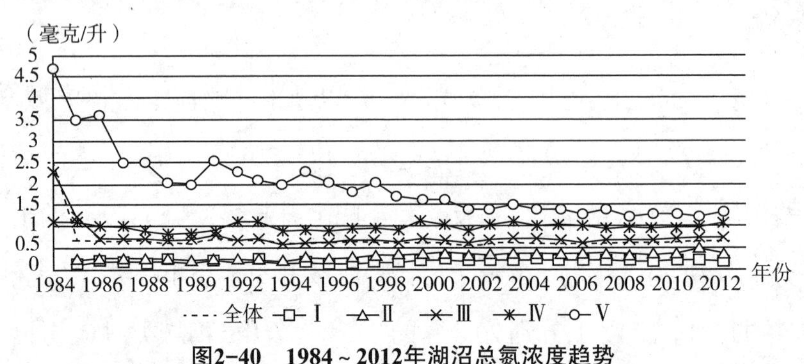

图2–40　1984 ~ 2012年湖沼总氮浓度趋势

数据来源：日本环境省。

根据全氮全磷要素，海域被分为四种类型。从整体上看，海域全体的全氮浓度自 1984 年开始迅速下降，从 0.85 毫克 / 升下降到 0.24 毫克 / 升，年平均值为 0.34 毫克 / 升。海域Ⅰ类型，浓度自 1995 年呈上升趋势，1997 年以后呈现平稳趋势。海域Ⅱ类型，浓度呈现平稳下降态势，年平均值为 0.01 毫克 / 升。海域Ⅲ类型自 1984 年开始迅速下降，从 0.86 毫克 / 升下降到 0.38 毫克 / 升，年平均值为 0.45 毫克 / 升。海域Ⅳ类型自 1984 年开始迅速下降，从 1.2 毫克 / 升下降到 0.69 毫克 / 升，年平均值为 0.87 毫克 / 升（见图 2-41）。

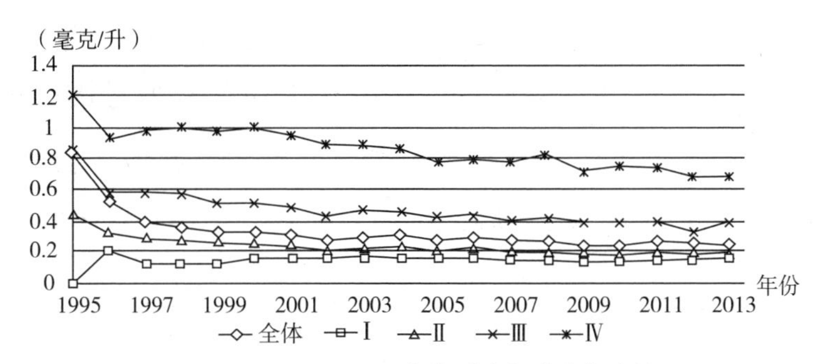

图2-41　1995～2012年海域全氮浓度年均值

数据来源：日本环境省。

4. 总磷浓度趋势

从整体上看，海域全体的全磷浓度自 1984 年开始下降，从 0.062 毫克 / 升下降到 0.025 毫克 / 升，年平均值为 0.031 毫克 / 升。海域Ⅰ类型，浓度从 1995 年呈上升趋势，1997 年以后呈现平稳趋势。海域Ⅱ类型，浓度呈现平稳下降态势，年平均值为 0.024 毫克 / 升。海域Ⅲ类型自 1984 年开始平稳下降，年平均值为 0.046 毫克 / 升。海域Ⅳ类型自 1984 年开始平稳下降，年平均值为 0.07 毫克 / 升（见图 2-42）。

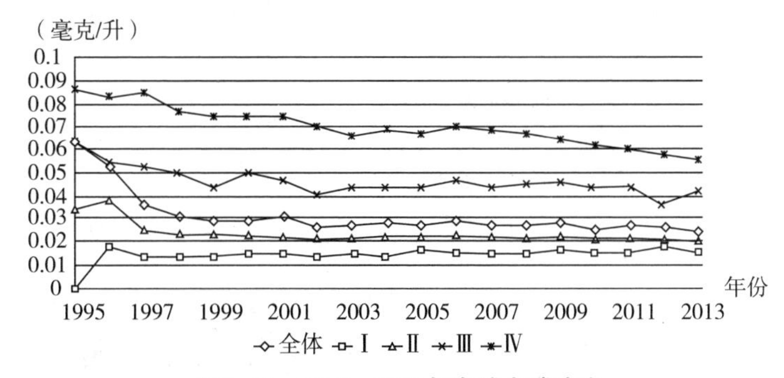

图2-42　1995～2013年海域全磷浓度

数据来源：日本环境省。

从整体上看，湖沼全体的全磷浓度自1984年开始迅速下降，从0.25毫克/升下降到0.041毫克/升，年平均值为0.69毫克/升。湖沼Ⅰ类型，浓度呈现平稳趋势，年平均值为0.005毫克/升。湖沼Ⅱ类型，浓度呈现平稳态势，年平均值为0.01毫克/升。湖沼Ⅲ类型自1984年开始迅速下降，从0.14毫克/升下降到0.05毫克/升，年平均值为0.054毫克/升。湖沼Ⅳ类型，整体上保持平稳趋势，年平均值为0.073毫克/升。湖沼Ⅴ类型自1984年迅速下降，由0.53毫克/升下降到0.15毫克/升，年平均值为0.2毫克/升（见图2-43）。

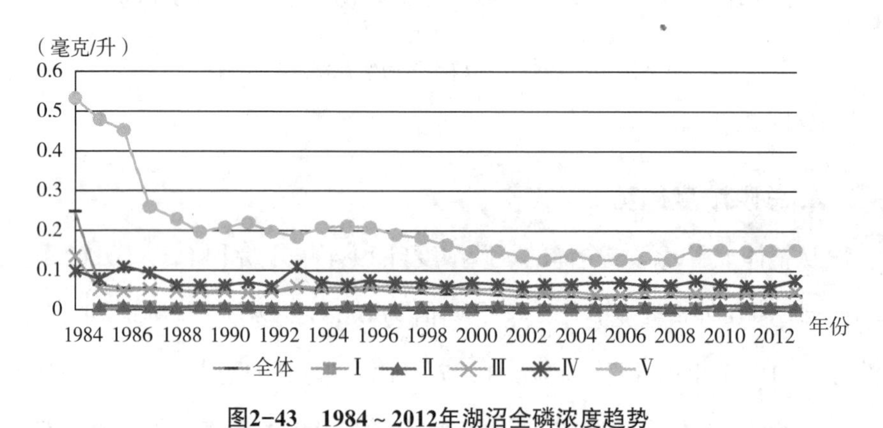

图2-43　1984～2012年湖沼全磷浓度趋势

资料来源：日本环境省。

四、中国水污染物排放和水环境质量改善进程

（一）中国水污染减排政策梳理

1. 水污染防治规划体系逐步建立

中国水污染防治规划的研究也始于20世纪70年代，随后的“六五”“七五”和“八五”攻关中，开展了大量水环境背景值、水体功能分区、水环境容量理论与总量控制方法的研究，规划过程中运用了水质数学模型、多目标评价预测模型和大规模系统优化方法等定量分析手段，

增强了规划的科学性（张远等，2007）。在“十一五”阶段，中国已经形成了以污染物目标总量控制技术为主的规划技术体系，并针对确定的污染物总量控制指标，制定实施了重点流域水污染防治规划（张远等，2007）。

20世纪90年代以来，国家制定了多部水污染防治的计划和规划。1994年从治理淮河开始，陆续制定了“三河”（淮河、辽河、海河）、“三湖””（太湖、滇池、巢湖）、重点工程（三峡工程、南水北调工程）的水污染防治，并制定了重点流域水污染防治“九五”计划。2000年以后，国家陆续出台了多项水污染防治的专项规划，如《淮河、海河、辽河、巢湖、滇池、黄河中上游等重点流域水污染防治规划（2006—2010年）》《全国地下水污染防治规划（2011—2020年）》《全国重要江河湖泊水功能区划（2011—2030年）》等（见表2-3）。在这一阶段，水污染防治规划的数量显著增加，专业化、细化程度不断提高。水污染控制规划方法主要为目标总量控制模式，控制指标主要为COD和氨氮，主要污染控制对象为工业污染与城镇生活污染。

表2-3　　中国水污染防治相关规划、计划

时间	名称	说明
2001年	《三峡库区及其上游水污染防治规划》	环发〔2001〕183号
2003年	《巢湖流域水污染防治“十五”计划》	环发〔2003〕30号
2003年	《滇池流域水污染防治“十五”计划》	环发〔2003〕84号
2003年	《海河流域水污染防治“十五”计划》	环发〔2003〕85号
2006年	《丹江口库区及上游水污染防治和水土保持规划》	
	《黄河中上游流域水污染防治规划》	
2008年	《三峡库区及其上游水污染防治规划（修订版）》	环境保护部
2008年	《淮河、海河、辽河、巢湖、滇池、黄河中上游等重点流域水污染防治规划（2006—2010年）》	环境保护部、发展改革委、水利部、住房城乡建设部

续表

时间	名称	说明
2011年	《全国地下水污染防治规划（2011—2020年）》	环境保护部
2011年	《长江中下游流域水污染防治规划（2011—2015年）》环发〔2011〕100号	环境保护部、发展改革委、财政部、住房城乡建设部、水利部
2012年	《全国重要江河湖泊水功能区划（2011—2030年）》	水利部、发展改革委、环境保护部
2012年	《重点流域水污染防治规划（2011—2015年）》环发〔2008〕15号	环境保护部、发展改革委、财政部、水利部
2012年	《“十二五”全国城镇污水处理及再生利用设施建设规划》	国务院办公厅
2012年	《全国城镇供水设施改造与建设“十二五”规划及2020年远景目标》建城〔2012〕82号	住房城乡建设部 发展改革委员
2012年	《全国畜禽养殖污染防治“十二五”规划》	环境保护部、农业部
2012年	《国家农业节水纲要（2012—2020年）》	国办发〔2012〕55号
2012年	《丹江口库区及上游水污染防治和水土保持“十二五”规划》	发展改革委、国务院南水北调办、水利部、环境保护部、住房城乡建设部
2013年	《华北平原地下水污染防治工作方案》环发〔2013〕49号	环境保护部、国土资源部、住房城乡建设部、水利部
2014年	《水质较好湖泊生态环境保护总体规划（2013—2020年）》	环境保护部、 发展改革委、财政部环发〔2014〕138号
2015年	《水污染防治行动计划》	国务院

资料来源：本研究整理。

2.“命令—控制类”政策工具逐步强化

（1）水污染防治的标准体系逐步完善

国家和地方的水污染排放标准体系逐步建立和完善。20 世纪 70 年代，中国制定了《工业“三废”排放试行标准》。20 世纪 80 年代，中国先后制定了《污水综合排放标准》等综合性标准。随着 1984 年《水污染防治法》的颁布实施，中国对轻工、冶金、石油开发等 30 多个主要行业逐步制定了行业水污染物排放标准，初步形成了行业水污染物排放标准体系。20 世纪 90 年代有关部门陆续制定了畜禽、造纸、印染、合成氨、磷肥、烧碱、聚氯乙烯工业等多个工业行业水污染物排放标准。2000 年以后，有关部门制定了《畜禽养殖污染物排放标准》《城镇污水处理厂污染物排放标准》等。2010 年，环境保护部修订发布了《地方环境质量标准和污染物排放标准备案管理办法》。2013 年印发的《国家环境保护标准“十二五”发展规划》提出了国家与地方两级环保标准协调发展的环保标准管理战略。

水环境质量标准体系逐步建立并完善。中国的水质标准始于 20 世纪 80 年代，国家陆续制定了《地表水环境质量标准》《海水水环境质量标准》《农田灌溉水质标准》《渔业水质标准》《地下水质量标准》等，经过多年的发展和修订，已逐渐形成了一个相对完整的标准体系。其中，作为综合性标准的《地表水环境质量标准》，从 1983 年开始颁布实施以来，迄今已经修订 3 次，已成为中国水环境监管的核心尺度（孟伟等，2006）。

数据显示，工业废水处理达标率从 1986 年的 55.4% 提高到 2010 年的 95.9%[①]。文献调研表明，尽管中国的污染物排放达标数据存在较大的问题，但是以标准及排污达标仍然是“基础的”政策工具。实证研究显示，中国环境监管政策体系中，“命令—控制类”政策的作用大于经济激励政策的作用（郭庆，2011）。有关研究表明，1981 ~ 2008 年间，中国环境管理新 5 项制度对中国重金属减排量的贡献在 42238 ~ 67810.4 吨之间，约占该时期重金属减排总量的

① 数据来源：《中国环境统计资料汇编（1981—1990）》《中国环境统计年鉴》。

38.1% ~ 61.2%（严晓星等，2011）。

（2）总量控制制度逐步发展

中国引入并实行污染物总量控制制度已有20年的历史。1996年的《国民经济和社会发展“九五”计划和2010远景目标》后此提出污染物排放总量控制。随后，1995年8月，国务院下发的《国务院关于环境保护若干问题的决定》明确提出“实施污染物排放总量控制”。“九五”期间，中国对废水中排放的化学需氧量、石油类、氰化物、砷、汞、铅、镉、六价铬8项指标实行了排放总量控制。这一阶段，中国污染物控制从“浓度控制”向“总量控制”转变。“十五”期间中国对水污染物COD和氨氮进行总量控制。但是，COD仅减少了2%，未完成“十五”计划削减10%的控制目标。“十一五”期间只对COD指标进行了总量控制。2006年5月，国家环保总局代表国务院与31个省市区政府签署了“十一五”COD总量削减目标责任书，随后，省级政府和市政府、市政府与下辖的县也分别采用签署责任书的方式，“层层分解落实”的方式逐步确立。2007年年底国家环保总局出台了《“十一五”主要污染物总量减排考核办法》《“十一五”主要污染物总量减排统计办法》《“十一五”主要污染物总量减排监测办法》，构成了“十一五”期间主要污染物减排考核工作的“三大体系”，为污染物总量减排提供了重要支撑。同时，国家对“节能减排”工作的考核采用“一票否决”。“十一五”以来，中国污染物总量控制制度取得实质性进展，对遏制污染物排放已形成“强约束”，并推动污染物排放逐步实现转折。“十二五”期间总量控制的指标中又增加了氨氮指标。总体上，总量控制制度的实施对水污染物控制发挥了重要作用（见表2–4）。

表2-4　　中国水污染物总量控制制度的发展

时间	指标与目标	相关文件	实施效果（意义）
“九五”	国家首次制定主要污染物排放总量控制计划。总量控制指标共8项，分别是化学需氧量、石油类、氰化物、砷、汞、铅、镉、六价铬	《“九五”期间全国主要污染物排放总量控制计划》	
“十五”	《国民经济和社会发展第十一个五年规划纲要》中提到“到2005年，主要污染物排放总量比2000年减少10%”。水污染物总量控制目标包括COD和氨氮		化学需氧量削减2%，未实现目标
“十一五”	水污染物总量控制目标仅保留COD。列为国家节能减排约束性指标	《“十一五”期间全国主要污染物总量控制计划》（2006） 《主要水污染物总量分配指导意见》（2006） 《主要污染物总量减排考核办法》（2007）	下降12.45%
“十二五”	水污染物总量控制目标为化学需氧量、氨氮2项。列为国家节能减排约束性指标	《“十二五”主要污染物总量减排核算细则》（2011） 《“十二五”主要污染物总量减排目标责任书》（2012）	

资料来源：本研究整理。

（3）排污许可制度仍处于试行阶段

中国的排污许可证制度作为总量控制制度的配套制度逐步试行并逐步发展。为逐步实现总量控制，1988 年 5 月，国家环保局正式在上海、金华、徐州等 18 个城市率先进行了排放水污染物许可证制度的试点工作。各试点城市经过 3 年的努力，在实行排放水污染物许可方面取得了一定的经验。基于上述实践，国家环保局在《关于加强水污染防治工作的决定》和《水污染物排放许可证管理暂行规定》中指出，全国各地在 1992 年年底全面完成排污申报登记工作，到 1995 年年底全国基本上实行排污许可证制度（阎庆伟，1996）。2001 年、2004 年国家环保总局先后发布了《淮河和太湖流域排放重点水污染物许可证管理办法（试行）》《关于开展排污许可证试点工作的通知》。《国务院关于落实科学发展观加强环境保护的决定》（国发〔2005〕39 号）进一步明确要"推行排污许可证制度，禁止无证或超总量排污"。截至 2013 年年底，全国绝大多数省级行政区已将排污许可证制度纳入地方性法规，并制定了规范性文件（苏丹等，2014）。

2008 年 1 月，国家环保总局公布了《排污许可证管理条例（征求意见稿）》和起草说明，标志着中国将通过立法全面推行排污许可证制度。但是，截至 2015 年年底，国家层面的《排污许可证管理条例》仍未出台。

表2-5　　水污染物排污许可证制度有关法规及文件

时间	政策、文件名称	发文单位
1988年	《水污染物排放许可证管理暂行办法》	〔1988〕环水字第111号；2007年10月失效
2001年	《淮河和太湖流域排放重点水污染物许可证管理办法（试行）》	国家环保总局令第11号
2004年	《关于开展排污许可证试点工作的通知》	国家环保总局

资料来源：本研究整理。

（4）限期治理制度开始试行

从 2007 年开始，针对部分流域严重污染的问题，国家环保总局对长江、黄河、淮河、海河四大流域部分水污染严重、环境违法问题突出的 6 市 2 县 5 个工业园区实行"流域限批"[①]。从 2009 年开始，

① 《国家环保总局对长江、黄河、淮河、海河重污染水域进行"流域限批"》，载于《环境保护》，2007年13期，第72页。

环境保护部开始逐步完善限期治理制度，出台了《限期治理管理办法（试行）》。2009年8月，国务院公布《规划环境影响评价条例》，并于2009年10月1日起施行。这一条例旨在加强对规划的环境影响评价工作，提高规划的科学性，从源头预防环境污染和生态破坏。同时该条例为“区域限批”“总量控制”提供实施基础。

表2-6 限期治理的有关法规及文件

时间	政策、文件名称	说明
2009年	《限期治理管理办法（试行）》环境保护部令第6号	
2010年	《环境行政处罚办法》环境保护部令第8号	1999年8月6日原国家环保总局发布的《环境保护行政处罚办法》同时废止
2013年	《关于对未通过重点流域水污染防治专项规划实施情况考核的地区予以处罚的通知》	

资料来源：本研究整理。

3. 水污染防治的环境经济政策框架初步形成

（1）水污染物排污收费制度逐步建立并不断完善

1979年9月颁布的《中华人民共和国环境保护法（试行）》从法律上确立了中国的排污收费制度。到1981年年底，全国已有27个省、自治区、直辖市开展了排污收费试点。1982年7月，国务院正式发布并施行了《征收排污费暂行办法》，排污收费制度在全国普遍实行。2003年，《排污费征收使用管理条例》实施，排污收费制度进入新的阶段。该《条例》核心内容体现在以下几个方面。第一，体现污染物排放总量控制，实行排污即收费，将原来的污水、废气超标单因子收费改为按污染物的种类、数量以污染当量为单位实行总量多因子排污收费。第二，增加了征收对象，扩大了征收范围，适当提高了征收标准，加重了处罚。第三，严格实行收支两条线，征收的排污费一律上缴财政，纳入财政预算，列入环境保护专项资金进行管理；环保执法资金由财政予以保障，从制度上堵住挤占、挪用排污费等问题的发生。第四，加强了对排污费征收的监督。2014 年 9 月，国家发展改革委、财政部和环境保护部联合印发《关于调整排污费征收标准等有关问题的通知》，要求各省（区、市）结合实际，调整污水、废气主要污染物排污费征收标准，实行差别化排污收费政策，这标志着中国排污收费政策即将进入新的阶段（见表 2–7）。

表2–7　关于水污染物排污收费的法律法规、规范性文件及主要内容

时间	文件名称	发文单位	主要内容及意义
1982年	《征收排污费暂行办法》	国务院发布，1982年7月1日施行	标志着排污收费制度建立
1993年	《关于征收污水排污费的通知》	国家计划委员会、财政部	污水排污费征收全面展开
1997年	《关于城市污水处理收费试点有关问题的通知》	财政部、国家计委、建设部和国家环保局（财综字〔1997〕111号）	开征城市污水处理费后，对向城市污水处理厂和排水设施排放污水的单位不再征收排水设施有偿使用费和污水处理费
1999年	《关于加大污水处理费征收力度，建立城市污水排放和集中处理良性运行机制的通知》	国家计委、建设部、国家环保总局（计价格〔1999〕1192号）	提出在供水价格上加收污水处理费，污水处理费是水价的重要组成部分
2002年	《排污费征收使用管理条例》	国务院第369号令，2003年7月1日实施	排污收费制度历史性发展
2003年	《排污费征收标准管理办法》	发展改革委、财政部、环保总局、国家经贸委（第31号令）	对排污收费标准、管理作出明确规定
2003年	《关于排污费征收核定工作的通知》	国家环保总局（环发〔2003〕64号）	对排污费征收很定问题进行明确规定
2003年	《排污费资金收缴使用管理办法》	财政部、国家环保总局，2003年7月1日实施	对排污费征收、使用、管理进行明确规定

续表

时间	文件名称	发文单位	主要内容及意义
2003年	《关于环保部门实行收支两条线管理后经费安排的实施办法》	财建〔2003〕64号	环保机构按规定应当上缴的各项收费要及时足额上缴国库，支出纳入同级财政年度预算，实行“收支两条线”管理
2003年	《关于减免及缓缴排污费有管问题的通知》	财政部、国家发展改革委、国家环保总局	
2014年	《关于调整排污费征收标准等有关问题的通知》	国家发展改革委、财政部和环境保护部（发改价格〔2014〕号）	通知规定，2015年6月底前，各省（区、市）要将废气中的二氧化硫和氮氧化物排污费征收标准调整至不低于每污染当量1.2元，污水中的化学需氧量、氨氮和5项主要重金属（铅、汞、铬、镉、类金属砷）排污费征收标准不低于每污染当量1.4元

资料来源：本研究整理。

从排污费征收的行业来看，现行的排污费征收主要集中于火力发电、化工、钢铁、造纸、水泥等高耗能、高污染行业。从征收的类型来看，现行的排污费征收主要是水污染排污费和空气污染排污费。从排污收费经费的变动趋势来看，全国排污费征收从 1986 年的 11.9 亿元增加到 2010 年的 178 亿元，2013 年全国排污费征收开单 216.05 亿元[①]。值得关注的是，2003 年《排污费征收管理使用条例》颁布以后，排污费收入出现了大幅度的上涨，2003 ~ 2006 年全国排污费收入为 73.1 亿元、94.2 亿元、123.2 亿元和 144.1 亿元，增长率分别达到 84.6%、28.9%、30.8% 和 17%。其中，废水类排污费征收从 1986 年的 7.19 亿元增加到 2010 年的 22.38 亿元[②]。

① 环境保护部网站，《2013年全国排污费征收开单216.05亿元》，2014年1月13日。

② 数据来源：《中国环境统计资料汇编（1981—1990）》《中国环境统计年鉴》。

（2）水污染防治财政制度逐步完善

2006 年财政部正式把环境保护纳入政府预算支出科目，增加了“211 环境保护”科目，包括 10 大款 50 小项。这个支出分类科目基本涵盖了政府预算内污染防治和生态保护的全部内容，它使环境保护在政府预算支出科目中有了户头，为建立环境财政制度奠定了基础。数据显示，2000 年以来，特别是“十一五”以来，城镇环境基础设施投资（排水）投资大幅提高，随后在“十二五”期间小幅回落。工业污染治理中（治理废水）投资从 2001 年的 72.9 亿元提高到 2012 年的 140.3 亿元。2001 ~ 2010 年，国家累计投入约 1800 亿元财政资金用于水污染防治（见图 2–44）。

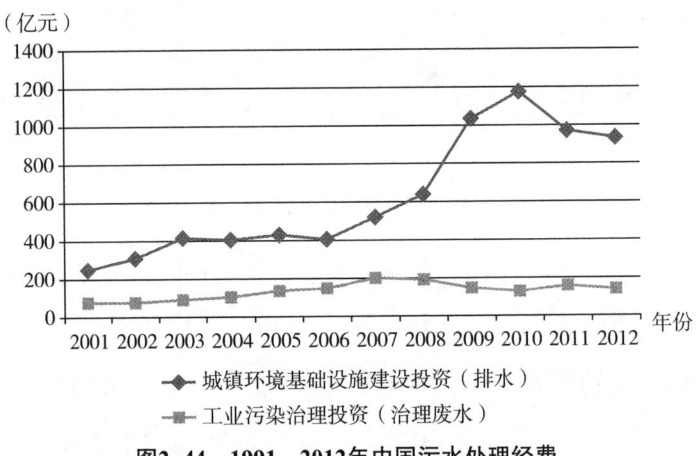

图2–44　1991 ~ 2012年中国污水处理经费

数据来源：历年《中国环境统计年鉴》。

（3）供水价格形成机制逐步完善，水价逐步调整

经过多年的供水价格机制改革，中国供水价格形成机制逐步完善，形成了由 4 个收费项目组成的整体，包括：水资源费、自来水费、污水处理费、排污收费（见表 2–8）。1999 年之前，中国城市水价较低，通常低于每立方米 0.2 元。2002 年的《水法》提出了新的关于运行和

维护成本回收政策。随后，中国多数地区的水价已大幅提升，在过去10年间，城市水价已上调6次（张英等，2014）。2016年，财政部、国家税务总局、水利部印发《水资源税改革试点暂行办法》，该办法适用于河北省，并自2016年7月1日起实施。河北省开征水资源税后，将水资源费征收标准降为零。

表2-8　　中国综合水价政策

水价政策	制定部门	征收部门	征收对象	资金使用
水资源费	省级政府，价格会同财政、水行政部门	县级以上政府水行政部门	直接从江河、湖泊或地下取用水资源的单位和个人	按照1：9的比例分别上缴中央和地方国库
自来水费	市级政府，价格、水行政部门	县级以上政府市政建设或水行政部门（供水企业代征）	使用水工程供应水的单位和个人	当地供水单位支配和使用
污水处理费	市级政府，价格会同市政建设或水行政部门	县级以上政府市政建设或水行政部门（供水企业代征）	向城市污水集中处理设施排放污染物的单位和个人	用于城市污水集中处理设施的建设和运行
排污收费	中央政府，价格、财政、环境保护和经济贸易部门	县级以上政府环境保护部门	直接向环境排放污染物的企业事业单位和个体工商户	10%作为中央预算收入缴入中央国库，90%作为地方预算收入缴入地方国库

资料来源：马中等，2012

污水处理费制度逐步建立并完善。1997年淮河流域首先开展污水处理费试点，2007年城镇污水处理费标准提高到0.8元/立方米以上，污水处理收费经历了试点、普及和提高3个阶段，但尚未出台相关的国家法律法规和标准。此外，农业用水价格政策开始完善。2013年，水利部协调财政部加大支持力度，在全国27个省55个县深入开展农业水价综合改革示范。

（4）水污染物排污权交易试点范围进一步扩大

中国水污染物排放交易可以追溯到1987年上海闵行区企业之间的水污染物排污指标有偿转让实践（吴悦颖等，2013）。1988年国家环保局颁布的《水污染物排放许可证管理暂行办法》规定“水污染排放总量控制指标，可以在本地区的排污单位间相互调剂”。“十一五”期间，环境保护部批准江苏、浙江、天津、湖北、湖南、山西、内蒙古、重庆等8省市区为排污权交易试点省市。“十二五”期间，水污染物排污权交易试点范围进一步扩大，江苏、浙江、湖北、湖南、内蒙古、山西、重庆、陕西、河北等10省市被列为国家排污权有偿使用和交易试点，控制的水污染物涉及COD、NH_3–N等。截至目前，全国共有20多个省份开展了排污权交易试点。从试点的进展来看，各省的水污染物排污权交易工作已取得了积极进展，出台了涵盖交易管理办法、实施细则、交易价格、资金管理等一系列的政策文件。从总体情况来看，省级政府出台的文件有20个，环保及相关部门出台的文件有88个（许艳玲等，2014）。同时，试点省份交易机构和交易平台建设不断规范化。经过20多年的发展，已形成具有中国特色的排污权有偿使用与交易的雏形。2014年8月，国务院办公厅下发《关于进一步推进排污权有偿使用和交易试点工作的指导意见》，提出“到2017年，试点地区排污权有偿使用和交易制度基本建立”。这标志着中国排污权交易试点工作将进入新的阶段（见表2–9）。

表2–9　关于水污染物排放权交易的法律法规及文件

时间	文件名称	发文单位	主要内容
2007年	《关于同意在太湖流域开展主要水污染物排放权有偿使用和交易试点的复函》	财政部、环保总局	
2010年	8省（自治区、直辖市）被国家批准为排污权交易试点省区	环境保护部	

续表

时间	文件名称	发文单位	主要内容
2014年	《关于进一步推进排污权有偿使用和交易试点工作的指导意见》	国办发〔2014〕38号	到2017年，试点地区排污权有偿使用和交易制度基本建立，试点工作基本完成

资料来源：本研究整理。

（5）绿色信贷、绿色保险等环境经济政策逐步开展

2006 年 4 月，第六次全国环境保护大会提出了“从主要用行政办法保护环境转变为综合运用法律、经济、技术和必要的行政办法解决环境问题”。2007 年 9 月，国家环保部门提出要构建环境经济政策架构和路线图，要求按照市场经济规律的要求，综合运用价格、税收、财政、信贷、收费、保险等经济手段来保护环境。具体包括 7 个方面：绿色税收、环境收费、绿色资本市场、生态补偿、排污权交易、绿色贸易和绿色保险。

绿色信贷政策开始试行。2012 年 2 月，银监会印发了《关于印发绿色信贷指引的通知》，指导银行业金融机构按照指引的要求从战略高度推进绿色信贷，加大对绿色、循环、低碳经济的支持，防范环境和社会风险，加强监管和绿色信贷能力建设。2013 年 2 月银监会发布《关于绿色信贷工作的意见》，积极支持绿色、循环和低碳产业发展，支持银行业金融机构加大对战略性新兴产业、文化产业、生产性服务业、工业转型升级等重点领域的支持力度。同时按照与银监会的信息共享协议，环保部继续指导地方环保部门向金融部门提供企业环境信息。

环境污染责任保险政策试点探索不断深化。自 2007 年《关于环境污染责任保险工作的指导意见》出台以来，环境污染责任险取得较大发展，目前已有河北、湖南、湖北、江苏、浙江、辽宁、上海、重庆、

四川、云南、河南、广东、内蒙、山西、安徽等19个省市开展了环境污染责任保险试点。2013年1月，环境保护部联合保监会共同出台了《关于开展环境污染强制责任保险试点工作的指导意见》。逐步完善配套技术规范，在风险评估环节，环境保护会同保监会先后于2010年、2011年和2013年联合发布了氯碱、硫酸和粗铅冶炼等高环境风险行业企业的“环境风险评估指南”，为评估企业环境风险，厘定费率水平提供技术规范。在损害评估环节，环境保护部于2011年印发了《环境污染损害数额计算推荐方法》，为保险公司核算污染事故损失提供了基本的技术规范。

从目前的情况来看，中国环境政策已发生了重要的转变，多种环境经济政策尚处于试点起步探索或者深入探索阶段，已初步构建了环境经济政策体系框架（董战峰等，2014；董战峰等，2012）。

（6）水污染治理市场逐步建立并发展

20世纪90年代至2000年左右，中国污水处理厂建设较慢。进入“十五”以后，国家对民间投资的引导、市政公用事业的市场化改革进入新的阶段（常杪等，2006）。建设部于2002年发布了《关于加快市政公用行业市场化进程的意见》。其中，明确提出鼓励社会资本、外国资本采取独资、合资、合作等多种形式，通过政府授权特许经营参与市政公用设施的建设。此后，BOT[①]为主的污水处理厂市场化建设模式在“十五”得到迅速发展。BOT、TOT[②]融资对中国环境基础设施

---

① BOT（build—operate—transfer）即建设—经营—转让，是指政府通过契约授予社会资本或外资企业以一定期限的特许专营权，许可其融资建设和经营特定的公用基础设施，并准许其通过向用户收取费用或出售产品以清偿贷款、回收投资并赚取利润；特许权期限届满时，该基础设施无偿移交给政府。

② TOT（transfer—operate —transfer）即移交—经营—移交，是指政府将建设好的项目的一定期限的产权和经营权有偿转让给投资人，由其进行运营管理；投资人在一个约定的时间内通过经营收回全部投资和得到合理的回报，并在合约期满之后再交回给政府的一种融资方式。

建设起到了越来越重要的作用。2011 年全国建成投运的 3022 座污水处理厂中，采取 BOT、BT、TOT 等特许经营模式的占 42.28%（董战峰等，2014）。2000 年以来，水污染治理市场快速发展。有关数据显示[①]，2000 ~ 2012 年水污染治理行业从行业总产值 190 亿元发展到销售总收入 1800 亿元，2012 年中国共有从事水污染治理的环保企业 15000 家。

4. 水污染防治能力建设稳步提高，水污染防治技术政策逐步完善

（1）城乡污水处理基础设施快速发展，污水处理市场进入新阶段

全国城市污水处理厂从 1991 年的 87 座提高到 2012 年的 1670 座，污水处理率从 1991 年 14.86% 提高到 2013 年的 89.2%。全国县城污水处理厂从 2000 年的 54 座增加至 2012 年的 1416 座，污水处理率从 7.55% 提高到 75.24%（见图 2-45）。根据环境保护部的数据，2013 年，全国投运的城镇污水处理设施共 4136 座，总设计处理能力 1.61 亿立方米 / 日，平均日处理水量 1.26 亿立方米[②]。此外，工业污水处理能力显著提高，2011 年工业废水治理设施数达 91506（套）。“十一五”

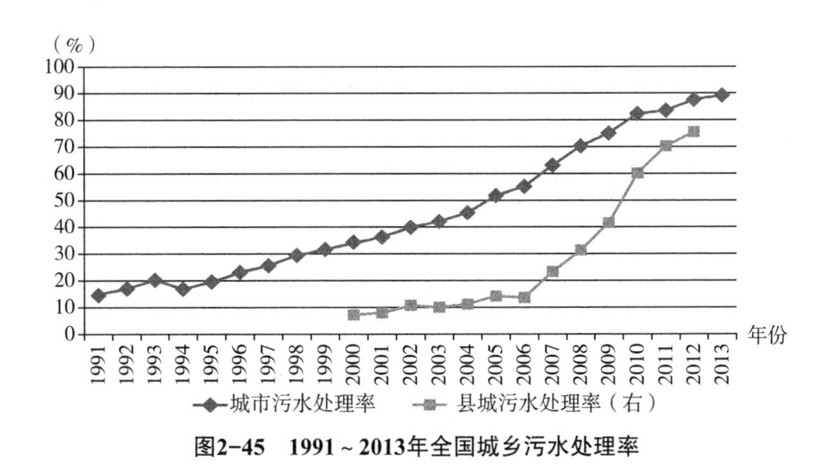

图2-45　1991 ~ 2013年全国城乡污水处理率

数据来源：《中国城乡建设统计年鉴2012》。

① 王家廉，2002；中国环保产业协会水污染治理委员会，2013。

② 环境保护部公告，《关于公布2013年全国城镇污水处理设施名单的公告》，2014年第26号。

以来水污染防治基础设施建设为水污染物减排提供了坚实的支撑。随着“十一五”以来大规模城镇污水处理设施的建设，大中城市的建设任务已经基本完成，污水处理市场已经从大中城市、大建设、大投入阶段发展到中小城市和乡镇地区发展、运营质量进一步提升的新阶段。

（2）水污染防治技术政策逐步完善

“十一五”期间，国家有关部门先后发布了《国家先进污染防治技术示范名录》和《国家鼓励发展的环境保护技术目录》等技术名录，新发布了20余项污染防治技术政策、30余项环境保护工程技术规范和6项污染防治最佳可行技术指南。“十二五”期间，水污染防治的技术政策覆盖范围进一步扩大，从传统的高污染行业逐步覆盖到农业生物污染、畜禽养殖等领域（见表2-11）。从“十二五”以来，国家大力推动规模化畜禽养殖污染防治工程，根据《十二五规划》，到2015年，50%以上规模化养殖场和养殖小区配套建设废弃物处理设施，分别新增化学需氧量和氨氮削减能力140万吨、10万吨。2013年，12724个畜禽规模养殖场完善废弃物处理和资源化利用设施，化学需氧量、氨氮去除效率分别提高7个和27个百分点[①]。

表2-10　水价政策相关法规及规范性文件

时间	政策、文件名称	发文单位	主要内容
2004	《国务院办公厅关于推进水价改革促进节约用水保护水资源的通知》	国务院办公厅	
2013	《关于加快建立完善城镇居民用水阶梯价格制度的指导意见》发改价格〔2013〕2676号	国家发展改革委、住房和城乡建设部	2015年年底前，设市城市原则上要全面实行居民阶梯水价制度；具备实施条件的建制镇，也要积极推进居民阶梯水价制度

资料来源：本研究整理。

① 数据来源：《2013中国环境状况公报》。

此外，“十二五”环保规划高度重视饮用水安全保障技术的研发与应用，提出了要实施“从源头到龙头”全过程技术研发与示范的新要求。“十二五”规划期间提出了建立全过程的饮用水安全保障技术体系，并初步构建饮用水安全保障的业务化监管平台、工程化技术平台和产业化研制平台，从而提升饮用水的保障能力。

表2-11　　关于水污染防治的技术政策

时间	文件名称	发文单位
2009年	《城镇污水处理厂污泥处理处置及污染防治技术政策（试行）》建城〔2009〕23号	住房城乡建设部、环境保护部、科技部
2010年	《农村生活污染防治技术政策》环发〔2010〕20号	环境保护部
2010年	《畜禽养殖业污染防治技术政策》环发〔2010〕151号	环境保护部

资料来源：本研究整理。

（二）主要水污染物排放趋势回顾

1. 废水排放量呈持续增长趋势

数据显示，自 1981 年以来，废水排放总量呈增长的态势；2000 年之后，呈快速增长的态势。全国废水排放量从 2000 年的 415.2 亿吨增长到 2012 年的 684.8 亿吨（见图 2-46）。其中，工业废水排放总量总体呈下降态势，而生活源废水一直呈上升态势。1999 年生活源废水排放量首次超过工业源，随后一直维持此态势。根据 2014 年数据测算，生活源废水占废水总量的 71%，工业源废水占 28%。从目前的数据来看，生活源废水仍处于上升态势，工业源废水已处于下降态势。

2. 用水效率显著提升，但与国际相比仍有差距

数据显示，2000 年以来，中国用水效率显著提高。单位 GDP 用水量从 2000 年的 554 立方米 / 万元下降至 2014 年的 109 立方米 / 万元。

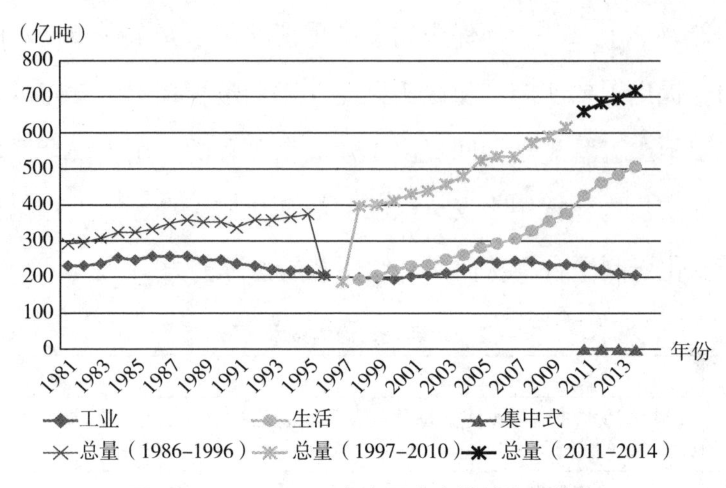

图2-46　1981～2014年中国废水排放总量趋势

注：1997年、2011年调整统计范围。

资料来源：《1981—1990中国环境统计资料汇编》《中国环境统计年报》。

单位工业增加值用水量从2000年的285立方米/万元下降到2014年的61立方米/万元。人均用水量呈小幅上升趋势，从2000年的人均435.5立方米提高到2014年的446.7立方米（见图2-47）。尽管用水效率有了较大的提升，但与发达国家相比仍有较大差距，全国农田灌溉水有效利用系数为0.51，与发达国家的0.8相比，中国灌区效率落后于世界先进水平30～50年（吴舜泽等，2014）。

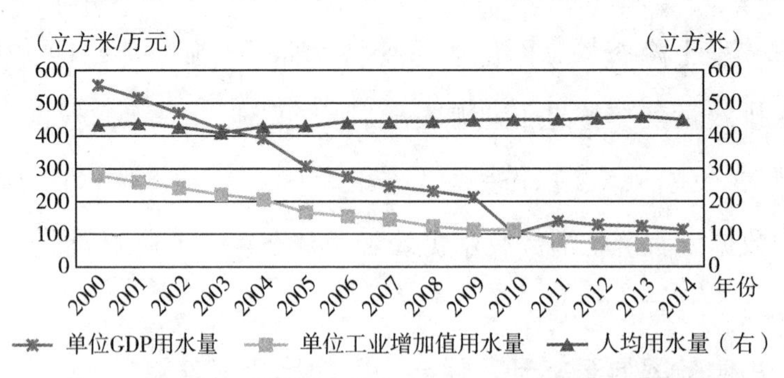

图2-47　2000～2014年中国单位GDP、工业增加值用水量趋势

资料来源：《中国环境统计年鉴》。

3. 废水中化学需氧量排放已进入下降通道

数据显示，1986 年以来，中国 COD 排放总量呈下降的态势，随后在 2000 年之后逐步上升，2006 年之后呈下降的态势。2011 年调整统计口径后，仍然呈下降的态势。1999 年以后，生活源 COD 超过工业源排放，且差距呈扩大的态势（见图 2–48）。根据 2014 年数据测算，在 COD 排放总量中，农业源占 48%，生活源占 37.7%，工业源占 13.6%。在工业源中，排放量位于前 4 位的行业依次为造纸和纸制品业（18.68%）、农副产品加工业（16.51%）、化学原料及化学品制造业（11.28%）、纺织业（8.9%）[①]。2011 年之后环境统计中公布的数据显示，工业、农业、生活源 COD 排放均呈下降态势。通过简单趋势外推分析，预判 COD 排放总量呈下降态势。

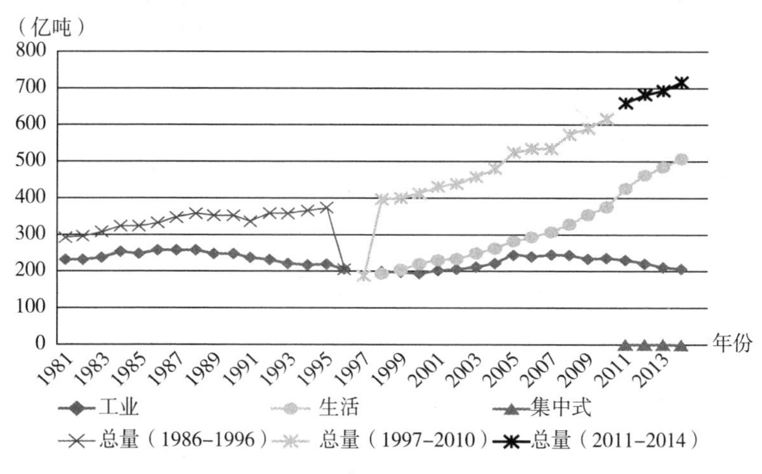

图2–48 1986～2014年中国COD排放趋势

注：1997年、2011年调整统计范围。
资料来源：历年《中国环境统计年鉴》《2013中国环境状况公报》。

4. 废水中氨氮排放量进入下降通道

统计数据显示，从 2006 年以来，废水中氨氮排放量出现转折，

① 资料来源：《2012年中国环境统计年报》。

随后呈下降的态势。其中，工业源氨氮排放呈下降态势，而生活源排放基本稳定（见图 2–49）。根据 2014 年数据测算，在废水氨氮的构成中，工业源占 9.72%，农业源占 31.7%，生活源占 58%。在工业源中，排放量位于前 4 位的行业依次为化学原料及化学品制造业（34%）、农副食品加工业（8.5%）、造纸和纸制品业（7.97%）、纺织业（7.90%）[①]。2011 年调整统计范围之后，工业、农业、生活源氨氮排放及排放总量仍然呈下降的态势。简单趋势外推分析，氨氮排放量呈下降态势。

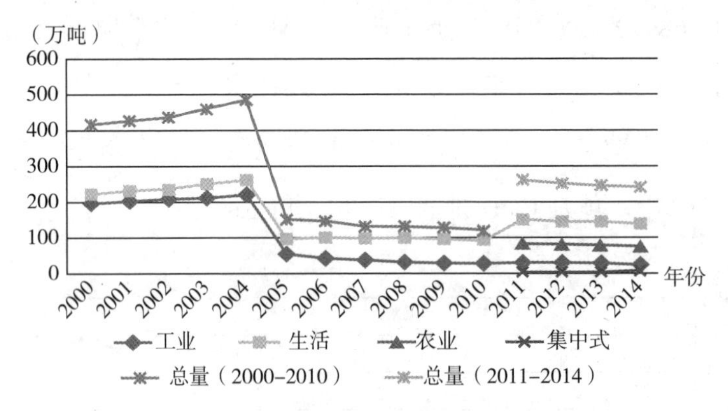

图2–49　2000 ~ 2014年全国氨氮排放趋势

注：2011年调整统计范围。
资料来源：历年《中国环境统计年鉴》。

5. 废水中重金属排放呈下降态势

统计数据显示，自 1981 年以来，全国废水中重金属排放总量及汞、镉、铅、六价铬、砷等排放总量呈下降态势（见图 2–50）。根据 2014 年的数据，重金属（汞、镉、六价铬、总铬、铅、砷）排放量位于前 4 位的行业依次是有色金属冶炼和压延加工业、有色金属矿采选业、金属制品业与皮革、毛皮、羽毛及其制品和制鞋业。4 个行业重金属排放量为 253.1 吨，占重点调查工业企业重金属排放量的 69.3%%[②]。考

① 资料来源：《2012年中国环境统计年报》。
② 资料来源：《2014年中国环境统计年报》。

虑相关行业发展前景以及污染处理水平的提高，通过简单趋势外推，预判废水重金属排放将延续下降的态势。

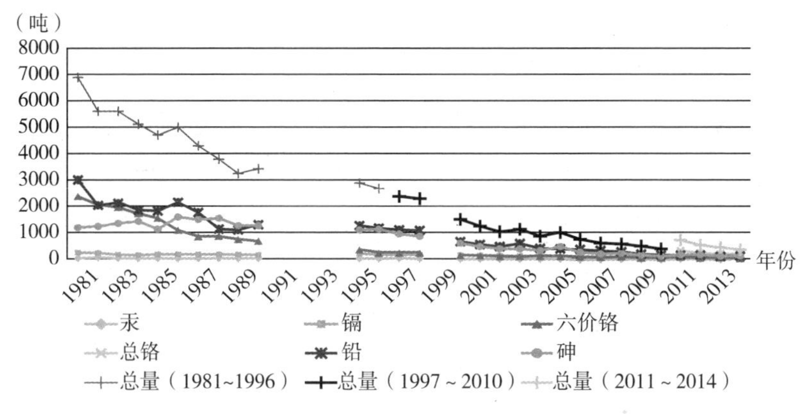

图2–50　1981 ~ 2014年中国废水中重金属排放趋势

注：1997年、2011年调整了统计范围。

资料来源：1981 ~ 1990年数据来自《1981—1990中国环境统计资料汇编》，1991 ~ 2000年数据来自历年《中国环境状况公报》，2001 ~ 2005年数据来自《中国环境统计公报》，2006 ~ 2012年数据来自历年《中国环境统计年鉴》。

6. 氰化物、石油类、挥发酚排放量总体呈下降的态势

统计数据显示，自 1981 年以来，中国废水中氰化物、石油类、挥发酚排放量总体呈下降的态势（见图 2–51）。根据 2014 年数据，废水中氰化物排放量位于前 4 位的行业依次为化学原料和化学品制造业、石油加工、炼焦和核燃料加工业、金属制品业、黑色金属冶炼和压延加工业，4 个行业占调查工业企业排放量的 93.6%。废水中石油类排放位于前 4 位的行业依次是黑色金属冶炼和压延加工业、煤炭开采和洗选业、化学原料和化学制品业、石油加工、炼焦和核燃料加工业，占 55.5%。2014 年挥发酚排放量最大的行业为石油加工、炼焦和核燃料加工业，占比为 82%；其次为化学原料和化学制品制造业，占比为 7.7%[①]。考虑相关行业发展前景以及污染处理水平的提高，通过

① 资料来源：《2012中国环境年报》。

简单趋势外推，预判废水中氰化物、石油类、挥发酚排放呈下降的态势。

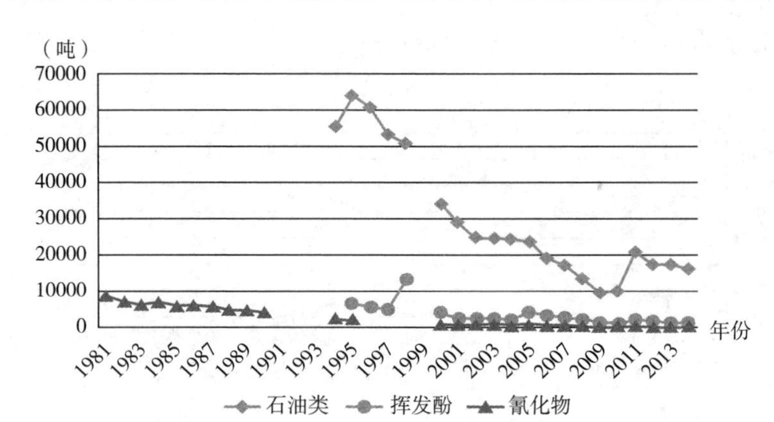

图2-51　1981～2014年全国废水中其他污染物排放趋势

注：1997年、2011年调整了统计范围。

资料来源：1981～1990年数据来自《1981—1990中国环境统计资料汇编》，1991～2000年数据来自历年《中国环境状况公报》，2001～2007年数据来自《中国环境统计年报2007》，2008～2012年数据来自历年《中国环境统计年鉴》。

7. 废水中总氮、总磷的排放居高不下，仍呈上升趋势

总氮、总磷是表征湖泊富营养化程度的重要指标，也是中国重点湖泊的主要指标。2007 年，废水中总氮（TN）排放量为 472.89 万吨，总磷（TP）排放量为 42.32 万吨。从 2011 年开始公布废水中总氮、总磷的排放量，数据显示，2011 年至 2012 年总氮排放总量呈上升趋势，从 447 万吨增长到 451 万吨。总磷基本保持稳定，2011 年为 55 万吨，2012 年为 49 万吨（见图 2-52）。考虑到至少到 2020 年，化肥、牲畜养殖量仍处于增长态势，且农业面源污染治理难度大，预判总氮、总磷排放量呈上升态势或处于高位。

8. 水污染物排放叠加总量趋势

从国家尺度来考察主要水污染物。根据测算，中国主要水污染物排放总量在“十三五”期间可能会实现达峰（见表 2-12）。

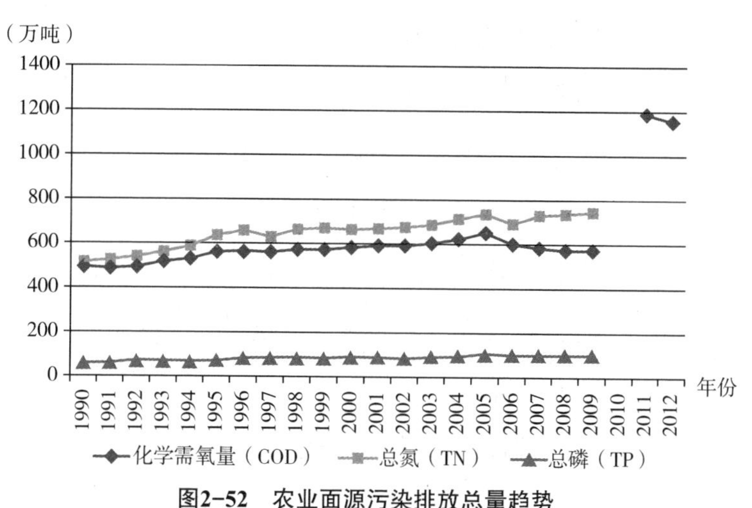

图2-52　农业面源污染排放总量趋势

资料来源：1990～2009年数据来自梁流涛、秦明周，2013；2011年、2012年数据来自《中国环境统计年鉴》。

表2-12　　　　中国主要水污染物排放趋势及总量趋势分析

污染物	趋势描述	说明
化学需氧量（COD）	2006年以来下降	影响加总量，增加农业源后数据具有一定不确定性，峰值作“后移”处理
氨氮	2006年以来下降	影响加总量，增加农业源后数据具有一定不确定性，峰值作“后移”处理
氰化物	20世纪80年代以来下降	
石油类	20世纪80年代以来下降	
挥发酚	20世纪80年代以来下降	
重金属	20世纪80年代以来下降	
总磷	高位运行，处于平台期，小幅下降，预判峰值在2020年左右	影响加总量，增加农业源后数据具有一定不确定性
总氮	高位运行，处于平台期，缓慢增长，预判峰值在2020年左右	影响加总量，增加农业源后数据具有一定不确定性
主要水污染物叠加总量趋势	预判加总峰值在2016～2020年之间，随后进入平台期，进而缓慢下降	与农业源相关的水污染物减排缓慢，且具有一定的不确定性，大致“后移”5～10年

数据来源：《中国环境统计年鉴》《污染源普查公报与大事记》，国务院发展研究中心资源与环境政策研究所“我国环境污染形势与治理对策研究”课题组。

（三）水环境质量变动趋势

1. 主要流域水质变化趋势

20世纪80年代初，中国主要流域水质总体状况由基本清洁向局部恶化转变。20世纪80年代末至90年代初，中国主要流域水环境质量总体上由局部恶化向全面恶化的趋势发展。2000年以后，中国主要流域水污染恶化的态势初步得到遏制，特别是“十一五”以来，主要流域水质已逐步进入“稳中向好”的阶段。

监测指标显示，按评价河长统计来看，2004[①]年以来，全国流域（按评价河长统计）中，Ⅰ类水质占比基本保持稳定，平均值为4.8%；Ⅱ类水质比率不断提高，从27.2%提高到43.5%；Ⅲ类水质比率从25.9%下降到23.4%；Ⅳ类水质比率基本保持稳定，保持在12.5%左右；Ⅴ类水质比率从6%下降到4.7%；劣Ⅴ类水质的比率呈大幅度下降态势，从21.8%下降到11.7%。总体而言，2014年中，在评价的河流中[②]Ⅲ类及优于Ⅲ类水质的流域占比为72.8%（见图2-53）。

按照监测断面来看，根据国家地表水监测网监测情况，2007年以来，全国流域（按监测断面）中，Ⅰ类水质占比呈下降态势；Ⅱ类水质比率不断提高，从25.1%提高到36.9%；Ⅲ类水质比率提高；Ⅳ类水质比率下降；Ⅴ类水质比率基本保持稳定；劣Ⅴ类水质的比率呈下降态势。2007～2014年，监测断面优于Ⅲ类的比重从49.9%提高到71.2%，而劣Ⅴ类水质的比重从23.6%下降至9%。2012年十大流域国控断面有28.8%被污染和严重污染[③]（见图2-54）。

---

① 未找到1998年以前同口径数据。

② 历年统计河长范围不同，影响了可比性。

③ 资料来源：《2012年中国环境状况公报》。

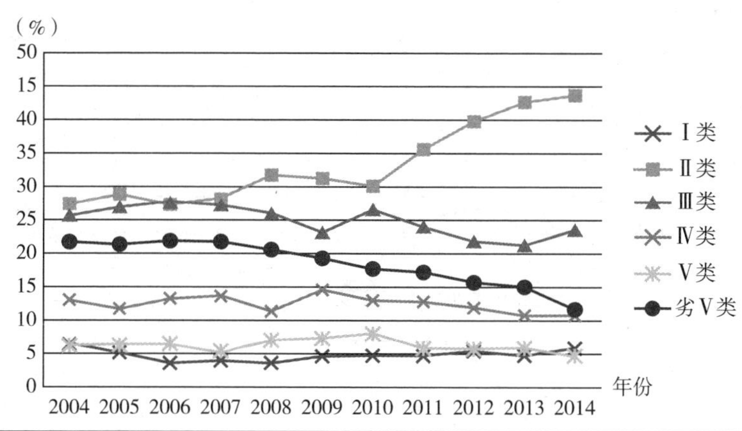

年份	评价河长（千米）
2001	133545
2005	140497
2006	138700
2007	143600
2008	147728
2009	160696
2010	175713
2011	189359
2012	201216
2013	208474
2014	215763

图2-53　2004～2014年分类河长占评价河长的百分比

资料来源：历年《中国环境统计年鉴》，历年《中国水资源公报》。

2. 湖泊、水库水质变化趋势

自20世纪70年代末至21世纪初，中国湖泊由贫—中营养状态为主逐步向富营养状态转变，富营养化湖泊的数量和面积呈现逐年增加的趋势，水质不断恶化（许其功等，2011；杨桂山等，2010）。

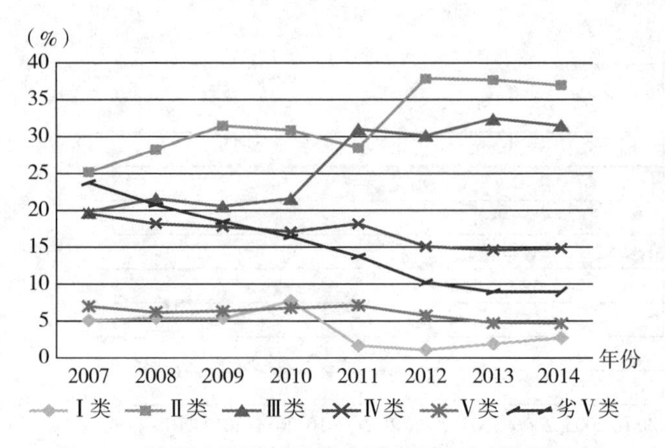

图2-54　中国主要流域分类水质断面占全部断面比率

资料来源：历年《中国水资源公报》《中国环境质量报告》《中国环境状况公报》。

国控重点湖泊（水库）中，中度营养状况所占比例较高，亟待解决。2014 年，62 个重点湖泊（水库）中，水质优良的湖泊（水库）有 38 个，占 61.3%；轻度污染的 15 个，占 24.2%；中度污染的 4 个，占 6.4%；中重度污染的 5 个，占 8.1%。全国湖库主要污染指标为总磷、化学需氧量、高锰酸钾指数。与 2013 年相比，各级别水质的湖泊（水库）比例均无明显变化。除班公错外，其他 61 个湖泊（水库）开展了营养状态监测。其中，中度富营养状态的湖泊（水库）有 2 个，占 3.3%；轻度富营养状态的 13 个，占 21.3%；中营养状态的 36 个，占 59%；贫营养状态的 10 个，占 16.4%（见图 2-55）。

水源地水质情况逐步好转。2007 ~ 2014 年全国环保重点城市达标取水量比率从 76.5% 提高到 96.2%。

城市集中式饮用水源地情况尚可。2014 年全国有 329 个以上城市取水总量为 332.5 亿吨，其中，达标取水量为 319.9 亿吨，达标率为 96.2%[①]（见图 2-56）。

① 资料来源：《2013年中国环境状况公报》。

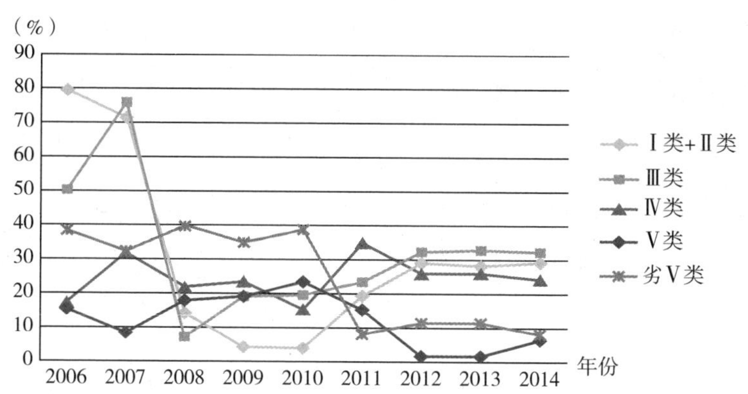

年份	重点湖库数量
2006	470
2007	365
2008	28
2009	26
2010	26
2011	26
2012	62
2013	61
2014	62

图2-55　2006～2014年重点湖库水质占比情况

资料来源：历年《中国水资源公报》《中国环境状况公报》。

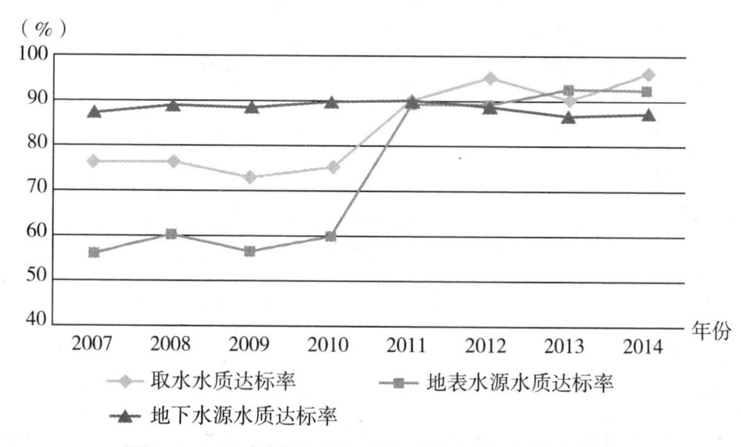

图2-56　重点城市集中式饮用水源地水质达标率

资料来源：历年《中国环境质量报告》。

3. 地下水污染趋势

地下水水质污染状况严峻，仍呈恶化的态势。根据《中国国土资源公报》《中国环境状况公报》显示，2010 ~ 2015 年，水质呈较差—极差的比例呈提高的态势，从 57.14% 提高到 61.3%。2015 年，地下水环境质量的监测点总数为 5118 个，其中国家级监测点 1000 个。水质优良的监测点比例为 9.1%，良好的监测点比例为 25%，较好的监测点比例为 4.6%，较差的监测点比例为 42.5%，极差的监测点比例为 18.8%（见图 2–57）。《2015 年中国国土资源公报》显示，地下水主要超标组分为铁、锰、氧化物、“三氮”（亚硝酸盐氮、硝酸盐氮和铵氮）、总硬度、溶解性总固体、硫酸盐、氯化物等，个别监测点存在重（类）金属项目超标现象。

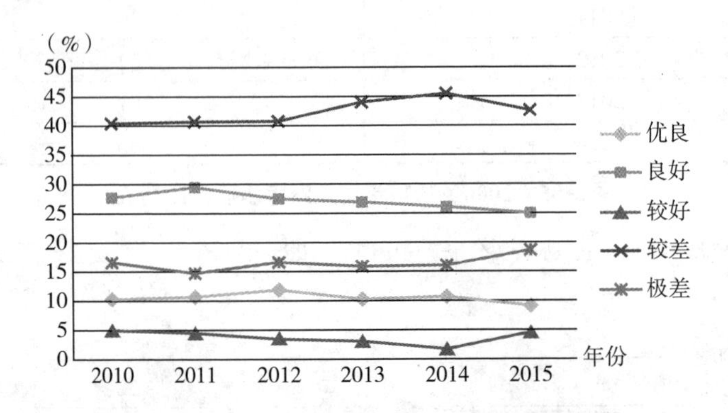

年份	监测点位数（个）
2010	4110
2011	4727
2012	4929
2013	4778
2014	4896
2015	5118

图2–57　2001 ~ 2013年中国地表水监测情况

资料来源：历年《中国国土资源公报》《中国环境状况公报》。

而根据《中国水资源公报》显示，2014 年，对主要分布在北方 17 省（自治区、直辖市）平原区的 2071 眼水质监测井进行了监测评价，地下水水质总体较差。其中，水质优良的监测井占评价监测井总数的 0.5%、水质良好的占 14.7%、水质较差的占 48.9%、水质极差的占 35.9%。

4. 近岸海域海水水质趋势

20 世纪 80 年代以来，中国海洋环境呈恶化的态势，90 年代近岸海域的污染问题已经相当严重，2000 年以后，近岸海域污染恶化的态势初步得到遏制（史鄂侯等，1982；许昆灿等，1992；张志锋等，2012），特别是“十一五”以来，近岸海域海水水质基本保持稳定。以近岸各类海水水质比重为考察对象可以发现，2007 年以来，中国近岸海域海水水质基本保持稳定，其中一类和二类水域面积比重稳定为 60% ~ 70%（见图 2-58）。从污染物类型来看，影响中国近岸水质的主要污染指标依然是无机氮和活性磷酸盐，部分近岸海域化学需氧量、石油类、铅、生化需氧量和非离子氨超标。

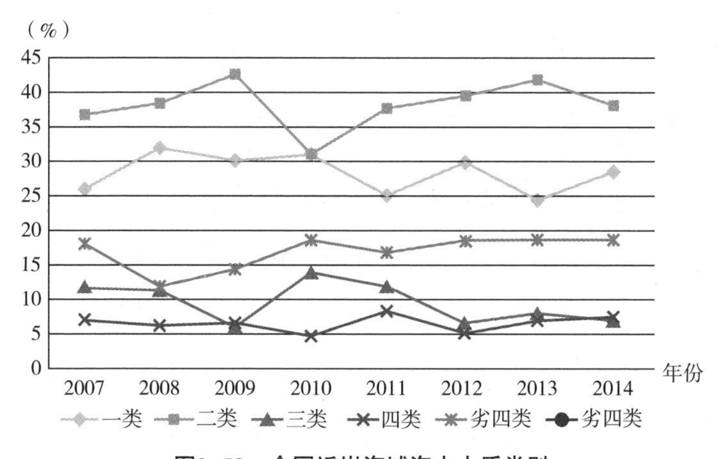

图2-58　全国近岸海域海水水质类别

资料来源：历年《中国环境质量报告》《中国环境状况公报》。

（四）中国水污染物排放和水环境趋势展望

1. 中长期用水总量和废水排放量仍呈上升的态势

2012 年，中国城市化率达 51.27%。综合相关研究，到 2020 年中国城市化率会以每年 0.8 ~ 1 个百分点稳定提高。随着城市化水平提高，人均用水量不断提高，且趋于稳定（见图 2–59）。考虑到中国人口峰值在 2030 年左右，毫无疑问，随着人口的增加，中国用水总量和废水排放量会呈增长的态势。参考有关研究（马静等，2007；王金南等，2013），并通过简单趋势外推分析，预判至少到 2030 年全国用水总量及废水排放量将保持增长的态势。

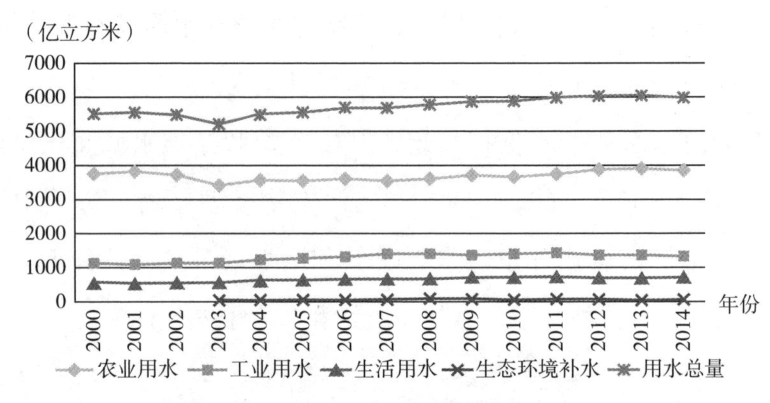

图2–59　2000 ~ 2014年用水量变动趋势

资料来源：《中国环境统计年鉴》。

2. 农业源污染物快速增加，污染控制难度加大

从 20 世纪 80 年代初开始，中国大力推广化肥的施用，化肥总消费量从 1980 年的 1269.4 万吨快速增长到 2012 年的 5838.8 万吨。据第一次全国污染源普查，农村的污染排放已经占到了全国的一半左右，其中 COD（化学需氧量）占到了 43%、总氮占到了 57%、总磷占到了 67%[①]。研究表明，中国氮肥的利用率为 30% ~ 40%，磷肥的利用率

① 资料来源：《污染源普查数据集（第一次全国污染源普查资料文集）》。

为 10% ~ 15%，钾肥的利用率为 40% ~ 60%（杨青林等，2011）。化肥的大量使用，特别是氮肥用量过高，使部分化肥随降雨、灌溉和地表径流进入河、湖、库、塘，造成了水体富营养化。根据相关预测，中国化肥使用量的峰值大约在 2020 年左右（马国霞，2012；王金霞等，2013），与此同时，中长期畜禽粪便的排放呈增长的态势。这意味着从目前到 2020 年左右，农业面源污染仍处于恶化状态，由此造成的水污染也将呈恶化的态势。

3. 水污染从单一污染向复合型污染转变的态势加剧

“十一五”以来，水污染向复合型污染转变的态势进一步加剧，表现在以下几个方面。第一，水污染从流域污染问题逐步演变为河流、湖泊，地表、地下污染蔓延。第二，点源与面源、生活与工业污染叠加，已经形成点源与面源污染共存、生活污染和工业排放叠加、各种新旧污染与二次污染形成复合污染的态势。第三，从污染物种类来看，从一般常规污染物，如 COD、氨氮等发展到包括持久性有机污染物（POPs）（邱志群等，2007；员晓燕等，2013；王杉霖、张剑波，2005）、重金属（黄俊等，2001；岳霞，2014）、总氮（TN）、总磷（TP）等污染物同时并重。其中，饮用水污染类型已由 20 世纪 60 年代的微生物为主、70 年代的重金属污染为主转为以有机物污染为主。

4. 非常规水污染物产生量持续上升，控制难度增大

重金属、持久性有机污染物等水污染物产生量持续上升，在部分流域、部分地区污染问题突出。此外，相关研究表明（蒋洪强，2011），至少到 2020 年，城镇污泥产生量将持续增长，在 2020 年将高达 5450 万吨。2010 年城镇污泥无害化处理率只有 20% 左右，70% 左右的污泥被随意处理（孔祥娟，2012），因此，中长期污泥处理形势将十分严峻。

5. 水环境质量总体显著改善是一个长期过程

尽管数据显示多种水污染物排放已跨越峰值，但根据预测，到2020年左右水污染物排放峰值将全面到来。考虑到水环境受累积效应、自净能力等多种因素影响，当前至2020年左右这一阶段多数水环境质量指标会逐步“向好”，但也是水环境质量状态最为复杂的时期，主要流域、湖泊、水库、地下水、近岸海域等不同领域的水质趋势不同。但是，总体上考虑水污染物减排趋势并综合相关研究（中国工程院、环境保护部，2011；吴丹等，2013）以及国际经验（J.R. 麦克尼尔，2012；郭焕庭，2001；马克・乔克，2011），预判中国水环境质量的显著改善是一个长期过程。

（清华大学环境学院周锡饮参与整理美国、欧洲、英国数据资料；日本岛根大学王晓琳参与整理中国、日本数据资料）

第三章

基于污染物减排和环境质量改善表观数据比较分析

一、污染物减排趋势的一般规律

国内外很多学者对污染物减排的趋势进行了分析。最具有代表性的是“环境库兹涅茨曲线”（Environmental Kuznets Curve，EKC）。库兹涅茨（Kuznets，1955）在研究收入不均与经济发展的关系时，提出收入分配呈倒“U”形的库兹涅茨假说。Grossman 和 Krueger（1991）、Panayotou（1993）以实证方法将其推广为“环境库兹涅茨曲线”，即污染物的排放和经济发展之间存在类似倒“U”形关系，简单地讲，“环境库兹涅茨曲线”是指污染物的排放随着经济的发展而先增后减，即当经济发展到某一水平时环境污染程度达到最大，而后经济继续发展，环境污染却随之下降，环境质量逐渐变好。按照世界银行（1992）和 Grossman、Krueger（1995）的估计，对于一般污染物而言，污染排放的转折点大约出现在人均收入 8000 美元左右。而按照多数研究对不同国家或地区横截面数据回归分析的结果，空气和水污染在人均收入达到 5000 ~ 8000 美元之前会不断增加，但超过此收入水平后，污染水平开始回落，环境质量逐步好转。

实证研究证明，对于大气污染物，比如二氧化硫（SO_2）、SPM、一氧化碳（CO）、氮氧化物（NO_x）以及部分水污染物，具有典型的“环境库兹涅茨曲线”特征（孟建军，2014）。从国际经验来看，“环境库兹涅茨曲线”假说对于主要经济体而言，具有比较普遍的意义，即各国主要污染物排放经历较长增长期，在达到“峰值”或“平台期”后基本都进入稳定的下降通道，常规污染物排放峰值和非常规污染物排放峰值在一定时间区间内会先后出现。“环境库兹涅茨曲线”假说分析一国的污染变动趋势，要充分考虑经济增长、人口增长、经济规模、人口密度、商品价格、国际贸易、经济结构变化、政治社会制度及政策等的影响。对于各国来说，污染物排放的“环境库兹涅茨曲线”不是一个自发的过程，而是一个“政治经济学”的过程，即污染物排放趋势背后的重要原因是人为环境政策调整的结果。一般认为，后发国家可以借鉴先行国家的经验、技术以及更加重视环境污染问题，因此其“环境库兹涅茨曲线”一般会比先行国家向“左下方”移动，即污染物峰值会提前，污染程度也会降低[①]。以大气污染为例，选取二氧化硫、氮氧化物等大气污染物减排过程为对象，与美国、欧洲国家进行历史比较可以发现，与经济发展水平（人均收入）相比较，中国大气污染防治的行动与政策“提前了”（陈健鹏等，2013）。

中国二氧化硫、氮氧化物排放在2006年、2011年左右先后达到峰值，是污染物减排进程中的标志性事件，这预示着中国主要污染物即将全面达到峰值。

主要大气污染物排放趋势存在较明显的峰值，1970年以来，主

① 比如，世界银行的一些专家认为，随着时间的推移，“环境库兹涅茨曲线”向左下方移动了。参看〔美〕卡恩，2007。

要国家大气污染物排放总量与经济增长逐步“脱钩”，并实现了较大幅度的减排。数据显示，1970 年左右，美国、英国、日本、欧洲二氧化硫排放逐步下降。1980 ~ 2010 年，美国、英国主要大气污染物均大幅度下降，其中一氧化硫、氮氧化物、挥发性有机化合物（非甲烷挥发性有机化合物）等部分污染物减排幅度甚至非常接近。从峰值过后的 30 年间，二氧化硫大致减排 80% ~ 90% 左右（见表 3–1）。

表3–1 1980 ~ 2010年美国、英国、欧洲主要空气污染物减排幅度比较　　单位：%

	1980 ~ 2010年			
	美国	英国	欧盟27	日本
一氧化碳（CO）	–71	–75	–64	—
铅Lead（Pb）	–97	—	–89	—
氮氧化物（NO_x）	–52	–58	–49	—
挥发性有机化合物（VOC）	–63	–65	–59	—
PM10	–83	–65	–19	—
PM2.5	—	—	–20	—
二氧化硫（SO_2）	–69	–91	–82	–83
氨（NH_3）	—	—	–28	—

注：欧盟27国数据时间区间为1990 ~ 2010年，PM2.5、PM10的时间区间为1990~2010年。

资料来源：美国数据来自EPA；英国数据来自“UK Informative Inventory Report（1980 to 2010）”；欧盟数据来自EEA；本研究整理。

二、峰值过后污染物减排的幅度比较与减排的长期性

以空气污染物为例，欧美国家从 20 世纪 70 年代污染物排放达到峰值后，主要空气污染物均实现了大幅度削减。其中，二氧化硫削减幅度最大，总量削减大约 90% 以上；氮氧化物削减 60% 以上；挥发性有机物削减 50% 以上（见表 3–2）。

表3-2　主要大气污染物排放峰值时点及峰值后减排幅度　续表

污染物	峰值时间		峰值时排放量（万吨）	当前排放量（万吨）	降幅（%）
SO_2	美国	1974年	3003	562（2012年）	81.3
	英国	1968年	637	38	94
	欧洲	70年代			
	日本	1965～1974年			
NO_x	美国	1994年	2537.2	1116（2012年）	56
	英国	1989年（1990年）	287	103（2011年）	64
	欧洲	90年代			
	日本	2002年			
VOC	美国	1970年	3029.7	1568	48.2
	英国	1990年	270	75	72
	欧洲	1990年左右			
	日本				

数据来源：美国污染物排放数据来自EPA，“NATIONAL AIR POLLUTANT EMISSION TRENDS, 1900－1998”，March 2000；英国数据来自DEFRA，“EMISSIONS OF AIR POLLUTANTS IN THE UK, 1970 TO 2011”；欧洲数据来自EEA；日本数据来自有关文献。降幅为本研究测算。

注释：英国、美国数据为短吨（short ton）。

三、环境污染问题改善的时序

污染物排放变动趋势与环境质量变动之间的关系比较复杂。环境污染程度受各种污染物排放累积的影响，环境质量的改善一般会出现在污染物排放拐点之后。从发达国家的经验来看，空气、水环境质量指标都经历一个逐步好转的过程，但是，各项环境指标开始好转的时点并不一致。从主要国家空气污染物减排的时序来看，最早出现排放峰值的为颗粒物（PM），比如美国的PM排放出现峰值的时间为1950年左右；其次是在1970年左右二氧化硫峰值的出现（英国在1968年；美国在1974年；欧洲20世纪70年代；日本在1965～1974年）；随后氮氧化物排放峰值出现在1990年左右（英国在1989年；美国在1994年；欧洲在20世纪90年代，日本在2002年）。氮氧化物排放拐点滞后二氧化硫拐点大约20年时间。比如，从OCED国家大气污染防治的进程来看，氮氧化物与经济增长脱钩滞后于二氧化硫与经济增长的脱钩[①]。从环境空气质量的影响和社会关注的重点来看，首先是煤烟污染（如1952年伦敦的烟雾污染事件、20世纪60年代日本的四日市烟雾事件）、“酸雨”问题，然后比较突出的是机动车尾气排放造成的氮氧化物和挥发性有机化合物（VOCs）引发的光化学烟雾污染（如20世纪40～70年代的美国洛杉矶光化学烟雾事件）以及持续性有机化合物（POPs）污染问题。2000年至今，细颗粒物（PM2.5）以及地面臭氧（O_3）是发达国家大气污染的主要问题。

四、环境质量改善的长期性分析

从空气质量改善的进程来看，考察1990～2009年20年间PM10年均浓度的变动情况。20年间，全球PM10浓度降低了46%，其中，低收入国家降幅最大，为56%（见表3-3）。中国2013年74个城市的PM10浓度（123微克/立方米）大致相当于低收入国家1990年的水平。PM10在目前的浓度水平上，再降低大约80%才能达到目前高收入国家的水平。如果参照发达国家的历史经验，可能还需要20～30年。

表3-3　　1990～2009年全球PM10年均浓度变动情况

PM10浓度（以城市人口为权重）	1990年（微克/立方米）	2009年（微克/立方米）	变动比率（%）
全世界	79	43	–46
低收入国家	127	56	–56
中等收入国家	96	49	–49
低收入和中等收入国家	98	50	–49
高收入国家	37	23	–38

① OECD KEY ENVIRONMENTAL INDICATORS，OECD Environment Directorate Paris，France

续表

PM10浓度（以城市人口为权重）	1990年（微克/立方米）	2009年（微克/立方米）	变动比率（%）
欧元区	33	19	-43
中国	115	60	-48
美国	30	18	-40
英国	24	13	-46
日本	42	25	-40

资料来源：世界银行：《2012年世界发展指标》，中国财政经济出版社2013年版，第196页。变动比率为本研究测算。

一般认为，中国二氧化硫、氮氧化物排放总量要在目前的总量水平削减 50% 以上，环境空气质量才能显著改善。一种直观的参考和比较是，2012 年中国二氧化硫、氮氧化物排放量分别为 2117.6 万吨、2337.8 万吨，而与中国国土面积大致相当的美国，其二氧化硫、氮氧化物在 2012 的排放量分别为 562 万吨（短吨）、1116 万吨（短吨）。从 EPA 的数据可以测算，美国二氧化硫排放从 1974 年的峰值 3003 万吨（短吨）下降至 2012 年的 562 万吨（短吨），降幅为 81.3%；氮氧化物排放峰值从 1994 年的 2537.2 万吨（短吨）下降至 2012 年的 1116 万吨（短吨），降幅为 56%。对于中国而言，参照目前每个 5 年规划削减 10% 左右的减排速度，实现二氧化硫、氮氧化物削减 50% 大致需要 20 年左右的时间。

相关研究也普遍认为，包括空气质量在内的环境质量显著改善是一个长期过程。中国工程院、环境保护部的《中国环境宏观战略研究》（2011）提出了中国大气污染治理的目标：2050 年大多数城市和重点区域基本实现世界卫生组织（WHO）环境空气质量浓度指导值。“中国科学院可持续发展战略研究组”（2013）认为，中国城市空气质量真正好转并达到欧美国家空气质量标准，还需要 20 年时间。曹军骥（2014）通过分析中国 PM2.5 的浓度降低的历史趋势，认为中国城市空气 PM2.5 质量要达到新标准约需要 21 年，即 2034 年才能达到新国标。关大博等（2014）分析，如果按照 PM2.5 浓度每 5 年下降 25% 的速度，京津冀估计将在 2030 年左右才能达到 35 微克 / 立方米的国家标准。如果京津冀地区要在 2022 年间实现 PM2.5 浓度降至 35 微克 / 立方米，必要条件是削减当前 80% 的 PM2.5 直接排放、60% 的二氧化硫排放、75% 的氮氧化物排放、85% 的氨气排放。而薛文博（2014）利用 CMAQ 模型模拟的结果表明，如果“十二五”期间二氧化硫、氮氧化物排放总量（按照规划的目标）分别下降 8%、10%，2015 年全国 PM2.5 年均浓度将下降 2.3%。

从环境质量的变动趋势来看，“十三五”期间中国环境指标的多数单项指标都将呈“稳中向好”“持续向好”的态势。但是也应该注意到，由于主要污染物排放拐点陆续到来，污染物排放叠加总量处于历史高位，复合型污染的特征将更加明显。由于环境质量受污染物累积效应和叠加效应、气候条件、时空分布等复杂因素影响，不同地区、不同季节的环境污染形势可能会十分复杂。这一阶段，从公众的直观感知上，很可能是环境质量状况最为复杂的时期，甚至是“环境质量最为糟糕的时期”。以北京市空气污染为例，尽管 2013 ~ 2015 年北京市 PM2.5 年均浓度已呈下降的态势，但 2015 年 11 月、12 月连续的雾霾天气，给公众直观的感受极可能是“空气污染越来越严重”。

五、中国与先行国家的比较及减排所处的阶段

考察美国、英国、欧盟国家主要大气污染物排放出现峰值时的人均 GDP 水平。从二氧化硫、氮氧化物等主要大气污染排放峰值出现的绝对时点来看，中国滞后于美国、欧洲国家以及日本。但是，如果

考察“拐点”出现时相对应可比的人均GDP水平[①]而言，中国的大气污染减排并不滞后。以可比的美元作比较，二氧化硫峰值时，美国为23184美元，英国为21160美元，中国为5221美元。氮氧化物峰值时，美国为34549美元，英国22058为美元，中国大致为6800美元左右(2010年数据）（见表3–4）。

表3–4　　主要空气污染物排放峰值时点比较

污染物	峰值（拐点）时间		人均GDP（现价美元）	人均GDP（可比）	人均GDP（1990年国际元）
SO_2	美国	1974年	6948	23184	16491
	英国	1968年	1896	21160（1970）	10410
	欧洲	20世纪70年代	—	—	10195（西欧29国）
	日本	1965～1974年	920～8954	—	5934～11145
	中国	2006年	2069	5221	6303
NO_x	美国	1994年	26578	34549	24130
	英国	1989年	15057	22314	16414
	欧洲	20世纪90年代	—	—	15966（西欧29国）
	日本	2002年	31235	—	20517
	中国	2012年	6188	—	8032（2010年）
VOC	美国	1970年	4998	21160	15030
	英国	1990年	17805	22058	16430
	欧洲	1990年左右	—	—	15966（西欧29国）
	日本	—	—	—	—
	中国	—	—	—	—

注：人均可比GDP为：Per head，US $，constant prices，constant PPPs，OECD base year。

资料来源：美国污染物排放数据来自EPA.“NATIONAL AIR POLLUTANT EMISSION TRENDS，1900–1998”，March 2000；英国数据来自DEFRA；欧洲数据来自EEA；日本数据来自有关文献。人均（可比）的GDP经济数据来自OECD数据库（stats.oecd.org）；人均（现价）GDP（世界银行数据（data.worldbank.org）；1990年国际元数据来自麦迪森《世界经济千年统计》及其数据库。

再比如，以麦迪森1990年国际元作比较，二氧化硫峰值出现时，美国为16491国际元，英国为10410国际元，中国为6303国际元。

① 资料来源：OECD数据库。

氮氧化物转折时，美国为 24130 国际元，英国为 16414 国际元，中国大致为 8032 国际元（2010 年数据[①]）。

与所处的发展阶段相比，中国大气污染治理政策和行动并不滞后，二氧化硫已进入下降通道，氮氧化物或进入平台期，大气污染物排放与空气质量正处在“转折期”。参照发达国家减排的历史经验，如果按照目前的发展模式和污染减排速度，城市空气质量明显改善是一个长期和艰巨的过程，可能还需要 20 年左右的时间。毫无疑问，实现主要污染物排放大幅度降低是中长期中国环境治理的主线。

① 麦迪森数据更新到2010年。

污染物减排影响因素分析框架与初步分析

一、污染物减排趋势分析框架

（一）污染物排放驱动因素分析

一般认为，一国在工业化、城镇化过程中，污染物排放增加的驱动因素包括能耗物耗水平的提高、人口增长、产业发展等。

从污染物排放的趋势中可以发展，人均能源消费水平提高是污染物排放的重要驱动因素。2013 年，中国人均能耗为 3.07 吨标准煤，低于 OECD 国家人均 5.97 吨标准煤的水平，远低于美国人均 9.86 吨标准煤的水平（见图 4-1）。随着工业化、城镇化水平的提高，人均能源消费水平不断提高，这是导致污染物产生量增长的重要驱动因素。可以预见，随着中国工业化、城镇化的推进，人均能耗水平将进一步提高，由此污染物产生量将仍继续增长的态势。

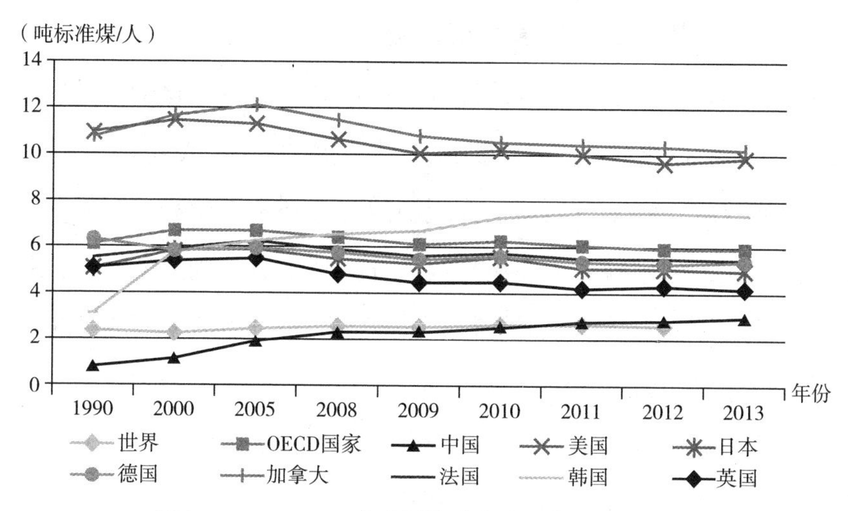

图4-1　1990～2013年主要国家和地区人均能耗水平

数据来源：IEA，Energy Balances of OECD Countries 2014，Energy Balances of non-OECD Countries 2014。表中数据根据国际能源署（IEA）相关数据折算得到。中国数据来自2014年《中国能源统计年鉴》。

数据显示，1980～2014年，中国人均生活用能水平呈提高的态势，其中，2000年之后呈快速增长的态势。中国人均用能水平与发达国家仍有较大差距，可以预见，随着中国工业化、城市化进程的推进，人均用能量将进一步提高，这是污染物产生量增长的重要驱动因素。

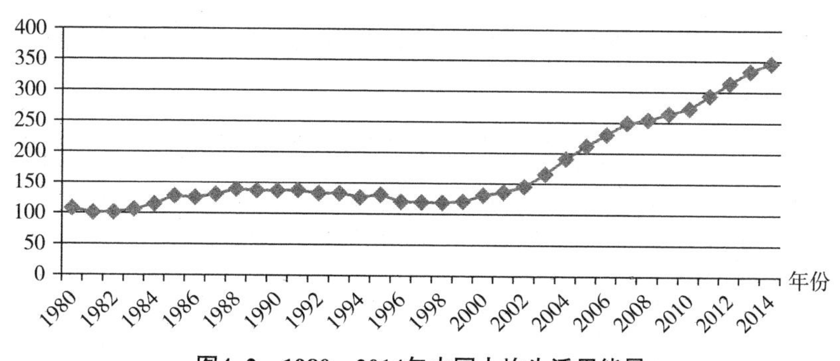

图4-2　1980～2014年中国人均生活用能量

资料来源：2015年《中国能源统计年鉴》

（二）污染物减排因素分析框架

许多学者利用因素分解法探寻工业污染排放量变化的驱动因素及其特征。Grossman 等通过研究北美自由贸易协议（NAFTA）对环境质量的影响问题，将影响因素分为规模效应、技术效应和结构效应，其中经济规模的增大导致了污染排放增加，技术进步则降低了污染排放强度[①]（见图 4-3）。日本学者 Sawa 研究认为，1996 年日本二氧化硫减排量中末端治理贡献率为 8%，结构调整贡献率为 26%，技术基本贡献率则高达 66%。DeBruyn 的研究发现，虽然在 1980 ~ 1990 年间联邦德国和荷兰的 GDP 分别增长了 26.1% 和 28.2%，但通过产业技术进步，最终使得西德和荷兰的二氧化硫排放量分别减少了 73.6% 和 58.7%，技术减排效果明显[②]。Vukina 等的研究表明，在工业化后期，科技进步和结构调整带来的减排效果可以有效弥补规模效应下的污染物增加[③]。Bruvoll 等基于对挪威 1980 ~ 1996 年 10 种空气污染物排放量变化的因素分解，发现技术进步对缓解大气污染作出了积极贡献[④]。

在国内，量化研究污染减排的科技进步贡献率的研究仍较少，其中但智钢等依据因子分解模型，通过建立全过程减排指数定量化计算方法，对中国促进二氧化硫减排作用进行了定量化评价，结果

---

① Grossman G M，Krueger A B. Economic growth and the environment [R]. Cambridge：National Bureau of Economic Research，1994.

② Sawa，Takamitsu. Japan’s experience in the battle against air pollution：Working towards sustainable development [M]. Tokyo：Pollution-Related Health Damage Compensation and Prevention Association，1997.

③ Vukina T，Beghin J C，Solakoglu E G. Transition to Markets and the Environmental：Effects of the Change in the Composition of Manufacturing Output[J]. Environment and Development Economics，1999，4（04）：582-598.

④ DeBruyn S M. Explaining the environmental Kuznets curve；structural change and international agreements in reducing sulphur emissions [J]. Environment and Development Economics，1997，2（04）：485-503.

表明 1995 ~ 2005 年中国由于经济规模因素导致二氧化硫排放量增加 2291.2×10^4 吨，实际二氧化硫排放量增加了 575.5×10^4 吨，其中技术进步减排贡献为 1361.1×10^4 吨，技术进步对二氧化硫减排的贡献十分巨大[①]。陆文聪使用对数平均迪氏指数法进行分析，结果表明，工业生产中的排放治理和技术进步发挥了主要的减排贡献，工业结构调整的减排贡献较小[②]。

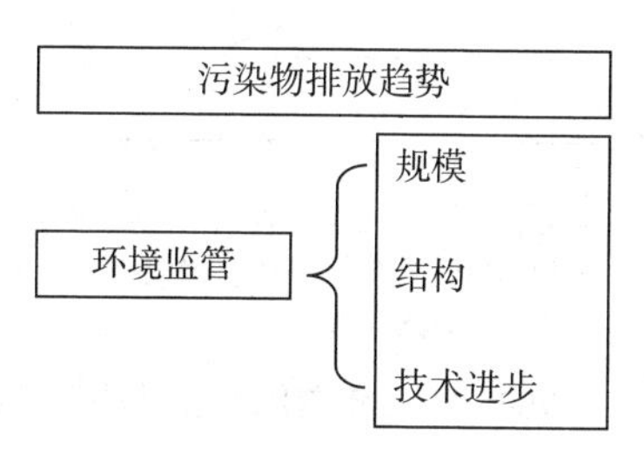

图4-3　污染物减排分析框架

二、污染物减排的因素：基本事实

污染物减排和产业结构、能源结构、环境监管等因素密切相关。

（一）产业结构变动趋势

1. 美国产业结构变动趋势

数据显示，20 世纪 60 年代中期，美国第二产业的比重开始大幅度下降，与此同时，第三产业比重开始大幅度上升（见图 4-4）。

从主要工业产品实物量来考察，1970 年左右美国原钢产量达到峰值，随后处在平台期，1980 年之后大幅度下降（见图 4-5）。

① 但智钢、段宁、郭玉文：《基于分解模型的全过程节能定量评价方法》，《中国环境科学》，2010年第30期第6卷，第852 ~ 857页。

② 陆文聪、李元龙：《中国工业减排的驱动因素研究：基于LMDI的实证分析》，载于《统计与信息论坛》，2010年第25卷第10期，第 49 ~ 54页。

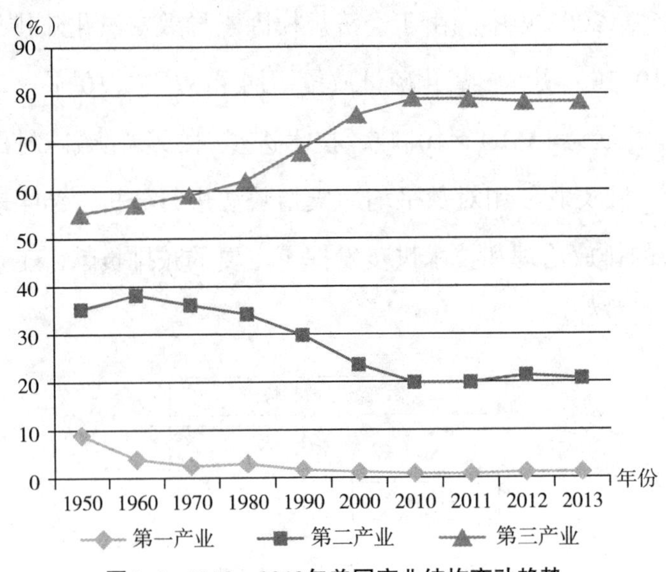

图4-4 1950～2013年美国产业结构变动趋势

资料来源：有关统计资料。

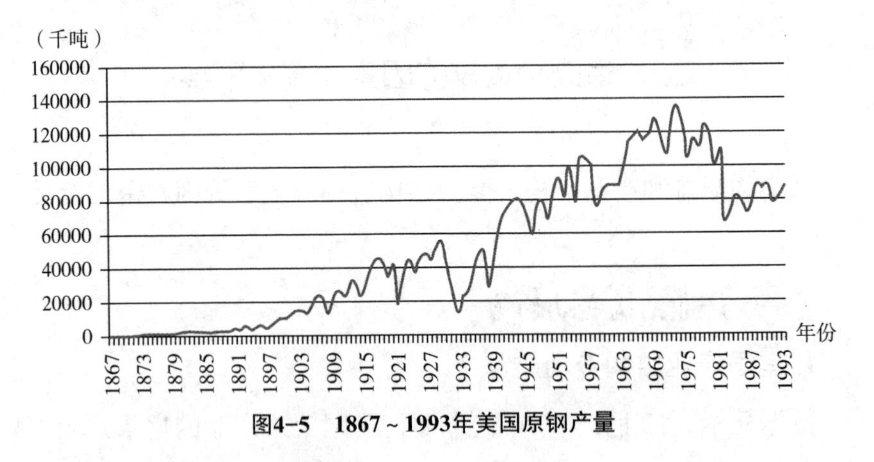

图4-5 1867～1993年美国原钢产量

数据来源：帕尔格雷夫世界历史统计。

2. 英国产业结构变动趋势

数据显示，第二产业从20世纪50年代开始大幅度下降，同期，第三产业比重开始大幅度上升（见图4-6）。

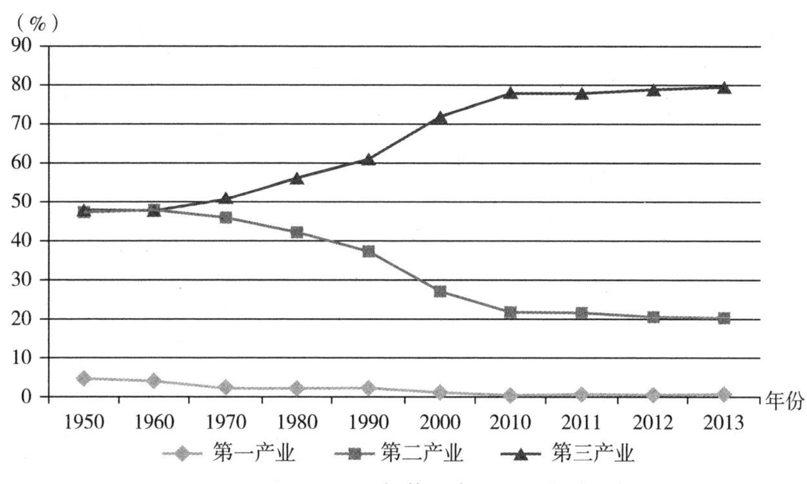

图4-6　1950～2013年英国产业结构变动趋势

资料来源：有关统计资料。

从主要工业产品实物量来考察，1966 年左右美国原钢产量达到峰值，随后处在平台期，1980 年之后大幅度下降（见图 4-7）。

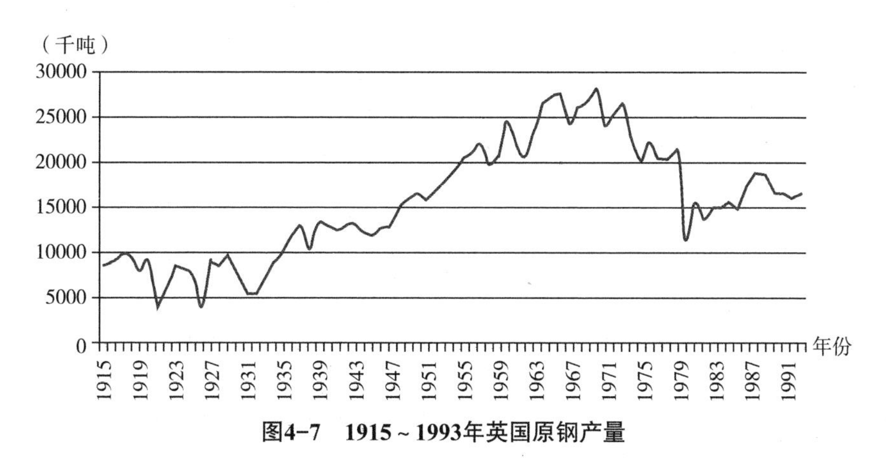

图4-7　1915～1993年英国原钢产量

数据来源：帕尔格雷夫世界历史统计。

3. 德国产业结构变动趋势

数据显示，20 世纪 60 年代，德国第二产业比重开始下降，第三产业比重开始上升（见图 4-8）。

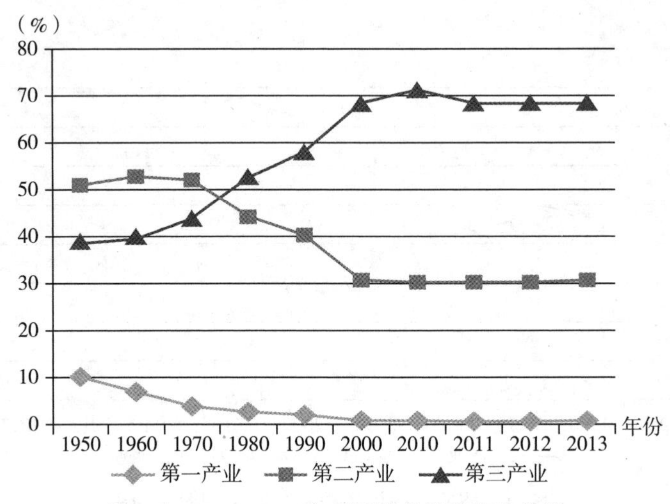

图4-8　1950～2013年德国产业结构变动趋势

资料来源：有关统计资料。

4. 法国产业结构变动趋势

数据显示，20 世纪 60 ～ 70 年代法国的产业结构发生重大变化，第三产业的比重超过第二产业（见图 4-9）。

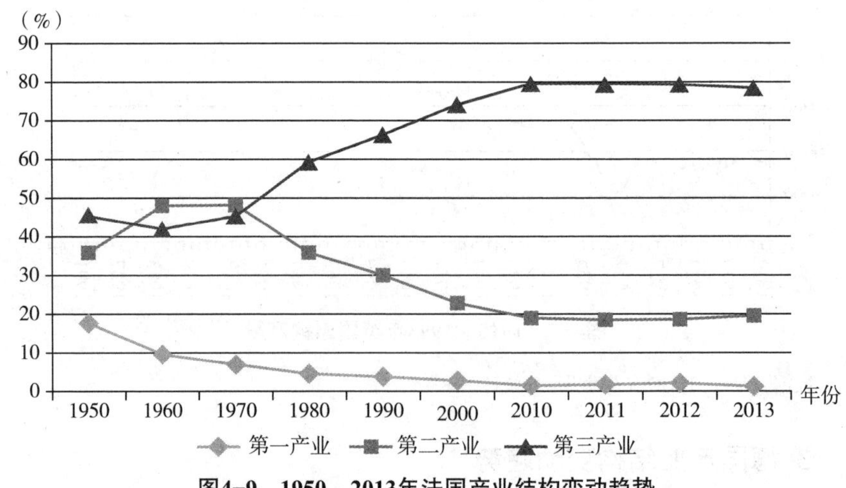

图4-9　1950～2013年法国产业结构变动趋势

5. 日本产业结构变动趋势

数据显示，20 世纪 70 ～ 80 年代，第二产业比重开始下降，第三

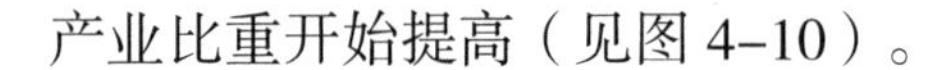
产业比重开始提高（见图 4–10）。

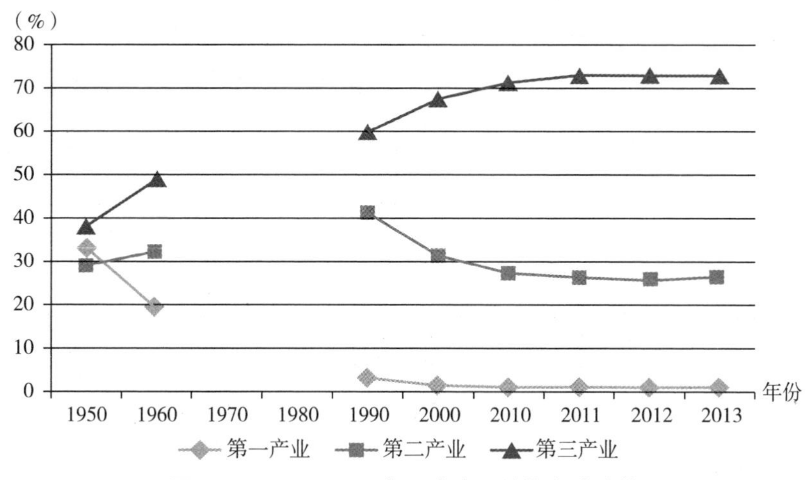

图4–10　1950～2013年日本产业结构变动趋势

资料来源：有关统计资料。

从钢产量的实物量来看，日本钢产量在 1970 年达到峰值，之后进入大约 20 年左右的平台期（见图 4–11）。

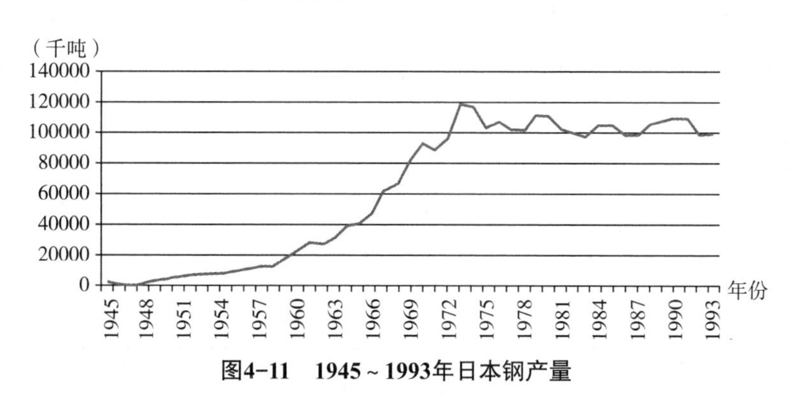

图4–11　1945～1993年日本钢产量

数据来源：帕尔格雷夫世界历史统计。

6. 中国产业结构变动趋势

2012 年，中国第三产业比重首次超过第二产业，随后，第二产业占比呈下降的态势，第三产业延续上升态势（见图 4–12）。

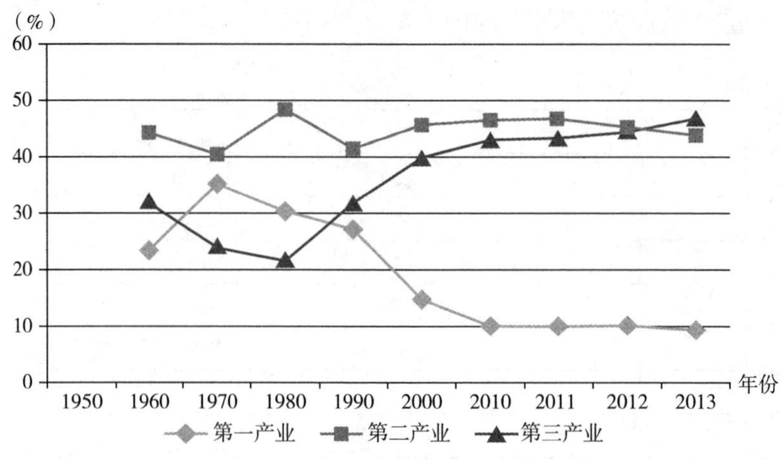

图4-12　1950～2013年中国产业结构变动趋势

资料来源：有关统计资料。

考察1970年以来中国主要工业产品增长情况（包括钢铁、水泥、化纤、发电量、化肥使用量等）。2001～2014年，中国高耗能高污染产业大幅提高，粗钢产量增加到4.72倍，水泥增加至3.34倍，化纤产量增加至4.5倍，发电量增加至3.3倍（见图4-13）。目前总体的判断是主要工业产品产量已接近峰值，或者说峰值的迹象已初步显现。

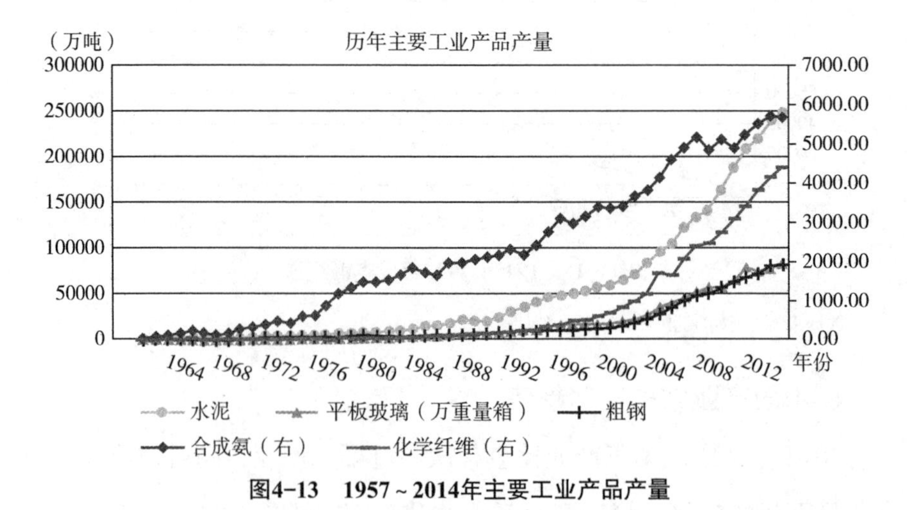

图4-13　1957～2014年主要工业产品产量

数据来源：2015年《中国工业经济统计年鉴》。

（二）能源消费总量与结构变动趋势

1. 美国能源消费总量与结构变动趋势

从1950年以来的数据显示，美国能源消费总量呈现出增长的趋势，其中在1978 ~ 1983年之间有短暂的下降，在2007年达到峰值，之后呈现出缓慢的下降，并处在高位（见图4-14）。

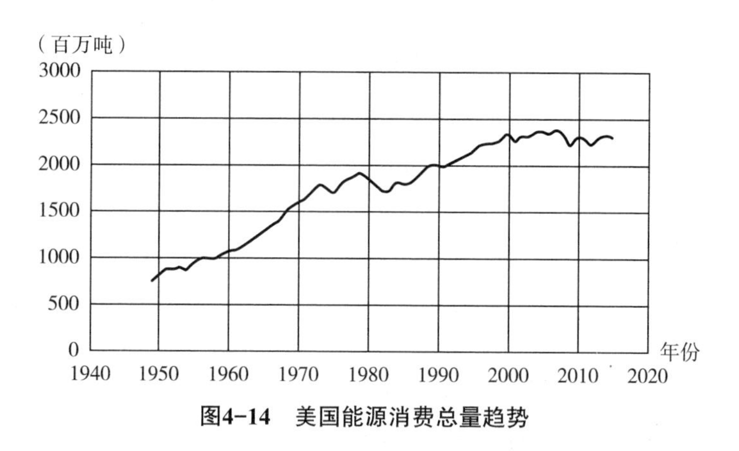

图4-14 美国能源消费总量趋势

数据来源：US. Energy Information Administration，http：//www.eia.gov/。均换算为石油当量。

美国石油消费在1949 ~ 1977年呈现出快速增长，在1978 ~ 1983年之间却快速下降；之后呈现出稳步增长，在2005年达到峰值，之后呈现出稳步下降。天然气消费在1949 ~ 1973年呈现出显著的增长，1974 ~ 1986年呈现出缓慢的下降，之后呈现出缓慢的增长，2009年后增长速度显著加快，并逐渐在能源结构中占据主导位置。1949 ~ 2007年的60年间，美国的煤炭消费呈现出快速的增长，2008年开始呈现出快速的下降。美国核能消费呈现出增长的趋势，但是从2000年开始，增长速度有所减缓。美国对于水能的消费一直处于波动状态，且利用相对较少（见图4-15）。

整体而言，美国的一次能源结构并没有发生太大的变化，1949年到2015年，石油一直都是美国能源消费的主要组成部分，天然气和煤炭消费所占的比例并没有太大的变化，核能所占比例有所增长，但是仍然使用太少；对于可再生的水能利用一直都很低。

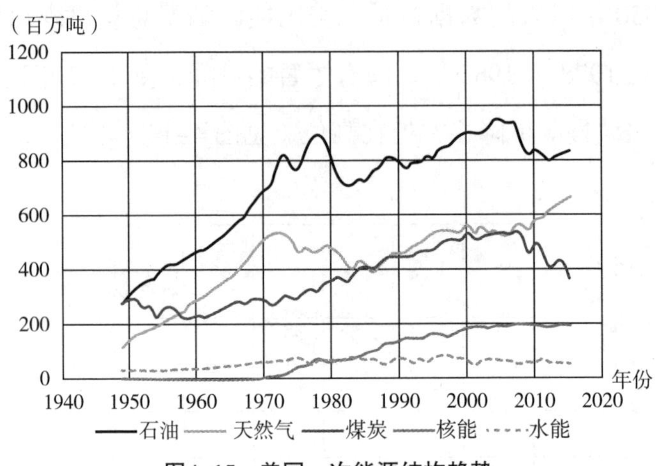

图4–15　美国一次能源结构趋势

数据来源：US. Energy Information Administration，http：//www.eia.gov/。均换算为石油当量。

2. 英国能源消费总量与结构变动趋势

1965 ~ 1985年的20年间，英国能源消费的总量一直处于波动中；1985 ~ 2005年间呈现出缓慢的增长，之后呈现出快速的下降（见图4–16）。

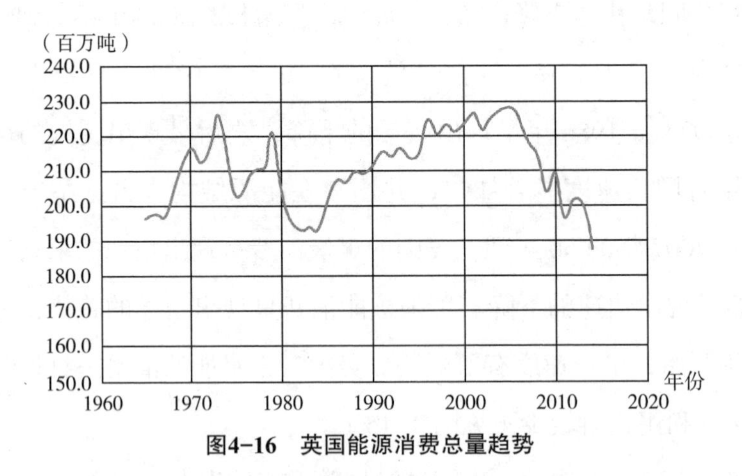

图4–16　英国能源消费总量趋势

数据来源：British Petroleum Company，http：//www.bp.com/。均换算为石油当量。

如图 4-17 所示，更进一步分析英国的一次能源结构发现，1965 ~ 1973 年，英国石油消费呈现出快速的增长，1973 ~ 1983 年呈现出快速的下降；1985 ~ 2005 年处于稳定状态，之后一直处于快速降低的过程中。1965 ~ 2005 年的 40 年，英国对于天然气的消费一直处于快速增长的过程，2005 年以后呈现快速的下降。与天然气消费相反，自 1965 年开始，英国对于煤炭的消费呈现出下降的趋势，2000 年以后，下降趋势减缓。由最初的主导地位变为次要地位。1965 ~ 1999 年英国对于核能的消费处于快速增长的过程，并在 1999 年达到峰值，之后处于一个快速下降的过程。英国对于水能的利用一直处于波动状态，并且利用相对较少。

就整体而言，英国的能源结构从 1965 年到 2013 年发生了显著的改变。1965 ~ 1990 年间，英国能源消费的主体是石油和煤炭，但是随着时间的推进，英国对于石油和煤炭的消费逐渐降低，尤其是煤炭消费；1990 年以后，天然气取代煤炭成为英国一次能源结构中主要的组成部分。

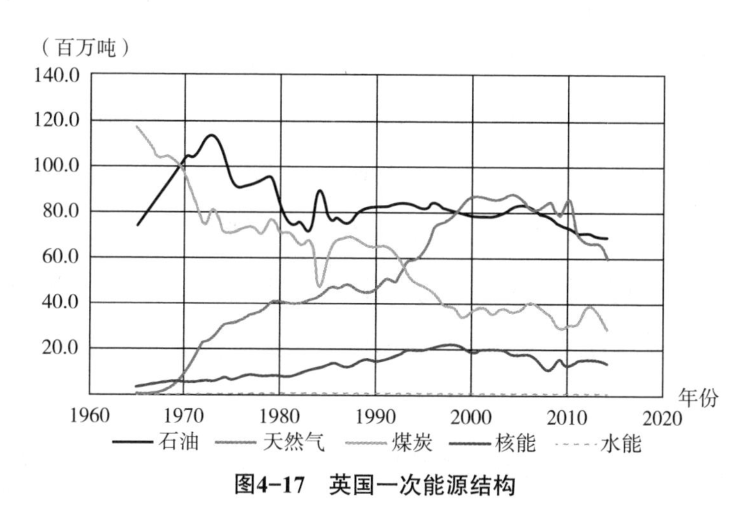

图4-17　英国一次能源结构

数据来源：British Petroleum Company，http：//www.bp.com/。均换算为石油当量。

3. 德国能源消费总量与结构变动趋势

如图 4–18 所示，1965 ～ 1980 年，德国能源消费总量呈现出快速增长的趋势，之后呈现出稳步且缓慢下降的趋势。

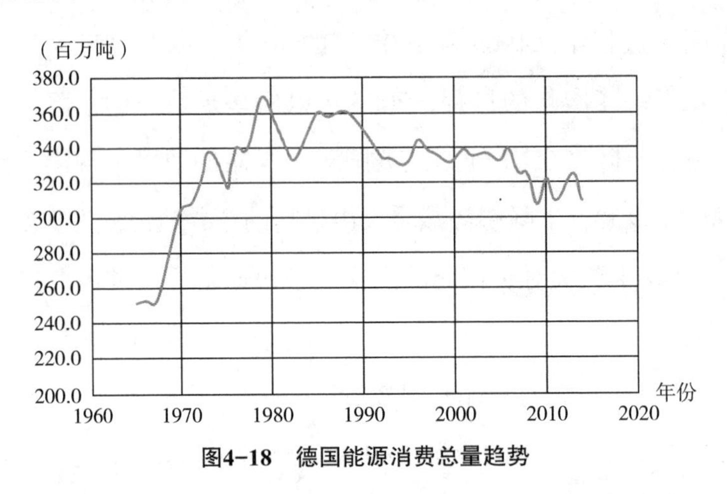

图4–18　德国能源消费总量趋势

数据来源：British Petroleum Company，http：//www.bp.com/。均换算为石油当量。

如图 4–19 所示，1965 ～ 1980 年，德国石油消费呈现出快速增长的趋势，之后呈现出稳步下降的趋势。1965 ～ 2005 年的 40 年间，德国天然气消费呈现出快速的增长，2005 年以后存在着缓慢的下降。而德国对于煤炭的消费存在着明显的两个阶段：1965 ～ 1990 年，德国煤炭消费处于稳定状态，1990 ～ 2000 年的 10 年间呈现出快速的下降，2000 年以后再次维持稳定状态。1965 ～ 1990 年，德国核能的消费呈现出快速的增长，1990 ～ 2005 年保持稳定并维持在相对较高的水平，2005 年以后呈现出快速的下降。德国对于水能消费存在较大的年际波动，总的来说存在着缓慢的增长趋势，但是所占能源消费总量的比例很低。

整体而言，德国能源消费结构发生了显著的变化。石油消费变化不显著，并且一直占据着主要地位；煤炭消费呈现出快速下降的趋势，并且在能源结构中的地位逐渐下降；而天然气与核能的消费逐渐上升，尤其是天然气，有取代煤炭成为第二重要能源消费的趋势。

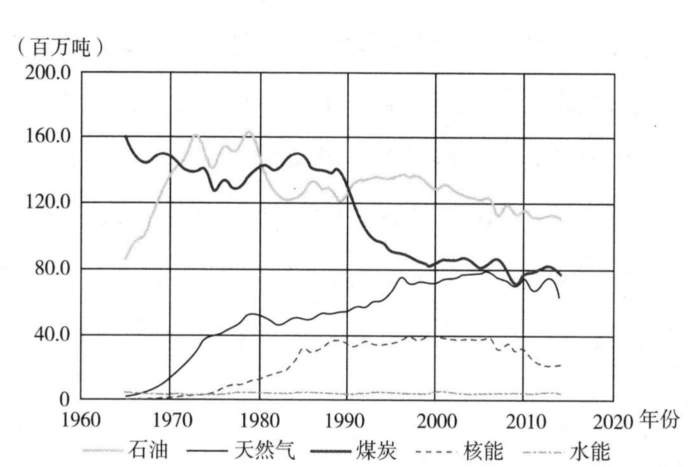

图4-19 德国一次能源结构

数据来源：British Petroleum Company，http：//www.bp.com/。均换算为石油当量。

4. 法国能源消费总量与结构变动趋势

如图 4-20 所示，1965 ~ 2005 年，法国能源消费总量呈现出增长的趋势，在 2005 年到达了消费的峰值，2005 年以后缓慢下降。

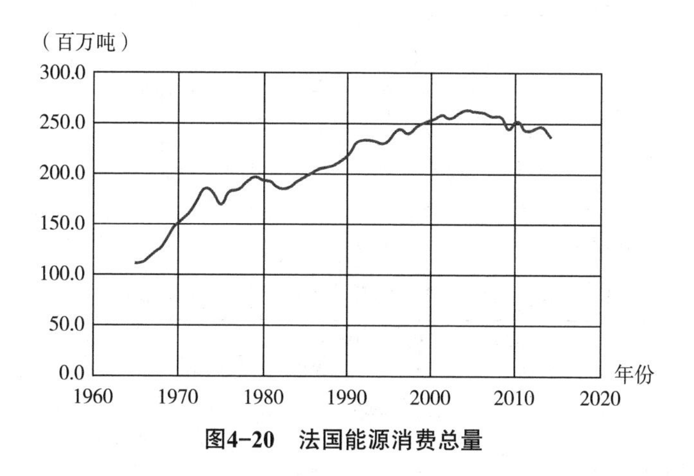

图4-20 法国能源消费总量

数据来源：British Petroleum Company，http：//www.bp.com/. 均换算为石油当量。

如图 4-21 所示，法国石油消费出现过一个巨大的波动，1965 ~ 1974 年的 10 年间，法国石油消费呈现出快速的增长，在之后的 10 年又呈现出快速的下降。1985年以后，法国石油消费一直处于相对稳定的状况。1965 ~ 2010年，法国天然气消费快速增长，并在2010年达到峰值，之后呈现出快速的下降。自1965年起，法国煤炭消费呈下降的趋势，2000年以后下降趋势有所减缓。法国核能消费的增长存在着两个不同的阶段：1965 ~ 1980年为缓慢增长的阶段，1980 ~ 2000年为快速增长的阶段，2000年后保持稳定并维持在相对较高的水平，并在能源消费总量中占据着相对主要的位置。法国水能消费相对较低，并基本保持稳定。

就整体而言，法国的一次能源结构有了巨大的改变。1965 ~ 1995年间，石油一直是法国能源消费的主体。然而，随着法国对于核能利用的增加，1995年以后，核能消费逐渐取代石油成为法国能源消费的主体。法国对于煤炭、天然气、水能消费一直都相对较低，在总消费量中所占比例较低。

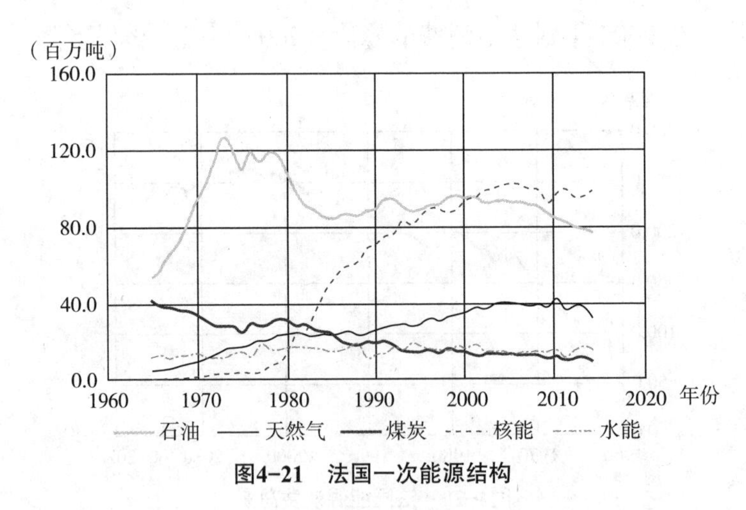

图4-21　法国一次能源结构

数据来源：British Petroleum Company，http：//www.bp.com/。均换算为石油当量。

5. 欧洲能源消费总量与结构变动趋势

如图4-22所示，1965 ~ 1990年，欧洲能源消费经历了快速增长的过程，并在 1990 年达到峰值，之后 5 年呈现出快速的下降，1995 年后基本保持稳定。

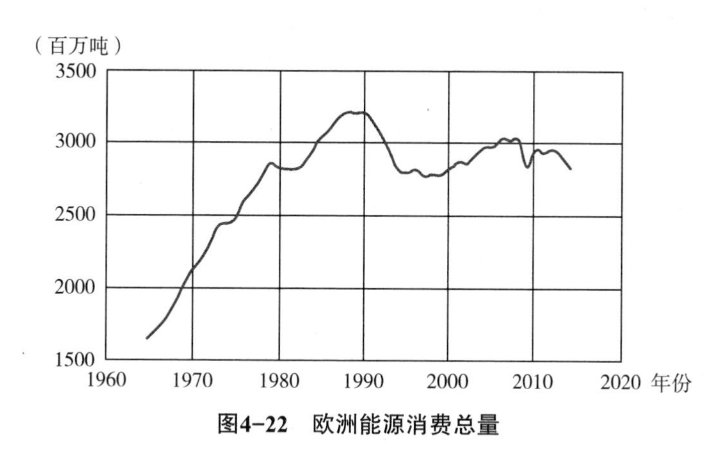

图4-22　欧洲能源消费总量

数据来源：British Petroleum Company，http：//www.bp.com/。均换算为石油当量。

如图 4-23 所示，1965 ~ 1980 年，欧洲石油消费经历快速增长的过程，并在 1979 年达到峰值，之后呈现出稳步的下降。自 1965 年起，欧洲天然气消费呈现出快速的增长，2008 年后，欧洲天然气消费有所下降。欧洲煤炭消费也存在着两个不同的阶段。1965 ~ 1990 年，欧洲煤炭消费保持稳定并维持在一个相对较高的水平，之后 10 年呈现出快速的下降；2000 年开始煤炭消费再次保持稳定，并维持在一个相对较低的水平。1965 ~ 1990 年，欧洲核能消费呈现出快速的增长，1990 ~ 2005 年增长速度减缓，2005 年后有所下降。自 1965 年起，欧洲水能消费一直保持稳步的增长。

整体而言，欧洲能源结构发生了巨大的变化。1965 ~ 1990 年，欧洲能源消费的主体是石油和煤炭，而对于天然气的利用很低。随着时间的推移，欧洲对于石油和煤炭的消费逐渐下降，对于天然气的消费则迅速增长。2005 年以后，天然气取代了石油成为欧洲能源结构中最主要的部分；石油消费仍然相对较高，列第二位；煤炭的消费比例下降显著。

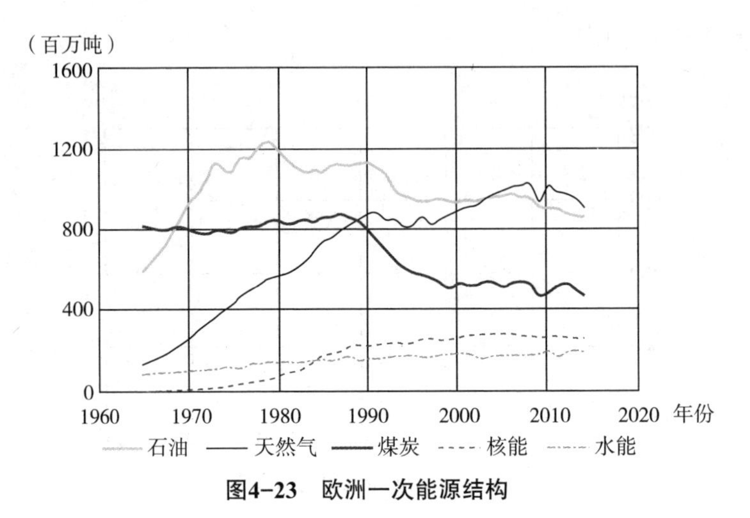

图4-23　欧洲一次能源结构

数据来源：British Petroleum Company，http：//www.bp.com/。均换算为石油当量。

6. 日本能源消费总量与结构变动趋势

如图 4-24 所示，1965 ~ 2013 年的 50 年间，日本能源消费经历了 4 个典型的阶段：1965-1975 年的快速增长阶段，1975 ~ 1985 年的平稳阶段，1985 ~ 2005 年的再次快速增长阶段，并达到消费峰值，2005 年以后的缓慢下降阶段。

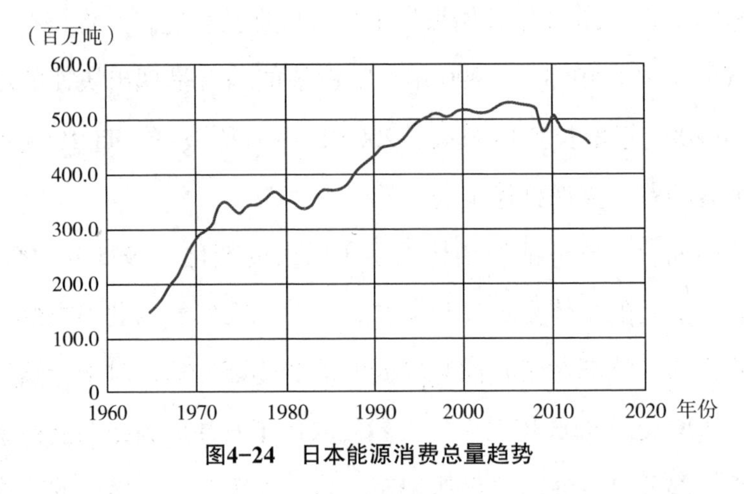

图4-24　日本能源消费总量趋势

数据来源：British Petroleum Company，http：//www.bp.com/。均换算为石油当量。

如图 4–25 所示，1965 ~ 1975 年日本石油消费呈现出快速的增长，之后 20 年呈现出快速下降又快速上升的趋势，1995 年后呈现出稳步的下降。自 1965 年起，日本对于天然气的消费呈现出快速、稳定的增长。1965 ~ 1980 年，日本煤炭消费处于稳定状态，并保持在相对较低的水平；1980 年后煤炭消费迅速增长。1965 ~ 2000 年，日本核能消费呈现出快速的增长，之后 10 年呈现出波动状态，2010 年迅速下降，并在 2013 年为零。日本对于水能的消费相对较低，且年际波动显著。

整体而言，日本一次能源结构并没有发生显著的变化，石油消费量虽然有所下降，但是一直都是能源消费最主要的组成成分；煤炭消费量逐步上升，且一直处于第二的位置。

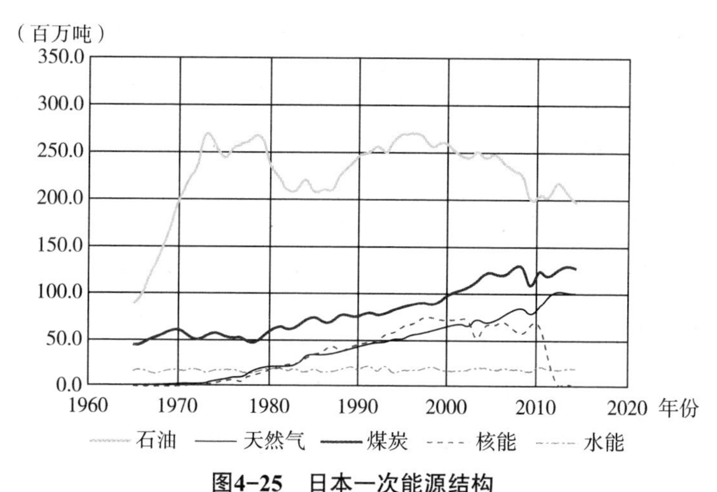

图4–25　日本一次能源结构

数据来源：British Petroleum Company，http：//www.bp.com/。均换算为石油当量。

7. 中国能源消费总量与结构变动趋势

如图 4–26 所示，自 1965 年开始，中国能源消费呈现出增长的趋势，其中分为两个不同的阶段：1965 ~ 2000 年，缓慢增长阶段；2000 年以后，快速增长阶段，并达到与欧洲整体消费相当的水平。

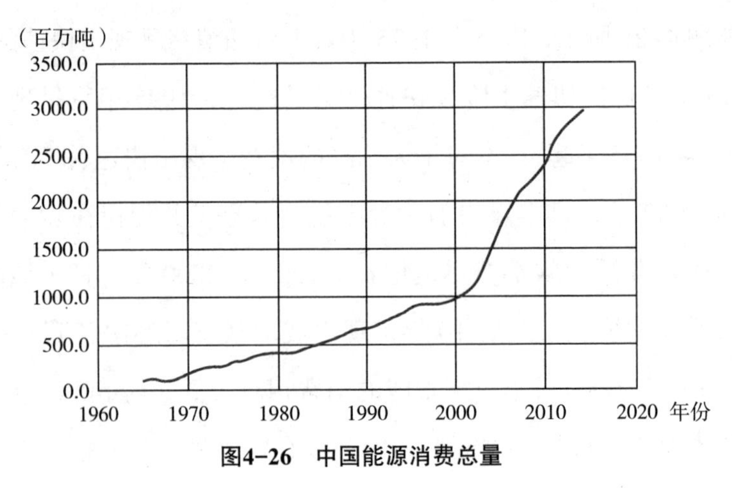

图4-26 中国能源消费总量

数据来源：British Petroleum Company，http：//www.bp.com/。均换算为石油当量。

如图4–27所示，自1965年开始，中国石油消费呈现出增长的趋势，其中分为两个不同的阶段：1965 ~ 1990年，缓慢增长阶段；1990年以后，快速增长阶段。自1965年开始，中国天然气消费呈现出增长的趋势，其中分为两个不同的阶段：1965 ~ 2000年，缓慢增长阶段；2000年以后，快速增长阶段，但是在总消费量中所占比例仍然很低。自1965年开始，中国煤炭消费呈现出增长的趋势，其中分为两个不同的阶段：1965 ~ 2000年，缓慢增长阶段；2000年以后，快速增长阶段，并逐渐成为中国能源消费的主体。中国对于核能的消费起步相对较晚，1993 ~ 2000年间，核能利用很低，之后呈现出快速的增长，但是在能源消费总量中所占比例仍然很低。自1965年开始，中国水能消费呈现出增长的趋势，其中分为两个不同的阶段：1965 ~ 2000年，缓慢增长阶段；2000年以后，快速增长阶段。

就整体而言，中国一次能源结构并没有发生显著的变化。煤炭消费一直都是中国能源消费的主体。随着经济的发展，对于不同能源的需求都呈现出增长的趋势，但是其增长速度要远远低于煤炭消费，因此煤炭消费在中国能源结构中所占的比例越来越大。

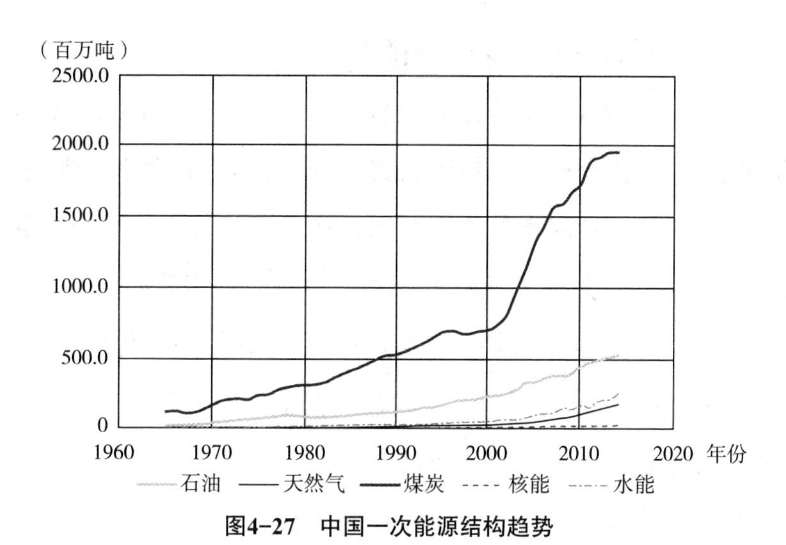

图4-27 中国一次能源结构趋势

数据来源：British Petroleum Company，http：//www.bp.com/。均换算为石油当量。

（三）技术进步因素

一般认为，污染物排放与经济增长实现“脱钩”的根本的因素是技术进步。以机动车排放为例，从1970年以来，机动车排放标准实现了大幅度提高。在此因素下，在机动车保有量大幅提高的背景下，机动车污染物排放实现了大幅度下降（见图4-28）。

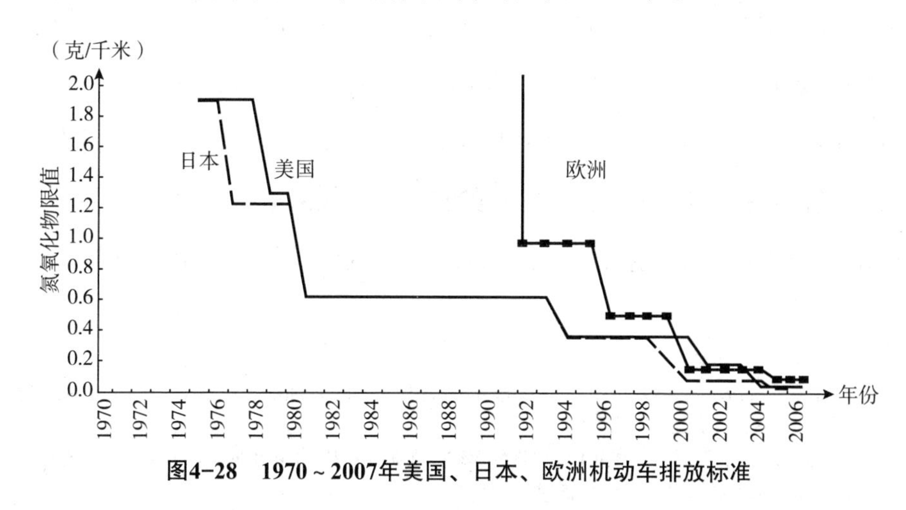

图4-28 1970～2007年美国、日本、欧洲机动车排放标准

资料来源：〔德〕雅柯比等著，《针对环境创新的领先市场》，机械工业出版社2010年版，第96页。

（四）各种因素在污染物减排中的贡献度

Grossman 和 Krueger 研究北美自由贸易协议（NAFTA）对环境质量的影响问题，将经济增长与环境质量的关系变化解释为“规模”“技术”和“结构”3 种因素的作用结果，认为经济规模的增长会导致污染排放的增加；但是在工业资本积累的过程中，落后低效的生产技术被先进高效的生产技术所替代，生产中的资源效率提升降低了污染排放的强度；随着能源密集型工业向技术密集型产业的发展，污染水平又伴随产业结构的调整而开始下降[①]。

国内外学者也对各种因素对污染物减排的影响进行了实证分析。

陆文聪等（2010）使用对数平均迪氏指数法（LMDI），以 3 种主要工业废气排放为例，对中国工业污染排放量变化的主要驱动因素进行分析。表明，工业生产中排放治理和技术进步发挥了主要的减排贡献，工业结构调整的减排贡献较小[②]。

成艾华采用环境效应分解模型，对 1998 ~ 2008 年中国工业减排的环境净效应中，环境技术效应贡献了环境净效应的 97.8%，而结构调整效应对环境的改善并不大，仅为 6.3%；从各年度环境净效应的分解结果看，环境技术进步效应在各年度发挥了主要的作用，年均占到 90% 左右[③]。程磊磊等运用 LMDI 模型对 2001 ~ 2005 年无锡市工业二氧化硫排放量的变化进行了实证分析，结果表明其变化主要是江阴的经济规模、能耗技术和排污技术、市区的经济规模和能耗技术以

---

① Grossman G. M., Krueger A B.Economic growth and the environment[J] .Quarterly Journal of Economics, 1995, 110（2）: 353-377 .

② 陆文聪、李元龙：《中国工业减排的驱动因素研究：基于LMDI 的实证分析》，《统计与信息论坛》，第25卷第10期，第49 ~ 54页。

③ 成艾华2010年：《技术进步、结构调整与中国工业减排—基于环境效应分解模型的分析》，载于《中国人口·资源与环境》，2011年第21卷第3期，第41 ~ 47页。

及宜兴的经济规模共同作用的结果[①]。

李斌、赵新华（2011）将环境污染的影响分解为规模效应、结构效应、纯生产技术效应、纯污染治理技术效应、混合技术效应、结构生产技术效应、结构治理技术效应和综合效应，并运用37个工业行业2001～2009年3种主要废气排放数据实证分析了工业经济结构和技术进步对工业废气减排的贡献，得到如下结论：纯生产技术效应、纯污染治理技术效应在减排过程中占据了主导地位；工业经济结构的变化对工业废气减排的作用效果不明显，相对2001年甚至还加剧了环境污染；结构生产技术效应和结构治理技术效应都对废气减排起到了促进作用，环境技术进步在一定程度上弥补了工业结构的不合理[②]。

以日本1960～1996年污染物减排的趋势分析为例，日本学者Sawa研究认为，1996年日本二氧化硫减排量中末端治理贡献率为8%，结构调整贡献率为26%，技术基本贡献率则高达66%（见图4-29）。

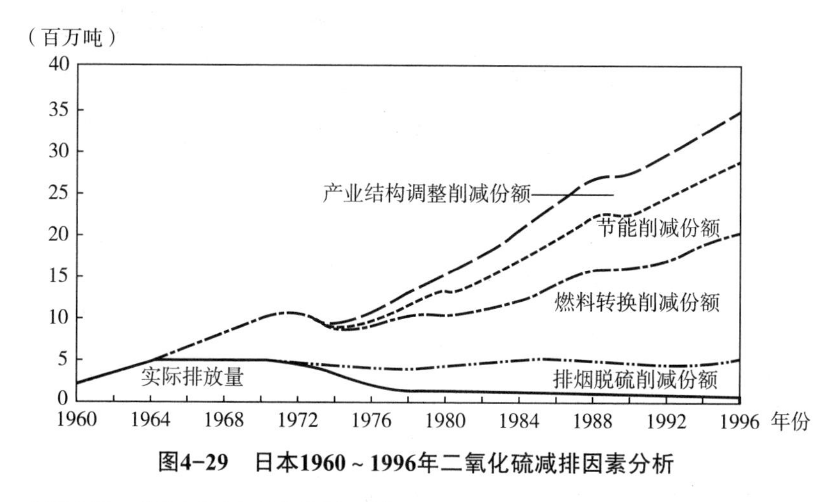

图4-29　日本1960～1996年二氧化硫减排因素分析

资料来源：《日本的大气污染控制经验》。

① 程磊磊、尹昌斌、米健："无锡市工业SO2污染变化的空间特征及影响因素的分解分析"，载于《中国人口·资源与环境》，2008年第18卷第5期，第128～132页。

② 李斌、赵新华："经济结构、技术进步与环境污染——基于中国工业行业数据的分析"，载于《财经研究》，2011年第37卷第4期，第112～122页。

三、环境监管对多种因素的影响分析

（一）环境监管政策严格度趋势变动

考察环境监管严格程度的历史趋势。一般认为，从 20 世纪 60 ~ 70 年代以来，西方国家严格环境监管，对于污染物减排发挥了重要作用。国际经验表明，随着经济增长，环境监管呈不断严格的态势（卡恩，2008）[①]。OECD（2014）通过构建量化的环境政策严格度（Environmental Policy Stringency，EPS）分析指出，1990 ~ 2012 年，OECD 国家环境监管的严格度呈提高的态势。

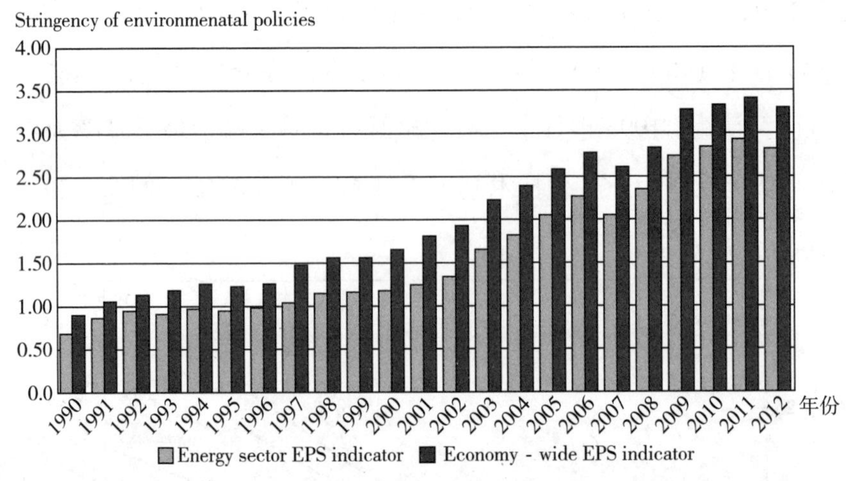

图4-30　1990 ~ 2012年OECD国家环境监管严格度趋势

资料来源：Botta，E. and T. Koźluk（2014），“Measuring Environmental Policy Stringency in OECD Countries：A Composite Index Approach”，OECD Economics Department Working Papers，No. 1177，OECD Publishing。

（二）环境监管对三种因素的影响分析

一般认为，相对于规模、结构、技术进步等“内生变量”而言，环境监管（包括监管强度、有效性等变化）是“外生变量”。国内外学者

① 〔美〕卡恩著；孟凡玲译：《绿色城市》，中信出版社2008年版。

研究了环境监管（规制）对经济增长、产业结构、技术进步等的影响。

李钢等（2015）构建了一个纳入环境管制成本的可计算一般均衡（CGE）模型，利用该模型评估了提升环境管制强度对中国经济的影响。结果显示，如果提升环境管制强度，使工业废弃物排放完全达到现行法律标准，将会使经济增长率下降约 1 个百分点，使制造业部门就业量下降约 1.8%，并使出口量减少约 1.7%[①]。

张成等（2011）在环境规制强度和企业生产技术进步之间构建了数理模型，并采用面板数据方法，对 1998 ~ 2007 年中国 30 个省份的工业部门进行了检验。研究结果表明：①在东部和中部地区，初始较弱的环境规制强度确实削弱了企业的生产技术进步率，然而随着环境规制强度的增加，企业的生产技术进步率逐步提高，即环境规制强度和企业生产技术进步之间呈现“U”形关系；②在西部地区，受到环境规制形式的影响，环境规制强度和企业的生产技术进步之间尚未形成在统计意义上显著的“U”形关系。因此，从长远的角度看，政府应当制定合理的环境规制政策，使企业不仅能实现治污技术的提升，而且能实现生产技术的进步，进而为中国实现环境保护和经济增长的“双赢”提供技术支持[②]。

四、中国中长期污染物减排潜力分析

毫无疑问，对于中国而言，要实现环境质量的根本性好转，污染物必须实现大幅度削减。如果大致参考发达国家治污减排的历史进程，中国要实现环境质量的根本性好转，大致还需要 20 年的时间。

---

① 李钢、董敏杰、沈可挺：“强化环境管制政策对中国经济的影响——基于 CGE 模型的评估”，载于《中国工业经济》，2011年第11期（总第296期），第5 ~ 14页。

② 张成、陆旸、郭路、于同申：“环境规制强度和生产技术进步”，载于《经济研究》，2011年第2期，第113 ~ 124页。

（一）产业结构变动因素

考察中国产业机构的变动趋势，根据国务院发展研究中心“中长期增长”课题组（2013、2014）的研究，冶金工业、电力工业、煤炭工业、建材以及其他非金属矿制造业、石油工业、化学工业等重化工业占GDP比重将在2015年前后出现峰值，之后逐步回落（见表4-1）。而刘卫东等（2010）的预测认为，电力、冶金、化工和建材等高耗能行业的峰值在2020～2030年之间。可以预见，未来5～10年与2000～2010年相比，中国重化工产业增幅呈趋缓的态势。从主要工业产品的实物量来考察，钢铁、水泥等行业产量在“十三五”期间有望达到峰值。从国际经验来看，钢铁行业产量在达到峰值之后，会经历一个10～20年左右的“平台期”（吕政等，2015）。如果参照这一经验，中国钢铁等行业的产量会维持在较高水平，由此，污染物产生量仍将处在高位，减排压力仍然很大。可以预见，在未来10年，产业结构变化对污染物减排所产生的“结构效应”会逐步递增。

表4-1　　中国主要工业产品占GDP比重

主要工业行业/产品	我国达到峰值预测	2015年占GDP比重（%）	2020年占GDP比重（%）
冶金	2015年左右	5.8	3.8
电力	2015年左右	2.3	1.5
建材及其他非金属矿	2015年左右	3.3	2.2
煤炭	2015年左右	2.1	1.4
石油	2015年左右	2.8	2.8
化工	2015年左右	4.0	3.9
钢铁	2015～2018年	—	—
水泥	2015年左右	—	—

资料来源：刘世锦：《寻找新的动力和平衡》，中信出版社2013年版。

（二）能源结构变动因素

能源结构变动趋势与主要大气污染物排放趋势密切相关。能源消费（主要是化石能源的消费）可以大致解释70%左右的大气污染物排放。统计数据表明，中国90%的二氧化硫、67%的氮氧化物、70%的烟尘排放量、70%的二氧化碳排放量都源于燃煤。综合相关研究，中国能源消费的峰值将出现在2030～2040年[①]。普遍认为，从目前到2030年左右，中国能源消费总量处在上升阶段。从国际经验来看，能源消费峰值要滞后空气污染物排放峰值20年左右的时间。比如，欧洲的空气污染物排放峰值在20世纪70年代，碳排放的峰值在20世纪90年代。美国大气污染物排放峰值（加总）在20世纪70年代，而碳排放的峰值在2000年之后。出现这种现象的主要原因是严格的污染排放控制与能源消费结构变化。

除了加强污染排放的控制，美国、英国等国家在20世纪50年代、70年代以来能源结构发生重大调整，煤炭使用量大幅下降，而石油、天然气的使用量和比重大幅提高，油气在能源消费比重中的占比为60%左右。20世纪70年代以来，西方发达国家能源结构的变化显著地减缓了空气污染物的排放。

与西方国家不同，中长期中国以煤为主的能源结构难以发生较大变化，这会增加中国大气污染物的减排难度。能源消费总量增长以及结构难以大幅调整，其根本问题在于煤炭消费总量的问题。2012年，中国煤炭消费总量为35.3亿吨，其中17.5亿吨用于火电行业，占比为50%[②]。《国民经济和社会发展“十二五”规划纲要》提出了“优

---

① 参考资料：《万钢：首次公布中国碳排放峰值》，载于《资源节约与环保》，2009年第6期；国家发展和改革委员会能源研究所课题组（2009）《中国2050年低碳发展之路：能源需求暨碳排放情景分析》；国务院发展研究中心，壳牌国际有限公司（2013）；周伟、米红（2010）等相关研究，见参考文献。

② 数据来源：2013年《中国能源统计年鉴》。

化能源结构，合理控制能源消费总量”。随后，有关部门制定了《能源消费总量控制方案》，其核心是煤炭消费总量控制问题。2013 年出台的《大气污染防治行动计划》对重点区域煤炭消费总量提出了进一步的要求。这些近乎“激进”的措施会一定程度抑制中国煤炭消费增长。目前，中国火电行业的污染物排放标准已处于国际领先的地位（王志轩，2013）。王占山（2014）的模拟研究表明，实施新版的火电排放标准后，预测到 2015 年和 2020 年的二氧化氮、二氧化硫、PM2.5 浓度以及氮、硫沉降量等将会有显著改善。综合起来，“十一五”“十二五”以来中国对火电行业近乎“百分之百”（机组比例）的除尘、脱硫、脱硝政策以及 2015 年出台的“超低排放”政策，会在相当程度上抵消煤炭消费基数大所带来的颗粒物、二氧化硫、氮氧化物等污染物排放。

（三）技术进步因素

一般认为，环境标准反映了某一时期污染物减排的技术进步水平。以下通过对比钢铁、水泥、电力、机动车等主要领域的污染物排放标准来分析各行业的减排潜力。

1. 国内外钢铁行业主要污染物排放限值比较

通过国内外钢铁行业排放标准对比表，颗粒物、二氧化硫、氮氧化物等主要污染物排放标准上，中国的排放标准达到甚至优于德国、法国等发达国家排放标准。

表4-2　国内外钢铁行业排放标准对比　单位：毫克/立方米

	德国	法国	巴西	奥地利	中国		
					现有2012.10.1～2014.12.31	新建2012.10.1～2015.1.1	重点区域特别排放限制
颗粒物	20	100	70	10	80	50	40

续表

	德国	法国	巴西	奥地利	中国		
					现有2012.10.1～2014.12.31	新建2012.10.1～2015.1.1	重点区域特别排放限制
NO_2	350	300	700	350	500	300	300
SO_2	350	500	600	350	600	200	180

数据来源：《中国钢铁工业环境保护白皮书（2005—2015）》，2016。

2. 中美欧水泥行业污染物排放标准比较分析

以水泥工业排放最突出的颗粒物、氮氧化物、二氧化硫为例，对比排放标准，中国的颗粒物控制与美国、欧盟要求还有少许差距，但氮氧化物、二氧化硫控制已达到了国际最先进的污染控制水平。由于欧盟 BAT 指南仅指明了最佳控制水平，还不是现实执行的标准，例如环保要求非常严格的德国，水泥工业执行《空气质量控制技术指南》，限值要求为：颗粒物 20 毫克 / 立方米、二氧化硫 350 毫克 / 立方米、氮氧化物毫克 / 立方米。可见中国水泥工业排放标准严于欧洲等绝大多数国家标准，仅略宽松于美国标准。考虑到中国考核的是污染物浓度 1 小时均值，国外一般为日均值（甚至月均值），相同限值水平下中国标准要更严格（见表 4–3）。

表4–3　　　国内外水泥行业污染物排放控制水平比较 单位：毫克/立方米

项目	颗粒物	氮氧化物	二氧化硫
GB4915–2013	一般地区30	一般地区400	一般地区200
	重点地区20	重点地区320	重点地区100
美国	新源～4	～300	～80
	现有源～14		
欧盟	10～20	200～450	50～400

3. 中美欧机动车污染物排放标准比较

图 4–30、图 4–31 为美国 EPA、欧洲 Euro 以及中国轻型汽车氮氧化物和颗粒物 PM 排放标准对比图。从总体上看，随着国际社会对环

境提出了更高的要求，各国均在汽车污染物排放标准上日趋严格。中国轻型汽车氮氧化物和颗粒物排放限值明显高于同时期的美国 EPA、欧洲 Euro 排放标准。其中美国和欧盟制定汽车污染物氮氧化物排放限值分别始于 1994 年和 2000 年，而中国制定氮氧化物排放标准开始于 2007 年，明显落后于欧美发达国家。现阶段，美国、欧盟、中国机动车污染物排放标准分别执行美国第Ⅱ阶段、欧盟 VI 以及中国Ⅳ标准，很明显中国轻型汽车氮氧化物排放限值分别是美国和欧盟的 8 倍和 3 倍，而颗粒物从表中可知分别为 0.00625 克 / 立方米、0.005 克 / 立方米、0.025 克 / 立方米，是美国和欧盟汽车颗粒物排放限值的 5 倍和 4 倍。总体上，中国的机动车排放标准已经快速调整，接近美国、欧洲的排放标准。

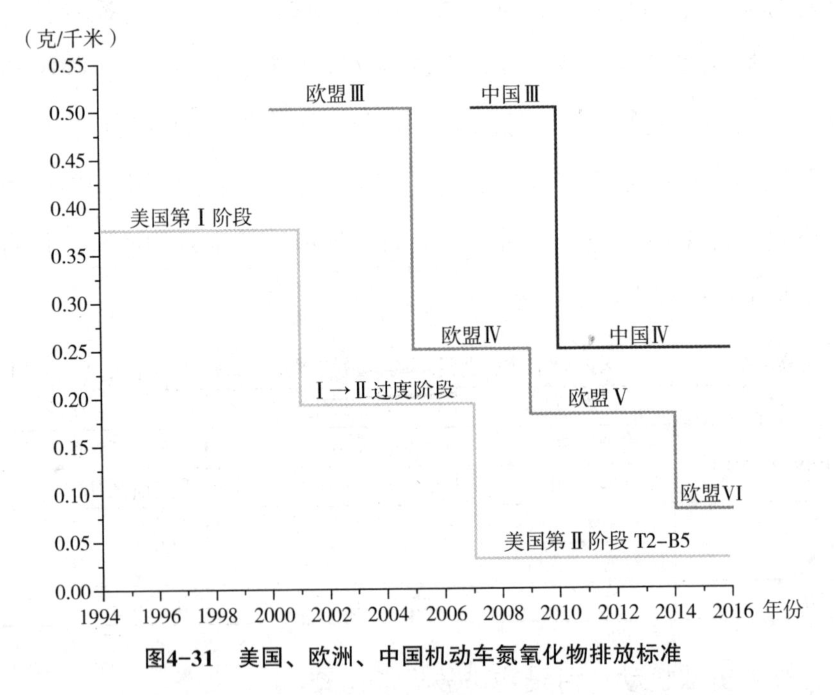

图4-31 美国、欧洲、中国机动车氮氧化物排放标准

数据来源：美国数据来自EPA；欧盟数据来自EEA；中国数据来自《轻型汽车污染物排放限值及测量方法（中国第Ⅰ阶段）》；《轻型汽车污染物排放限值及测量方法（中国第Ⅱ阶段）》；《轻型汽车污染物排放限值及测量方法（中国第Ⅲ、Ⅳ阶段）》。

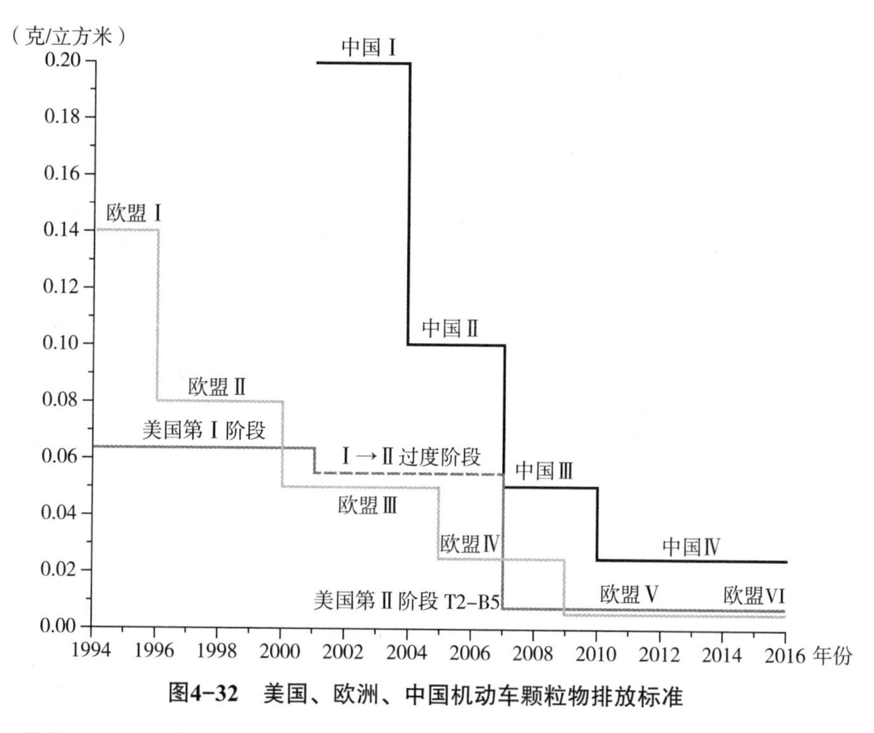

图4-32　美国、欧洲、中国机动车颗粒物排放标准

数据来源：美国数据来自EPA；欧盟数据来自EEA；中国数据来自《轻型汽车污染物排放限值及测量方法（中国第Ⅰ阶段）》；《轻型汽车污染物排放限值及测量方法（中国第Ⅱ阶段）》；《轻型汽车污染物排放限值及测量方法（中国第Ⅲ、Ⅳ阶段）》。

（四）环境监管调整因素

一般认为，中国环境监管的强度总体上呈提高的态势。李钢等（2010）以虚拟环境成本法估算了中国 1991 ~ 2007 年的环境规制执法强度，规制执法强度自 1998 年起逐年提升，规制执法强度指数由 1997 年的 43 提升至 2007 年的 68[①]。段琼、姜太平（2002）计算了 1992 ~ 2000 年的分行业环境规制强度值，发现分行业的环境规制强度在这一时期也呈现上升趋势。此外，用环境案件的数量变化情况也可以大致表征中国环境监管严格程度的变化。环境案件数量上升的态

① 李钢、马岩、姚磊磊："中国工业环境管制强度与提升路线——基于中国工业环境保护成本与效益的实证研究"，载于《中国工业经济》，2010年第3期（总第264期），第31 ~ 41页。

势大致表征了中国环境监管严格程度呈上升的态势（见表4–4）。

表4–4　　　　2003～2014年全国环境司法的基本情况

年度	环境污染损害赔偿案件数	环保行政案件数	环境刑事案件（污染环境罪）数	环境案件总数	全部案件总数	环境案件占总案件比例
2003年	1540	619	6092（3）	8251	5687905	0.15%
2004年	4454	698	5592（6）	10744	7873745	0.14%
2005年	1545	1220	6313（13）	9078	7940549	0.11%
2006年	2146	1183	7982（7）	11311	8105007	0.14%
2007年	1086	2585	9157（2）	12828	8850000	0.14%
2008年	1509	1601	10204（11）	13314	10711275	0.12%
2009年	1783	2628	10767（18）	15178	11370000	0.13%
2010年	2033	1894	9985（19）	13912	11700263	0.12%
2011年	1883	2220	11743（26）	15846	12204000	0.13%
2012年	2306	1673	13208（32）	17201	10119462	0.17%
2013年	1906	1090	13210（104）	16218	14217000	0.11%
2014年	2881	809	15709（988）	19399	15651000	0.12%

数据来源：《全国环境统计公报》和最高人民法院工作报告等资料。

从当前的形势来看，环境监管的有效性逐步提高，对污染物减排将产生较大的贡献。普遍认为，中国的环境执法多年来呈“无法可依，有法不依，执法不严，违法不究，选择性执法”的状态。尽管“十一五”以来，以大规模治污设施建设为支撑的总量控制制度取得积极进展，推动了主要污染物排放实现“转折”。但是，中国环境监管失灵的现象仍然比较突出。根据相关测算，如果现有工业污染源均能够做到稳定达标排放，主要污染物排放量可以再减少40%～70%（陈吉宁，2015；孙佑海，2013）。在排污达标方面，环境监管机构难以确保污染源能够做到“连续排放达标”。相关数据显示，2010年，全国工业废水达标排放率为95.3%；工业二氧化硫达标排放率为97.9%，工业烟尘排放达标率为90.6%，工业粉尘排放达标率为91.4%[①]。而实际上，

① 数据来源：《中国环境统计年鉴》。

根据有关文献以及调研表明，排污达标总体情况与此有较大差距，污染源难以做到“连续达标排放”。这意味着通过提高环境监管有效性以确保污染源排放“合规”对于污染减排具有较大的潜力。

实际上，“十一五”“十二五”期间主要污染物总量减排主要是通过火电、钢铁、水泥、有色等重点行业进行工程减排而得以实现，而生活、农业等各领域污染物防治政策也产生了积极效果。

工业领域污染防治进入新的阶段。2005 ~ 2015 年，火电脱硫、脱硝进展快速，火电脱硫机组的比重从 12% 提高到 99%，火电脱硝机组比重从 2010 年的 11.2% 提高到 2015 年的 92%[①]。2015 年，环境保护部、发展改革委、能源局出台了《全面实施燃煤电厂超低排放和节能改造工作方案》，进一步加严了火电行业空气污染物的排放标准。针对钢铁、水泥、石化、有色等高污染行业的减排措施进一步加强。2015 年，安装脱硫设施的钢铁烧结机面积由“十一五”末的 2.9 万平方米增加到 13.8 万平方米，安装率由 19% 增加到 88%；安装脱硝设施的新型干法水泥生产线由零增加到 16 亿吨[②]。随着工程减排（脱硫、脱硝等）推进，重点行业、重点企业的减排效应在逐步递减。而针对非重点行业、更加分散的中小企业这些企业的环境监管，使其污染物排放“合规”，正是中长期污染物减排的潜力所在。

生活源污染防治力度进一步提高。城市污水处理率从 2000 年的 34.3% 提高到 2012 年的 87.3%。县城污水处理率从 2000 年的 7.5% 提高到 2012 年的 75.2%。城市垃圾无害化处理率从 2001 年的 58.2% 提高到 2012 年的 93.3%。在城镇生活污水处理领域，“十一五”“十二五”期间，城镇污水处理厂处于大规模建设的高峰期。随着大规模建设阶

① 数据来源：2015年《中国环境状况公报》。
② 同上。

段逐步结束，“十三五”时期将是城镇污水厂达标排放全面提升的重要阶段。与此同时，农村地区污水处理处在起步阶段，仍有较大的减排空间。

农业源的污染治理日益受到重视，针对农业源的污染控制力度不断加强。根据《“十二五”规划》，到2015年，50%以上规模化养殖场和养殖小区配套建设废弃物处理设施，分别新增化学需氧量和氨氮削减能力140万吨、10万吨。2013年，12724个畜禽规模养殖场完善废弃物处理和资源化利用设施，化学需氧量、氨氮去除效率分别提高7个和27个百分点[①]。从国际经验来看，农业面源污染的显著改善是一个更为长期的过程。

交通运输业的污染排放处在高位，且随着机动车保有量的增长，污染物减排压力持续增大。通过严格监管，逐步提高排放标准并淘汰排放不达标的机动车，是交通领域的重要减排潜力。

综合分析，中长期（未来10年）来看，产业结构调整、技术进步等因素对中国污染物减排将产生积极影响。就各种因素的贡献度而言，考虑到中国监管失灵的普遍性和严重性、产业结构调整的长期性（高耗能产业将处在平台期）等因素，通过提高环境监管有效性，确保各主要领域减排技术得到普遍应用，实现排放全面达标，是中长期治污减排的关键问题，也是实现污染物减排的最大潜力所在。

（北京大学王超、北京工业大学宋勇参与整理有关能源、污染物减排技术进步数据；日本岛根大学王晓琳参与整理产业结构数据）

① 数据来源：2013年《中国环境状况公报》。

主要结论和需要进一步研究的问题

一、主要结论

（一）主要污染物排放普遍呈倒“U”形曲线特征

考察发达国家空气污染物、水污染物排放趋势可以发现，从长期看，污染物排放曲线具有典型的倒“U”形特征，即污染物排放总体上经历“先增加再减少”的过程。与之对应，环境质量指标都经历一个逐步好转的过程，但是各项环境指标开始好转的时序并不一致。

（二）污染物减排过程中受多重因素影响

考察发达国家污染减排、产业结构（实物量）、能源消费量与结构、环境监管强度变化的趋势可以发现，发达国家从20世纪70年代以来，污染水平下降和产业结构调整、能源结构调整和强化环境监管的时期大体相一致。产业结构变动、能源结构、技术进步、环境监管等因素对污染减排都产生了积极作用。

（三）中国主要污染物排放正处在“转折期”

综合分析认为，中国主要污染物排放正处在跨越峰值的“转折期”，污染物排放叠加总量的峰值极可能在 2016 ~ 2020 年之间。从数据来看，二氧化硫、化学需气氧量（COD）、氨氮等主要污染物在 2006 年出现“拐点”，此后进入下降通道。氮氧化物在 2012 年首次出现有统计数据以来的下降，预判氮氧化物已进入“平台期”，进入下降趋势。据此，可初步判断“常规”的大气、水污染物排放已实现转折。初步预测表明，未来 5 ~ 10 年中国主要污染物排放的拐点即将全面到来。初步估算，2016 ~ 2020 年之间（即“十三五”时期），中国主要污染物排放（叠加总量）会达到峰值。从这个意义上讲，讨论中国是否应避免发达国家走过的“先污染后治理”道路即将成为过去式。当前至2020年左右是遏制污染物排放增量、实现总量减排的关键时期。

（四）中国环境质量改善的复杂性和长期性

初步分析得出，当前至 2020 年，中国主要污染物排放正处于“转折期”，也是各种污染物排放叠加处在最高点的平台期。由于环境污染具有一定的累积效应（水和土壤污染物的累积效应比大气要严重）。主要污染物排放拐点到来，大致就是环境污染“恶化”的终点或是环境质量向好的起点，与此同时，也很可能是环境质量状态最为复杂的时期。环境质量的评价范围、标准选取不同以及各类污染物的自净能力、环境容量不同，因此环境质量变动的时序与污染物排放趋势的时序并不一致。但是，如果从积极的一面来看，也可以大致判断当前至 2020 年这一阶段是中国环境质量“稳中向好”的关键时期。可以肯定的是，环境质量显著改善是一个长期过程。

对 6 种主要大气污染物排放量的初步测算及分析表明，尽管烟尘粉尘、二氧化硫、氮氧化物等常规污染物先后于20世纪90年代、2006年、2012年以来处于下降态势，但氨、挥发性有机化合物等污染物排放仍处于快速上升态势，叠加起来，空气污染物排放正处于历史高位。这也可以大致解释在常规污染物减排取得积极进展的时期雾霾天气反而频发的现象。中国环境污染呈"复合式""挤压式"特征，即由于经济快速增长和环境监管不力，多种污染物大量排放并产生叠加影响，导致多种环境污染问题集中爆发。单一污染物削减产生的环境效应有时不能反映到人们可感知的环境质量变化上，而污染物总量减少过程缓慢且其环境效应也难以简单分析。PM2.5以及由其引发的雾霾天气是当前中国空气环境的焦点问题，但是臭氧等问题也非常严重。

（五）中国污染物减排存在后发优势及显著特征

一般认为，由于技术外溢、科学认知等因素，后发国家在污染物减排过程比先行国家具有一定的后发优势。与此同时，中国尽管存在环境法治不健全、监管失灵的系统性问题，但是在特定阶段的治污减排过程中也存在一定的体制优势。中国治污减排有以下特征。

第一，在特色的考核制度作用下，污染减排过程呈"挤压式"特征。比如，在"十一五""十二五"以来，通过层层分解落实的总量控制制度，中国的二氧化硫、氮氧化物、化学需氧量（COD）、氨氮排放实现了转折。以其中的空气污染物二氧化硫、氮氧化物为例，比较这些污染物实现转折时所处的发展阶段，可以得出中国大气污染治理政策和行动并不滞后的结论。此外，中国治污减排的过程呈"挤压式"特征。比如，对于OECD国家，氮氧化物峰值滞后二氧化硫峰值20年时间，而对于中国，二者峰值相差5年左右。

第二，在治污减排的过程中，"强势治理"与"监管失灵"并存。

分析“十一五”“十二五”以来治污减排取得的积极进展可以发现，主要污染物减排转折得益于重点行业污染物减排。具体的分析发现，“十一五”期间二氧化硫排放达峰、“十二五”期间氮氧化物达峰（进入“平台期”）主要得益于某一特定重点行业（电力行业）污染物减排。而对于其他重点行业以及分散的排放源，“监管失灵”的现象仍然突出。

第三，与先行国家“先污染后治理”的模式相比，中国污染治理呈“边污染边治理”的特征。工业化、城镇化快速推进、污染物产生量处快速上升的阶段，也是治污减排减排设施建设发展最快的时期。

（六）提高环境监管有效性是中长期中国环境治理的着力点

通过对中国工业化所处的阶段、产业结构变动趋势、实物量以及环境监管有效性等因素进行综合分析，本研究认为，从中长期来看（具体到未来10年），污染减排技术应用的贡献大于产业结构调整的贡献，而减排技术的普遍应用需要通过严格的环境监管来推动。通过严格监管，确保排污单位全面实现排放达标，是未来10年环境监管的着力点。

尽管“十一五”以来，以大规模治污设施建设为支撑的总量控制制度取得积极进展，推动了主要污染物排放实现“转折”。但是，中国环境监管有效性不足的问题仍然比较突出。作为转型国家，构建有效的环境监管体制解决监管失灵的问题仍然是一项长期的任务。

二、需要进一步研究的问题

（一）时空尺度需要进一步扩展

本研究的边界是分析主要污染物国家尺度的排放趋势和环境质量的演变趋势，并未重点考虑区域层面及重点地区的污染物减排趋势；

更进一步的研究，需要进一步分区域，特别是对重点区域的污染物排放趋势及环境质量变动趋势进行分析。同时，本研究并不考察局部地区的特征污染物问题。

（二）数据挖掘及定量工具需要进一步加强

鉴于数据的可获得性以及分析问题的视角，本报告在分析影响污染物排放趋势的主要因素的变化趋势上，对部分污染物排放趋势的分析只采用了简单的趋势外推方法。更进一步的研究，需要对单项及加总后的污染物排放趋势进行精准的定量分析。

（三）从表观的相关性到因果关系分析需要加强

从文献来看，环境监管与污染水平降低之间的相关性非常强，但是因果关系并不显著。本研究简单分析了在污染物减排的过程中产业结构调整、能源结构调整、监管强度提高等因素的影响，并没有定量研究这些因素之间的关系，后续的研究可以进一步定量研究各变量之间的关系。

后 记

本书是国务院发展研究中心2015年度（副研究员以上）招标课题“主要国家污染物排放与环境质量变化历史趋势比较研究”的成果。本研究同时获得国务院发展研究中心资源与环境政策研究所基础课题“我国环境污染形势分析与治理对策研究”、国家高层次人才特殊支持计划（“万人计划”）青年拔尖人才支持项目“中国环境拐点判定与环境监管调整研究”的支持。

感谢国务院发展研究中心资源与环境政策研究所高世楫所长、李佐军副所长等所领导对课题研究给予的指导和帮助！感谢国务院发展研究中心的同事们在研究中给予的帮助！

感谢清华大学环境学院周锡饮、北京大学环境科学与工程学院李丹、北京大学城市与环境学院王超、中国人民大学环境学院黎静仪、北京工业大学环境与能源工程学院宋勇、日本岛根大学王晓琳等帮助查找、翻译、更新相关数据资料。

由于成稿时间仓促以及研究者水平的局限，文中难免存在疏漏和不足，请读者见谅，并请批评指正！

参考文献

[1] Bouraoui, F., Grizzetti, B., 2011, "Long term change of nutrient concentrations of rivers discharging in European seas", Science of the Total Environment, VOL.409., P4899 ~ 4916

[2] Bellinger, B. J., Hoffman, J. C., Angradi, T. R., et al., 2015, "Water quality in the St. Louis River Area of Concern, Lake Superior: Historical and current conditions and delisting implications", Journal of Great Lakes Research, VOL.42., P28 ~ 38

[3] Battaglin, W. A., Aulenbach, B. T., Vecchia. A, et al., 2010, Changes in Streamflow and the Flux of Nutrients in the Mississippi–Atchafalaya River Basin, USA, P1980 ~ 2007

[4] CSI, EEA., 2009, "004–Exceedance of air quality limit values in urban areas (version 2)"

[5] Department for Environment, Food & Rural Affairs, UK 2014, "Air Pollution in the UK 2013"

[6] Department for Environment, Food & Rural Affairs, UK 2015, "Defra National Statistics Release: Emissions of air pollutants in the UK, 1970 to 2014"

[7] Department for Environment, Food & Rural Affairs, UK 2016, "Defra National Statistics Release: Air quality statistics in the UK 1987 to 2015"

[8] Dubrovsky, N.M., Burow, K.R., Clark, G.M., et al., 2010, The quality of our Nation's waters—Nutrients in the Nation's streams and groundwater, 1992 - 2004: U.S. Geological Survey Circular 1350, P174

[9] EEA., 2015, "Air quality in Europe–2015 report", European Environment Agency Rep

[10] EPA, U. 2009, "National Emissions Inventory (NEI) Air Pollutant Emissions Trends Data" US EPA, Washington DC

[11] EPA, AUS. 2000, "National Air Pollutant Emission Trends 1900 - 1998" US Environmental Protection Agency

[12] Fagerli, H., Legrand, M., Preunkert, S., Vestreng, V., Simpson, D., Cerqueira, M.,

2007, "Modeling historical long - term trends of sulfate, ammonium, and elemental carbon over Europe: A comparison with ice core records in the Alps", Journal of Geophysical Research: Atmospheres, 112 (D23)

[13] Gottlicher, S., Gager, M., Mandl, N., Mareckova, K., 2010, "European Union Emission Inventory Report 1990–2008 under the UNECE Convention on Long–range Transboundary Air Pollution", (LRTAP), EEA

[14] Grossman, G. M, & Krueger, A. B., 1991, Environmental impacts of a North American Free Trade Agreement, National Bureau of Economic Research Working Paper, vol.3914, Cambridge MA

[15] Grossman, G.M.and Krueger, A.B., 1995, Economic Growth and the Environment[J], Quarterly Journal of Economics, 110 (2), 353 ~ 3771

[16] Guerreiro, C., de Leeuw, F. and Foltescu, V., 2013, "Air quality in Europe–2013 report", European Environment Agency Rep

[17] Holeck, K. T., Rudstam, L. G., Watkins, J.M., et al., 2015, "Lake Ontario water quality during the 2003 and 2008 intensive field years and comparison with long–term trends", Aquatic Ecosystem Health & Management, VOL.18., P7 ~ 17

[18] Klimont Z, Streets D G, Gupta S, Cofala J, Lixin F, Ichikawa Y. Anthropogenic emissions of non–methanevolatile organic compounds in China. Atmospheric Environment, (2002), 36, 8: 1309 ~ 1322

[19] Kuznets, S, 1955, Economic Growth and Income Inequality, American Economic Review, 45, 1 ~ 281

[20] Marmer, E., Langmann, B., Fagerli, H., Vestreng, V., 2007, "Direct shortwave radiative forcing of sulfate aerosol over Europe from 1900 to 2000", Journal of Geophysical Research: Atmospheres, 112 (D23)

[21] Mylona, S., 1996, "Sulphur dioxide emissions in Europe 1880 - 1991 and their effect on sulphur concentrations and depositions", Tellus B, Vol.48, Nov., PP662–689

[22] OECD, 2008: Environmental Performance of Agriculture in OECD countries Since 1990

[23] Pacyna, JM., Graedel, TE., 1995, "Atmospheric emissions inventories: status and prospects", Annual review of energy and the environment, Vol. 20, Nov., PP265~300

[24] Panayotou, T.1993, Empirical tests and policy analysis of environmental degradation at different stages of economic development [A].International Labour Office. Working Paper for Technology and Employment Programme[C], Geneva

[25] Passant, N.R., Murrells, T.P., Pang, Y., et al., 2014, "UK Informative Inventory Report

(1980 to 2012)", Department for Environment, Food and Rural Affairs (DEFRA): London, UK

[26] Pawlowski, S., Jatzek, J., Brauer, T., et al., 2012, "34 years of investigation in the Rhine River at Ludwigshafen, Germany - trends in Rhine fish populations", Environmental Sciences Europe, VOL.24., P28

[27] Schwartz, J, M., Hayward, S, F., 2007, "Air quality in America: a dose of reality on air pollution levels, trends, and health risks" American Enterprise Institute, Washington DC

[28] Streets D G, Hao J M, Wu Y, et al, 2005. Anthropogenic mercury emissions in China. Atmospheric Environment, 39 (40): 7789~7806

[29] Sutton, M.A., Howard, C.M., Erisman, J.W., et al., 2011, "The European Nitrogen Assessment", Cambridge University Press, P664

[30] Tian H Z, Wang Y, Xue Z G, et al, 2010. Trend and characteristics of atmospheric emissions of Hg, As and Se from coal combustion in China, 1980—2007. Atmospheric Chemistry and Physics, 10 (23): 11905 ~ 11919

[31] Tian H Z, Lu L, Cheng K, et al, 2012. Anthropogenic atmospheric nickel emissions and its distribution characteristics in China. Science of Total Environment, 417–418: 148 ~ 157

[32] Tørseth, K., Aas, W., Breivik, K., et al., 2012, "Introduction to the European Monitoring and Evaluation Programme (EMEP) and observed atmospheric composition change during 1972 - 2009", Atmospheric Chemistry and Physics, Vol.12, Dec., PP5447 ~ 5481

[33] Tonooka Y, Kannari A, Higashino H, Murano K, 2001.NMVOCs and CO emission inventory in East Asia. Water, Air, and Soil Pollution, 130, 1/4: 199 ~ 204

[34] Vestreng, V., Myhre, G., Fagerli, H., Reis, S., Tarras ó n L., 2007, "Twenty–five years of continuous sulphur dioxide emission reduction in Europe", Atmospheric chemistry and physics, Vol.7, Jul., PP3663~3681

[35] Vestreng, V., 2008, European air pollution emission trends: review, validation and application. University of Oslo, Norway

[36] Vestreng, V., Ntziachristos, L., Semb, A., Reis, S., Isaksen, IS., Tarras ó n, L., 2009, "Evolution of NO x emissions in Europe with focus on road transport control measures", Atmospheric Chemistry and Physics, Vol.9, Feb., PP1503 ~ 520

[37] Wei W, Wang S X, Chatani S, et al. Emission and speciation of non–methane volatile organic compounds from anthropogenic sources in China. Atmos Environ, 2008, 42: 4976 ~ 4988

[38] Werner, B., 2012, European waters: current status and future challenges: synthesis

[39] Winter, J. G., Palmer, M. E., Howell, E. T., et al., 2015, "Long term changes in nutrients,

chloride, and phytoplankton density in the nearshore waters of Lake Erie", Journal of Great Lakes Research, VOL.41., P1457～155

[40] Zhang, Y.; Dore, A.J.; Ma, L.; Liu, X.J.; Ma, W.Q.; Cape, J.N.; Zhang, F.S.. 2010 Agricultural ammonia emissions inventory and spatial distribution in the North China Plain. Environmental Pollution, 158（2）. 490～501

[41] 布雷恩，威廉，克拉普（著）. 王黎（译）. 工业革命以来的英国环境史. 北京：中国环境科学出版社，2011

[42] 〔英〕布雷恩·威廉·克拉普著. 王黎译. 工业革命以来的英国环境史. 北京：中国环境科学出版社，2011

[43] 曹军骥等. PM2.5与环境. 北京：科学出版社，2014

[44] 陈健鹏，高世楫，李佐军. 欧美日中大气污染治理进程比较及启示. 国务院发展研究中心调查研究报告，2013（244）

[45] 陈健鹏，高世楫，李佐军. 中国主要污染排放进入转折期——预判污染物排放峰值在"十三五"期间. 国务院发展研究中心《调查研究报告专刊》，第63期（总第1373期）

[46] 陈颖，叶代启，刘秀珍，吴军良，黄碧纯，郑雅楠. 我国工业源 VOCs 排放的源头追踪和行业特征研究. 中国环境科学，2012，32（1）

[47] 董秀海，胡颖廉，李万新. 中国环境治理效率的国际比较和历史分析——基于DEA模型的研究. 科学学研究，2008（06）

[48] 董文煊，邢佳，王书肖. 1994～2006年中国人为源大气氨排放时空分布. 环境科学，2010，31（7）

[49] 窦明，马军霞，胡彩虹. 北美五大湖水环境保护经验分析. 气象与环境科学，2007，30（2）

[50] 高炜等. 1980—2007 年我国燃煤大气汞、铅、砷排放趋势分析. 环境科学研究，2013，26（8）

[51] 高健，柴发合. 我国大气颗粒物污染及其控制对策的支撑. 环境保护，2014（11）

[52] 郭焕庭. 国外流域水污染治理经验及对我们的启示. 环境保护，2001（8）

[53] 国家发展和改革委员会能源研究所课题组. 中国2050年低碳发展之路：能源需求暨碳排放情景分析. 北京：科学出版社，2009

[54] 国务院发展研究中心，壳牌国际有限公司著. 中国中长期能源发展战略研究. 北京：中国发展出版社，2013

[55] 关大博，刘竹. 雾霾真相：京津冀地区PM2.5污染解析及减排策略研究. 北京：中国环境出版社，2014

[56] 韩贵锋，徐建华，苏方林，马军杰. 环境库兹涅茨曲线（EKC）研究评述. 环境与可持续发展，2006（01）

[57] 洪亚雄，吴舜泽，薛文博，蒋春来，许艳玲．“十一五”大气污染物总量减排的环境效果回顾性评估．世界环境，2013（6）

[58] 胡必彬，陈蕊，刘新会等．欧盟水环境标准体系研究．环境污染与防治，2004，26（6）

[59] 黄俊，余刚，钱易．我国的持久性有机污染物问题与研究对策．环境保护，2001（11）

[60] 蒋洪强等．2011—2020年非常规性控制污染物排放清单分析与预测研究报告．北京：中国环境科学出版社，2011

[61] 蒋洪强等．2012—2030年我国四大区域环境经济形势分析与预测研究报告．北京：中国环境出版社，2011

[62] 蒋建军．中国地下水污染现状与防治对策．环境保护2007（9）

[63] 蒋小谦，康艳兵，刘强，赵盟．2020 年我国水泥行业CO_2排放趋势与减排路径分析．中国能源，2012，34（9）

[64] 解淑艳，王瑞斌，郑皓皓．2005—2011年全国酸雨状况分析．环境监测与预警2012，4（5）

[65] 孔祥娟．我国城镇污水处理厂污泥处理处置工作现状、问题及展望．水工业市场，2012（4）

[66] 雷宇．中国人为源颗粒物及关键化学组分的排放与控制研究．清华大学博士论文

[67] 李名升，张建辉，罗海江，梁念，于洋，孙媛．“十一五”期间中国化学需氧量减排与水环境质量变化关联分析．生态环境学报，2011，20（3）

[68] 李新艳，李恒鹏．中国大气NH_3和NO_x排放的时空分布特征．中国环境科学，2012，32（1）

[69] 李子成，邓义祥，郑丙辉．中国湖库营养状态现状调查分析．环境科学与技术，2012，35（61）

[70] 梁流涛，秦明周．中国农业面源污染问题研究．北京：中国社会科学出版社，2013

[71] 刘海洋，戴志军．中国近海污染现状分析及对策．环境保护科学，2001，27（4）

[72] 刘世锦等．陷阱还是高墙．北京：中信出版社，2011

[73] 刘世锦主编，国务院发展研究中心“中长期增长”课题组．中国经济增长十年展望（2013—2022）．北京：中信出版社，2013

[74] 刘世锦主编，国务院发展研究中心“中长期增长”课题组．中国经济增长十年展望（2014—2023）．北京：中信出版社，2014

[75] 刘卫东等．我国低碳经济发展框架与科学基础．北京：商务印书馆，2010

[76] 刘晓佳．美国水污染治理公共政策及思考．唯实，2005（8）

[77] 刘允，孙宗光．2001—2012 年全国水环境质量趋势分析．环境化学，2014，33（2）

[78] 卢亚灵等．中国主要污染源VOC_S排放清单分析与预测趋势研究．中国环境政策（第九卷）．北京：中国环境科学出版社，2012

[79] 马国霞，於方，曹东等．中国农业面源污染物排放量计算及中长期预测．环境科学学报，2012，32（2）

[80] 马静，陈涛，申碧峰，汪党献. 水资源利用国内外比较与发展趋势. 水利水电科技进展，2007，27（1）

[81] 〔美〕马克·乔克著，于君译. 莱茵河：一部生态传记1815—2000. 北京：中国环境科学出版社，2011

[82] J.R.麦克尼尔著，韩莉，韩晓雯译. 阳光下的新事物：20世纪世界环境史. 北京：商务印书馆，2012

[83] 〔美〕卡恩著. 孟凡玲译. 绿色城市. 北京：中信出版社，2008

[84] 孟建军. 城镇化过程中的环境政策实践：日本的经验教训. 北京：商务印书馆，2014

[85] 孟伟，苏一兵，郑丙辉. 中国流域水污染现状与控制策略的探讨. 中国水利水电科学研究院学报，2004，2（4）

[86] 潘玲颖，麻林巍，周喆，李政，倪维斗. 2030 年中国煤电SO^2和NO_x排放总量的情况研究. 动力工程学报，2010，30（5）

[87] 彭文启，周怀东，邹晓雯，王凤荣，杜霞. 三次全国地表水水质评价综述. 水资源保护，2004

[88] 钱晓雍，郭小品. 国内外农业源NH_3排放影响PM2.5 形成的研究方法探讨. 农业环境科学学报，2013，32（10）

[89] 秦伯强. 我国湖泊富营养化及其水环境安全. 科学对社会的影响，2007（3）

[90] 邱志群，舒为群，曹佳. 我国水中有机物及部分持久性有机物污染现状. 癌变·畸变·突变，2007，19（3）

[91] 仇焕广，廖绍攀，井月，栾江. 我国畜禽粪便污染的区域差异与发展趋势分析. 环境科学，2013，34（7）

[92] 仇永胜，黄环. 美国水污染防治立法研究. 水污染防治立法和循环经济立法研究——2005 年全国环境资源法学研讨会论文集（第一册）

[93] 邵敏，董东. 我国大气挥发性有机物污染与控制. 环境保护，2013（5）

[94] 史鄂侯，韩见高，黄水光，吴成斌. 中国近海海域的水污染. 海洋环境科学，1982，1（1）

[95] 宋国君，张震. 美国工业点源水污染物排放标准体系及启示. 环境污染与防治，2014，36（1）

[96] 孙庆贺等. 我国氮氧化物排放因子的修正和排放量计算：2000年. 环境污染治理技术与设备，3004，5（2）

[97] 孙佑海. 如何使环境法制真正管用？——环境法制40年回顾和建议. 环境保护，2013，41（14）

[98] 谭吉华，段菁春. 中国大气颗粒物重金属污染、来源及控制建议. 中国科学院研究生院学报，2013，30（2）

[99] 唐克旺，王研. 我国城市供水水源地水质状况分析. 水资源保护，2001（2）

[100] 唐克旺，侯杰，唐蕴. 中国地下水质量评价（Ⅰ）——平原区地下水水化学特征. 水资源保护，2006，22（2）

[101] 唐克旺，吴玉成，侯杰. 中国地下水资源质量评价（Ⅱ）——地下水水质现状和污染分析. 水资源保护，2006，22（3）

[102] 唐克旺，朱党生，唐蕴，王研. 中国城市地下水饮用水源地水质状况评价. 水资源保护，2009，25（1）

[103] 田贺忠，郝吉明，陆永琪，朱天乐. 中国氮氧化物排放清单及分布特征. 中国环境科学，2001，21（6）

[104] 汪秀丽. 国外典型河流湖泊水污染治理. 水利水电科技，2005，31（1）

[105] 王海林，聂磊，李靖，王宇飞，王刚，王俊慧，郝郑平. 重点行业挥发性有机物排放特征与评估分析. 科学通报，2012，57（19）

[106] 王浩主编. 中国水资源问题与可持续发展战略研究. 北京：中国电力出版社，2010

[107] 王浩主编. 中国水资源与可持续发展. 北京：科学出版社，2007

[108] 王金南等. 2010—2030年国家水环境形势分析与预测报告. 北京：中国环境出版社，2013

[109] 王金南，邹首民，洪亚雄. 中国环境政策（第三卷）. 中国环境科学出版社，2007

[110] 王金霞等. 中国农村生活污染与农业生产污染：现状与治理对策研究. 北京：科学出版社，2013

[111] 王青. 汽车市场进入增长阶段转换期 增速将小幅回落. 调查研究报告，2014（53）

[112] 王杉霖，张剑波. 中国环境内分泌干扰物的污染现状分析. 环境污染与防治，2005，27（3）

[113] 王圣瑞，郑丙辉，金相灿，孟伟，席海燕. 全国重点湖泊生态安全状况及其保障对策，2014（4）

[114] 王文兴，王玮，张婉华，洪少贤. 我国SO_2和NO_x排放强度地理分布和历史趋势. 中国环境科学，1996，169（3）

[115] 王研，唐克旺，徐志侠，唐蕴，刘慧芳. 全国城镇地表水饮用水水源地水质评价. 水资源保护，2009，25（2）

[116] 王占山，潘丽波. 火电厂大气污染物排放标准实施效果的数值模拟研究. 环境科学，2014，35（3）

[117] 王志轩，张建宇，潘荔等. 中国电力减排研究2013：霾、PM2.5与火电颗粒物控制. 北京：中国市场出版社，2013

[118] 魏巍. 中国人为源挥发性有机化合物的排放现状及未来发展趋势. 清华大学博士学位论文，2009

[119] 吴丹，王亚华. 中国经济发展与水环境压力脱钩态势评价与展望. 长江流域资源与环境，2013，22（9）

[120] 吴舜泽，徐敏，王东，马乐宽，张涛. 水污染防治与环境管理战略转型. 环境影响评价，2014（3）

[121] 吴小令. 美国排污权交易制度的实践与借鉴. 世界环境，2012（6）

[122] 谢德体，张文，曹阳. 北美五大湖区面源污染治理经验与启示. 西南大学学报（自然科学版），2008，30（11）

[123] 许昆灿. 我国近海海域的环境质量和污染监测研究. 海洋环境科学，1992（3）

[124] 许其功，曹金玲，高如泰等. 我国湖泊水质恶化趋势及富营养化控制阶段划分. 环境科学与技术，2011，34（11）

[125] 薛文博，雷宇，王金南，杨金田，蒋春来，牛皓. 全国"十二五"SO_2和NO_x减排对PM2.5降低效果研究. 中国环境政策（第十卷）. 北京：中国环境出版社，2014

[126] 阎世辉. 关于我国水环境形势的分析及政策建议. 环境保护，2001

[127] 燕丽等. 国家"十二五"大气颗粒物污染防治思路分析. 中国环境政策（第九卷）. 北京：中国环境科学出版社，2012

[128] 燕丽等. 国家酸雨和二氧化硫污染防治"十一五"规划》实施中期评估与分析报告. 中国环境政策（第八卷），2011

[129] 杨桂山，马荣华，张路，姜加虎，姚书春，张民，曾海鳌. 中国湖泊现状及面临的重大问题与保护策略. 湖泊科学，2010，22（6）

[130] 杨海生，周永章，王夕子.我国城市环境库兹涅茨曲线的空间计量检验. 统计与决策，2008（10）

[131] 杨青林，桑利民，孙吉茹等. 我国肥料利用现状及提高化肥利用率的方法. 山西农业科学，2011（7）

[132] 姚志良，张明辉，王新彤，张英志，霍红，贺克斌. 中国典型城市机动车排放演变趋势. 中国环境科学，2012，32（9）

[133] 袁群. 国外流域水污染治理经验对长江流域水污染治理的启示. 水利科技与经济，2013，19（4）

[134] 员晓燕，杨玉义，李庆孝，王俊. 中国淡水环境中典型持久性有机污染物（POPs）：的污染现状与分布特征. 环境化学，2013，32（11）

[135] 岳霞，刘魁，林夏露，周琪，毛国传，邹宝波，赵进顺. 中国七大主要水系重金属污染现况. 预防医学论坛，2014，20（3）

[136] 张楚莹. 中国人为源颗粒物排放现状与趋势分析. 环境科学，2009，30（7）

[137] 张强等. 中国人为源颗粒物排放模型及2001年排放清单估算. 自然科学进展，2006，16（2）

[138] 张新民，薛志钢，孙新章，柴发合. 中国大气挥发性有机物控制现状及对策研究. 环境管理与科学，2014，39（1）

[139] 张远航. 大气复合污染是灰霾内因. 环境，2008（7）

[140] 张喆，王金南，杨金田，蒋洪强，童凯.城市空气质量与经济发展的曲线估计研究. 环境与可持续发展，2007（4）

[141] 张志锋，韩庚辰，张哲，王燕. 经济发展影响下我国海洋环境污染压力变化趋势及污染减排对策分析. 海洋科学，2012，36（4）

[142] 赵博娟，崔东华，秦成. 我国主要江河和海域水质状况比较和趋势分析. 统计研究，2014，31（1）

[143] 赵细康，李建民，王金营，周春旗. 环境库兹涅茨曲线及在中国的检验. 南开经济研究，2005（3）

[144] 赵永宏，邓祥征，战金艳，席北斗，鲁奇. 我国湖泊富营养化防治与控制策略研究进展. 环境科学与技术，2010，33（3）

[145] 周怀东，彭文启，杜霞，黄火键. 中国地表水水质评价. 中国水利水电科学研究院学报，2004，2（4）

[146] 周伟，米红. 中国能源消费排放的CO_2测算. 中国环境科学，2010，30（8）

[147] 钟太洋，黄贤金，韩立，王柏源. 资源环境领域脱钩分析研究进展. 自然资源学报，2010，25（8）

[148] 《中国实现“十二五”环境目标机制与政策》课题组. 治污减排中长期路线图研究. 北京：中国环境出版社，2013

[149] 中国电力企业联合会编. 2013年中国电力行业发展年度报告. 北京：中国市场出版社，2013

[150] 中国工程院、环境保护部编. 中国环境宏观战略研究（综合报告卷）. 北京：中国环境科学出版社，2011

[151] 中国工程院重大咨询项目. 中国养殖业可持续发展战略研究（环境污染防治卷）. 北京：中国农业出版社，2014

[152] 中国科学院可持续发展战略研究组编. 中国可持续发展战略报告——未来十年的生态文明之路. 北京，中国科学出版社，2013

数 据 集

附件一：英国主要空气污染物排放数据（1970 ~ 2014 年）

	Ammonia	Nitrogen Oxides	Sulphur Dioxide	Non-methane volatile organic compounds	pm10	pm2.5
	thousand tonnes	million tonnes	million tonnes	million tonnes	thousand tonnes	
1970		3.03	6.32	2.04	542.4	438.28
1971		3	5.98	2.05	481.3	382.04
1972		2.99	5.75	2.07	430.69	335.59
1973		3.13	5.9	2.17	443.12	341.33
1974		2.9	5.42	2.14	413.18	318.42
1975		2.82	5.17	2.04	379.61	284.8
1976		2.86	4.99	2.12	375.29	279.14
1977		2.9	5.01	2.22	379.33	282.07
1978		2.94	5.06	2.26	368.87	270.66
1979		3.04	5.38	2.33	380.9	278.17
1980	325	2.86	4.76	2.25	343.52	244.45
1981	322.7	2.75	4.33	2.22	328.88	233.5
1982	329.4	2.7	4.13	2.26	320.15	227.66
1983	330.8	2.68	3.81	2.28	315.18	221.31
1984	332	2.62	3.66	2.33	275.56	195.35

续表

	Ammonia	Nitrogen Oxides	Sulphur Dioxide	Non-methane volatile organic compounds	pm10	pm2.5
	thousand tonnes	million tonnes	million tonnes	million tonnes	thousand tonnes	
1985	329.7	2.7	3.68	2.36	312.15	221.58
1986	326.4	2.8	3.83	2.42	324.96	229.46
1987	328.6	2.88	3.83	2.5	314.57	214.76
1988	322.5	2.94	3.76	2.57	309.5	207.5
1989	318.6	2.96	3.63	2.64	301.73	200.99
1990	324.5	2.95	3.69	2.72	299.53	196.37
1991	327.2	2.86	3.53	2.66	295.98	199.03
1992	322.3	2.8	3.46	2.58	288.35	195.13
1993	323.4	2.63	3.13	2.47	275.74	189.67
1994	324.7	2.5	2.66	2.39	264.29	179.79
1995	323.9	2.37	2.37	2.21	237.77	160.74
1996	331.7	2.26	2.01	2.14	236.89	160.76
1997	340.1	2.08	1.65	2.04	221.59	151.29
1998	336.2	2.02	1.63	1.88	213.96	144.58
1999	333.2	1.9	1.25	1.71	206.32	142.32
2000	323.5	1.83	1.22	1.57	193.54	129.96
2001	319.6	1.81	1.14	1.48	189.1	128.15
2002	315.2	1.7	1.01	1.4	166.18	112.47
2003	307.8	1.67	0.99	1.29	168.38	112.85
2004	311.8	1.63	0.83	1.21	162.71	109.67
2005	306.5	1.62	0.71	1.14	161.83	108.42
2006	302.7	1.57	0.67	1.09	159.23	106.83
2007	294	1.5	0.59	1.05	155.42	103.95
2008	280.6	1.35	0.49	0.98	151.37	104.35
2009	280.1	1.17	0.4	0.89	140.03	97.89
2010	280.8	1.14	0.42	0.87	148.97	106.32
2011	280.6	1.06	0.39	0.85	138.3	96.69
2012	276.2	1.08	0.44	0.84	145.48	102.94
2013	272.4	1.04	0.39	0.82	151.37	108.43
2014	281.3	0.95	0.31	0.82	148.43	105.09

数据来源：Ricardo AEA Energy & Environment。

附件二：英国主要空气污染物排放清单（1970 ~ 2014年）

表1　　英国氮氧化物（NO_x）排放清单（1990-2013）

	Energy	Industrial Combustion	Transport Sources	Commercical, Domestic and agricultural combustion	Industrial Processes	Other
1990	866	380	1309	222	31	72
1991	768	375	1298	232	29	69
1992	755	368	1269	225	29	64
1993	666	362	1206	225	27	56
1994	622	372	1143	215	28	53
1995	589	359	1085	204	26	54
1996	546	334	1042	214	26	51
1997	467	326	980	201	25	43
1998	468	327	934	194	24	36
1999	422	316	877	189	25	37
2000	453	303	808	177	22	35
2001	476	285	771	171	20	34
2002	475	266	735	156	14	33
2003	501	264	699	148	15	34
2004	482	260	675	140	15	35
2005	500	255	652	131	15	33
2006	502	241	629	121	15	33
2007	468	234	606	111	17	37
2008	384	207	571	115	14	34
2009	352	167	483	104	11	33
2010	337	176	461	107	10	32
2011	319	155	444	92	10	30
2012	373	150	422	91	10	28
2013	351	138	404	88	12	26

数据来源：http：//naei.defra.gov.uk/document-viewer/emissions-of-air-quality-pollutants-1990-2013.php?view=homepage。

表2 英国二氧化硫（SO_2）排放清单（1990~2013年）

	Energy	Industrial Combustion	Transport Sources	Commercial, domestic and agricultural combustion	Fugitive	Industrial Processes	Other
1990	2877	402	91	200	28	69	14
1991	2680	449	84	207	25	66	14
1992	2567	500	86	203	24	64	13
1993	2243	475	83	221	24	62	11
1994	1890	387	88	196	23	65	9
1995	1717	309	76	156	26	72	9
1996	1445	243	63	160	21	71	7
1997	1146	205	53	145	22	75	6
1998	1189	177	48	120	13	74	5
1999	875	140	39	111	11	63	5
2000	907	126	30	91	9	51	5
2001	823	135	26	89	9	45	6
2002	753	112	27	69	7	40	4
2003	745	104	27	60	8	41	5
2004	587	108	27	56	9	41	5
2005	466	112	27	50	8	41	5
2006	443	99	27	47	9	42	5
2007	372	94	20	45	10	39	9
2008	293	86	15	47	11	30	9
2009	226	78	14	29	21	22	9
2010	237	92	11	28	31	21	8
2011	232	73	10	29	21	20	6
2012	285	73	9	31	19	16	5
2013	206	99	8	30	25	20	5

数据来源：http：//naei.defra.gov.uk/document-viewer/emissions-of-air-quality-pollutants-1990-2013.php?view=homepage。

表3　　英国氨（NH_3）排放清单（1990～2013年）

	Transport Sources	Commercical, domestic and agricultural combustion	Industrial Processes	Agriculture	Waste	Other
1990	0.8	5.1	7.4	308.1	7.1	15.4
1991	0.9	5.6	7.5	314.7	7.2	15.6
1992	1.5	5	7.6	302.2	7.3	15.9
1993	3.2	5.4	7.6	296	7.4	15.8
1994	5.2	4.7	7.5	297.5	7.5	16
1995	7.1	3.5	7.5	288.1	8.5	16.1
1996	9	3.5	8.5	287.5	8.3	17.1
1997	11.5	3.3	6.7	295.2	8.5	18.1
1998	13.9	3.1	9.1	278.6	8.4	19.3
1999	16	3.3	5	281	8.6	20.1
2000	23.3	2.7	3.8	263.8	8.7	20.1
2001	21.7	2.6	3.9	262.8	9.6	20.4
2002	20.3	2.1	3.6	257.6	10	20.3
2003	18.5	1.8	3.3	249.7	10.3	20.6
2004	17.3	1.7	3.2	256.7	10.5	20.3
2005	15.9	1.5	5.4	250.6	10.6	20.5
2006	14.8	1.5	5.2	248	10.8	20.3
2007	13.6	1.7	4.9	240.4	11.3	20.3
2008	12.1	1.7	4.3	227.1	11.8	21.2
2009	11.5	1.8	4.1	226.6	12.8	20.9
2010	10.2	2.1	4.4	227.6	12.8	21.8
2011	9.1	2	5.1	228	12.9	22.2
2012	8	2.2	4.7	224.5	13	22.5
2013	7.2	2.5	3.4	222.2	12.9	23.1

数据来源：http：//naei.defra.gov.uk/document-viewer/emissions-of-air-quality-pollutants-1990-2013.php?view=homepage。

表4　英国挥发性有机物（NMVOC）排放清单（1990 ~ 2013年）

	工业燃烧	交通	商业、住宅和农业		工业过程	溶剂	农业	废弃物	其他
1990	30.8	951.6	89.2	566.4	253.8	675.4	126.7	13.2	14
1991	29.3	947.3	92	566	242.8	638.9	125	13.2	13.3
1992	28.9	912.5	87.2	560.3	241	606.5	119.5	13.2	12.8
1993	29.2	854.2	86.5	539.3	235.3	589.9	103.8	13.3	12.6
1994	30.9	788.9	74.5	543	228.4	585.5	103.4	13.3	13.4
1995	31.4	733	63.3	462.3	236.8	544.6	103.5	13.6	14.1
1996	31.6	699.5	65.4	434.8	231.5	532.3	107.6	13.6	14.6
1997	31.8	620.2	62.7	450.7	214	517.4	109.1	13.6	12.5
1998	31.7	557.9	63.3	405.9	188.8	500.6	106.8	13.6	10.1
1999	31.2	490.3	65.3	355.8	159.5	469.5	106.2	13.2	9.8
2000	31	412.3	55.3	343.9	154.2	441.1	104.4	13	11.6
2001	30.9	369.6	51.7	343.7	141	424.9	100.5	12.7	10.3
2002	30.3	313.6	46.6	333.9	137.9	416.4	97.6	12.6	12.5
2003	30.5	263.1	44.6	283.2	136.7	410.3	100.4	12.1	10.8
2004	30.5	221.4	42.4	254.7	126.8	410.3	103.4	11.4	10.4
2005	29.9	186.9	39.6	233.3	121.2	404.1	100.3	10.9	10
2006	29.9	160.5	38.4	222.1	115.2	403	100.2	10.6	10.6
2007	30	135.8	37.9	220.9	115.3	396	98.7	10.1	9.2
2008	28.2	118.5	38.4	191	108.9	374.1	97	9.3	9.2
2009	22.9	81.7	36.2	173.2	104.1	352	96.2	8.5	8.5
2010	23.8	69	38.5	155.5	107.1	351	94.3	7.9	8.1
2011	21.2	58	34.7	153.7	103.4	354.8	94.2	7.5	7.8
2012	20.4	50.8	35.5	152.3	104.9	351.8	93.3	7.1	7.6
2013	17.8	44.4	35.7	142.4	107.8	348.1	92.8	6.6	7.5

数据来源：http：//naei.defra.gov.uk/document-viewer/emissions-of-air-quality-pollutants-1990-2013.php?view=homepage。

附件三：美国主要空气污染物排放数据（1940 ~ 2014 年）

	SO_2	NO_x	PM10	PM2.5	CO	VOC	NH_3
1940	19952	7374	15957	—	93616	17161	—
1941	22857	8262	16074	—	91657	17235	—
1942	24541	8389	16192	—	92449	16358	—
1943	26846	8972	16309	—	93241	16323	—
1944	27092	9455	16427	—	94033	16539	—
1945	26007	9548	16545	—	94825	17308	—
1946	23297	9993	16663	—	95617	20549	—
1947	26298	10470	16780	—	96409	19507	—
1948	24284	9985	16898	—	97202	19349	—
1949	20801	10247	17016	—	97993	19720	—
1950	22357	10093	17133	—	102609	20936	—
1951	21477	10535	16976	—	99285	20398	—
1952	20826	11056	16818	—	99784	20208	—
1953	20920	11104	16661	—	100283	21258	—
1954	20181	11663	16503	—	100782	21232	—
1955	20883	11563	16345	—	101281	21973	—
1956	21039	11867	16188	—	101780	22902	—
1957	21272	12248	16031	—	102279	22784	—
1958	22634	13012	15873	—	102778	21846	—
1959	22654	13486	15715	—	103278	22703	—
1960	22227	14140	15558	—	109745	24459	—
1961	22142	13809	15286	—	106207	24584	—
1962	22955	14408	15014	—	108637	25036	—
1963	24133	15100	14742	—	111067	27062	—
1964	25301	15871	14470	—	113498	26948	—
1965	26750	16579	14198	—	115928	27630	—
1966	28849	17390	13926	—	118358	27827	—
1967	28493	17635	13654	—	120788	28209	—
1968	30263	18372	13382	—	123219	26568	—
1969	30961	18847	13110	—	125649	26764	—

续表

	SO_2	NO_x	PM10	PM2.5	CO	VOC	NH_3
1970	31218	26883	13022	—	204042	34659	—
1971	29686	21559	11335	—	129491	30039	—
1972	30390	22740	10734	—	128779	30297	—
1973	31754	23529	10237	—	125935	29873	—
1974	30032	22915	9636	—	119978	28042	—
1975	28044	26377	7555	—	188398	30765	—
1976	28435	24051	7906	—	120963	26991	—
1977	28623	24808	7739	—	120868	27426	—
1978	26877	25070	7865	—	122150	27655	—
1979	26941	24716	7571	—	118475	27161	—
1980	25926	27079	7013	—	185408	31107	—
1981	24612	24211	6605	—	114396	24956	—
1982	23319	23785	5274	—	112260	23866	—
1983	22807	23639	6021	—	117675	25078	—
1984	23816	24322	6281	—	116533	26015	—
1985	23307	25757	41323	—	176845	27403	—
1990	23077	25529	27753	7560	154188	24108	4320
1991	22375	25179	27345	7320	147128	23577	4384
1992	22082	25260	27098	7198	140895	23066	4443
1993	21773	25357	27364	7149	135902	22730	4518
1994	21346	25349	28608	7542	133558	22570	4589
1995	18619	24956	25820	6929	126778	22042	4659
1996	18385	24787	22857	6724	128858	20871	4727
1997	18840	24705	22909	6256	117910	19530	4817
1998	18944	24348	22893	6261	115380	18781	4940
1999	17545	22845	23383	7211	114541	18270	4857
2000	16347	22598	23747	7288	114467	17512	4907
2001	15932	21549	23708	6996	106262	17111	3689
2002	15032	23959	21576	5805	102033	20289	3992
2003	14808	22651	21664	5888	99593	19911	3971
2004	14571	21331	21749	5970	97147	19514	3950

续表

	SO_2	NO_x	PM10	PM2.5	CO	VOC	NH_3
2005	14546	20355	21302	5592	88546	17753	3929
2006	13123	19227	21401	5736	85837	17902	4074
2007	11699	18099	21501	5881	83128	18050	4220
2008	10324	16909	21580	6014	79655	17759	4357
2009	9089	15772	21199	5988	72753	17593	4315
2010	7732	14846	20823	5964	73771	17835	4271
2011	6479	14519	20723	6100	73762	18154	4232
2012	5193	13657	20687	6077	71760	17813	4227
2013	5098	13072	20651	6055	69758	17471	4221
2014	4991	12412	20616	6033	67756	17130	4216

数据来源：DEFRA。

附件四：欧洲主要国家空气污染物排放数据

1990～2013年欧盟27国主要大气污染物排放及减排幅度 单位：千吨

年份	NO_x	NMVOC	SOx	NH_3	TSPS	CO	Pb	PM2.5	PM10
1990	17594	17253	25779	5273	7370	66197	23210	—	—
1995	14870	13400	16758	4329	4823	49188	11026	—	—
2000	12852	10991	10095	4265	4220	37643	4723	1564	2326
2005	11757	9164	7693	4047	4086	29535	2886	1453	2155
2010	9245	7650	4485	3884	3682	24724	1960	1339	1975
2011	8913	7318	4427	3890	3638	23116	1896	1272	1909
2012	8556	7072	3989	3853	3546	21549	1898	1250	1864
2013	8176	7005	3430	3848	3533	22199	1836	1281	1889
1990～2013减排幅度	-0.54%	-0.59%	-0.87%	-0.27%	-0.52%	-0.66%	-0.92%	（2000～2013）-18%	（2000～2013）-19%

数据来源：European Union emission inventory report 1990－2013 under the UNECE Convention on Long-range Transboundary Air Pollution（LRTAP）。

附件五：主要国家和地区污染物排放强度比较

国家/地区	国土面积/万平方千米	二氧化硫排放量/万吨	氮氧化物排放量/万吨	二氧化硫排放强度/（吨/平方千米）	氮氧化物排放强度/（吨/平方千米）
中国	960.00	2043.92	2227.36	2.13	2.32
美国	983.15	509.83	1307.15	0.52	1.33
德国	34.85	41.62	126.92	1.19	3.64
英国	24.19	39.32	101.97	1.63	4.21
土耳其	76.96	193.91	104.70	2.52	1.36
法国	54.76	21.88	98.95	0.40	1.81
西班牙	49.88	28.71	81.22	0.58	1.63
意大利	29.41	14.51	82.06	0.49	2.79
波兰	30.62	84.68	79.82	2.77	2.61
希腊	12.89	15.23	23.86	1.18	1.85
荷兰	3.37	2.99	23.96	0.89	7.11
罗马尼亚	23.00	20.27	21.88	0.88	0.95
捷克	7.72	13.79	18.11	1.79	2.34
比利时	3.03	4.56	20.77	1.50	6.86
奥地利	8.24	1.72	16.23	0.21	1.97
葡萄牙	9.16	4.23	16.15	0.46	1.76
挪威	36.53	1.70	15.44	0.05	0.42
芬兰	30.39	4.74	14.49	0.16	0.48
匈牙利	9.05	2.93	12.06	0.32	1.33
瑞典	40.73	2.68	12.59	0.07	0.31
丹麦	4.24	1.36	12.39	0.32	2.92
保加利亚	10.86	19.40	12.26	1.79	1.13

数据来源：中国数据来源于环境保护部、《中国环境统计年报2013》；美国数据来源于美国国家环境保护局；其他国家数据集来源于世界银行数据库、欧盟统计局数据库。

注：排放强度是根据各国污染物排放量与对应国土面积折算得到；表中数据均为2013年度。

附件六：日本主要空气污染物排放数据

大气污染物质排出量（固定发生源）			
年　度	SOx排出量	NO_x排出量	煤尘排出量
1978	1315637	870924	—
1979	1248037	843572	—
1980	1157837	818667	—
1981	1040954	763220	—
1982	956666	717469	—
1983	917960	720648	132999
1984	853700	721802	—
1985	795457	699428	—
1986	684497	661622	100550
1987	597480	685550	97817
1988	580757	703905	93796
1989	676863	777230	107094
1990	614866	778977	96945
1991	624154	812473	90922
1992	694689	832655	102989
1993	642966	788235	99186
1994	676351	819860	108230
1995	708135	877662	101763
1996	659743	855787	94606
1999	629206	837260	75086
2002	595506	869113	60738
2005	566773	890188	57976
2008	505590	731094	47660
2012	410979	696404	36529

数据来源：日本相关环境统计资料。

附件七：1989 ~ 2015 年中国城市大气污染物浓度年均值

年份	二氧化硫			氮氧化物			颗粒物		
	南方	北方	全国	南方	北方	全国	南方	北方	全国
1989	119	93	105				318	526	432
1990				38	47	42	268	475	387
1991	88	92	4 ~ 251	38	54	11 ~ 164	225	429	80 ~ 1433
1992	90	97	7 ~ 163	40	56	11 ~ 129	243	403	90 ~ 663
1993	96	100	8 ~ 451	40	59	10 ~ 147	251	407	108 ~ 815
1994	83	89	2 ~ 472	39	55	44 ~ 120	250	407	89 ~ 849
1995	80	81	80	41	53	47	242	392	317
1996	76	83	79	41	53	47	230	387	309
1997									
1998									
1999									
2000									
2001									
2002									
2003									
2004									
2005			32			28			76
2006			53			35			100
2007			52			35			94
2008			48			34			89
2009			36			27			74
2010			35			28			75
2011			35			29			78
2012			32			28			76
2013			35			32			97
2014			32			28			76
2015			25			30			87

数据来源：环境保护部，相关年份《中国环境质量报告》。

注释：单位为微克/立方米。其中：全国数据栏，1989 ~ 1996年、2015年数据为总体颗粒物全国平均，2005 ~ 2014年为113个环保重点城市平均。